LES ORIGINES DE L'HOMME
un autre regard

MICHEL SAKKA

messidor

TABLE DES MATIÈRES

04/02/15

LES ORIGINES DE L'HOMME
un autre regard

DU MÊME AUTEUR

1983 • *Morphologie évolutive, morphogenèse du crâne et origine de l'Homme.* Table ronde CNRS, Paris, 24-27 juin 1980 et Pre-congress symposium du VIIIe Congrès international de Primatologie (Florence, juillet 1980). Publié sous la direction de Michel Sakka. Éditions du CNRS, Paris, 207 pages. Illustrations.

1985 • *Morphologie évolutive de la tête et du cou chez l'Homme et les Grands Singes actuels. Application aux hominidés fossiles. I. Ensembles anatomiques cervicaux*, « Cahiers de paléoanthropologie ». Éditions du CNRS, Paris, 169 pages. Illustrations.

1987 • *Définition et origines de l'Homme. (Morphogenèse du crâne et anthropogenèse).* Table ronde internationale n° 3. Paris, 5-8 juillet 1983. Publiée sous la direction de Michel Sakka. Éditions du CNRS, Paris, 375 pages. Illustrations.

ISBN 2-209-06449-X

3. LES PREMIERS HOMINIDÉS, LES FOSSILES ET LES SITES

AVANT-PROPOS

Je n'ai voulu écrire ni un roman, ni un livre d'images. Peut-être quelques virgules sont-elles mal placées ? Certes, le sujet se prêtait au sensationnel, au médiatique. La recherche du succès, tentante, autorise un certain laisser-aller. Il faut intéresser par l'anecdotique, le sensationnel. J'ai délibérément tourné le dos à cette mode.

J'ai souhaité montrer que l'on peut envisager autrement les origines de l'Homme. La seule vérité est celle que l'on trouve dans le sol… Le reste n'est qu'interprétation. C'est selon sa propre conception du monde et sa propre personnalité que l'auteur imaginera le scénario, adoptant parfois le ton docte de celui qui sait… Moi-même, peut-être, suis-je influencé par ma propre histoire pour écrire celle de l'Homme ?

Cependant, j'ai surtout essayé de rétablir ce qui me semble être la vérité scientifique contemporaine, sans aucune concession. J'aime la bataille des idées, la discussion ouverte. Alors j'ai préparé et écrit un livre polémique, il jette un autre regard *sur des questions qui sont loin d'être résolues. Le débat public m'enchanterait.*

Je n'ai pas donné de références bibliographiques. Non par esprit de réciprocité, mais parce que je combats des idées tellement répandues qu'elles en deviennent banales et anonymes.

Ce livre devait s'adresser à « un large public » et ne pas être une question de « spécialistes ». Ne pas être long. Je ne sais si j'ai réussi, mais je l'ai voulu honnête. Ce n'est pas une belle histoire que l'on puisse lire rapidement, avaler d'un trait. Il s'adresse à un public divers. Certains chapitres pourront être sautés, s'ils paraissent à quelques-uns trop obscurément spécialisés malgré mes efforts. Il y en aura ainsi pour tout le monde, j'espère. Pour les moins éclairés, j'ai réalisé un glossaire, qui ne pouvait être trop riche, au risque de constituer un deuxième ouvrage.

Quelques résultats de mes travaux de recherches personnels parsèment le texte. L'important est la question des définitions si souvent contournée.

Celle de l'Homme avec cette dualité biologique et sociale, origine du genre Homo *ou origines de l'Homme ? On m'a reproché, parce que je tentais de donner une définition de l'Homme qui tienne compte de ses activités, travail productif, outil, de faire de la philosophie. Quel mal y a-t-il à cela ?*

J'ai aussi cherché à corriger quelques erreurs sur lesquelles j'avais en vain attiré l'attention il y a plusieurs années. Par exemple, j'ai encore lu récemment que la grande taille du cerveau humain serait liée à l'acquisition de la bipédie qui aurait provoqué l'augmentation de volume de la cavité crânienne. On se demande bien par quel mécanisme ! En réalité l'os se moule sur les organes qu'il entoure. Au cours du développement de l'individu, le cerveau apparaît chez le fœtus bien avant que la paroi crânienne ne soit ossifiée. En outre, l'augmentation de l'encéphale est un processus tendanciel qui s'observe au cours de l'évolution depuis l'apparition des premiers Vertébrés aquatiques jusqu'aux Primates actuels refoulant la paroi du crâne. Ce processus est particulièrement important chez les Grands Singes et chez l'Homme. C'est le cerveau qui est le principal facteur de l'agrandissement de la cavité qui le contient, le contraire est faux. Il en est de même pour la bipédie qui d'occasionnelle chez les préhumains a pu devenir exclusive et propre à l'Homme, sous l'influence du travail, ce qui est l'inverse de ce que l'on répète constamment.

Enfin le berceau de l'humanité est peut-être davantage européen et asiatique qu'africain...

Cet ouvrage comprend trois parties. La première traite des bases, des définitions, des méthodes et de l'histoire. Il y a d'ailleurs, dans ce livre, beaucoup de références historiques. Elles montrent la grande difficulté qu'ont les idées nouvelles et novatrices à faire leur chemin, et la ténacité que leurs messagers ont dû développer pour résister aux assauts des dogmatiques qui cherchaient (et qui cherchent encore) à les détruire. C'est ce que l'on appelle la liberté d'expression...

La deuxième partie est dévolue aux Primates, dont la classification n'est qu'ébauchée.

La troisième partie concerne les principaux sites et les fossiles, présentés par ordre chronologique.

Il y aurait eu beaucoup plus à dire, je n'ai pas traité des Primates fossiles de l'Oligocène d'Égypte, ni de ceux du Miocène qui sont répandus en Afrique, en Europe, en Asie, le plus ancien Primate, ayant été trouvé en Amérique. De même l'anatomiste que je suis n'a pas poussé les problèmes morphologiques du cerveau et de son évolution par exemple, ni ceux de la main ou de la bipédie. Ce sera pour une autre fois...

Mon souhait est que ce livre suscite des interrogations et des discussions, qu'il participe à la démythification de l'histoire des premiers pas de l'humanité, qu'il en montre les difficultés et les incertitudes.

Je voudrais qu'il attire l'attention de tous sur l'avenir immédiat de nos parents zoologiques les plus proches, les Grands Singes africains et asiatiques, près de disparaître et qu'il est urgent de sauver.

Qu'enfin tant de sacrifices et d'efforts de toutes sortes, tant d'avancées scientifiques capables de faire reculer les fléaux menaçant les sociétés humaines actuelles, n'aient pas été réalisés en vain et que ce livre soit un vibrant appel, plein d'espoir, à la paix dans le monde.

Auteuil, le 13 octobre 1990

ÈRE		PÉRIODE	AGE (MA)	
CÉNOZOÏQUE	QUATERNAIRE	Holocène Pléistocène	— 2	— 3 ± 1
CÉNOZOÏQUE	TERTIAIRE	Pliocène	— 7	— 13 ± 1
		Miocène	— 26	— 25 ± 1
		Oligocène	— 38	— 36 ± 2
		Eocène	— 54	
		Paléocène	— 65	
MÉSOZOÏQUE	SECONDAIRE	Crétacé	— 136	
		Jurassique	— 190	
		Trias	— 225	
PALÉOZOÏQUE	PRIMAIRE	Permien	— 280	
		Carbonifère	— 345	
		Dévonien	— 395	
		Silurien	— 440	
		Ordovicien	— 500	
		Cambrien	— 570	
ARCHÉOZOÏQUE	ANTECAMBRIEN	Algonkien	— 800	
		Archéen	— 1 500	
			— 5 000 MA	

INTRODUCTION

Mettre les points sur les « i ».
Pour que les choses soient claires.
L'un des buts de ce livre est d'apporter la contradiction à toute une série de préjugés et de concepts confortablement installés, considérés comme des dogmes ou comme des évidences indiscutables.

Les définitions

Ce qui est frappant, par exemple, c'est que les idées les plus décisives et les interprétations les plus importantes des faits soient affirmées sans la moindre démonstration. Cette manière de faire évite de définir les objets de la recherche et élude toute discussion.
Ainsi ne définit-on pas l'Homme dont on recherche les origines. Cette recherche se borne au recueil des fossiles et à leur diagnostic anatomique, c'est-à-dire à la paléontologie humaine.
L'étude *morphologique* donc *biologique* des ancêtres de l'Homme est indispensable puisque c'est la seule étude que l'on puisse en faire. La biologie en général, la morphologie, la physiologie résument, avec le comportement, toute la réalité et la seule réalité de ces ancêtres animaux de l'Homme.
L'animal qui va devenir l'ancêtre préhumain, celui dont l'Homme est issu, ne se distingue que par des caractère anatomiques et biologiques.
Par contre avec l'Homme tout change.

Que sommes-nous ?

L'Homme, à son origine, ne se définit pas seulement par des caractères anatomiques, mais aussi, et surtout, par un mode de vie spécialisé, par des propriétés sociales ou socio-culturelles qui lui sont propres, le travail productif, la conscience réfléchie, le langage articulé. A ces caractères uniques sont associés une fonction locomotrice particulière, la bipédie, et plus généralement le *comportement érigé.*

La traduction de ces qualités propres à l'Homme est extrabiologique, leur transmission ne se fait plus selon les lois biologiques de l'hérédité mais par l'apprentissage et l'éducation au sein d'un milieu social.
Les produits du travail et de la culture, le patrimoine accumulé se transmettent de génération en génération et se perfectionnent. Le rôle de la main, lié au travail, est souligné par la production d'objets que l'Homme seul fabrique. Le fruit du travail productif dont l'outil lui-même, fabriqué par l'Homme, se transmet au cours des générations en dehors de l'Homme. Il y a une réciprocité, une interaction, entre l'Homme qui travaille et transforme la nature, et le travail qui fait l'Homme. L'Homme progresse avec sa culture.
Pour tenter de comprendre comment l'Homme est sorti de l'animalité, il faut avoir à l'esprit deux préalables. L'existence de l'immensité, par rapport à la vie humaine, des temps géologiques et l'existence de l'évolution du monde vivant et de son habitat, la Terre. En dehors de ces deux aspects de la réalité, il paraît inconcevable que l'Homme, tel qu'il est, aît pu naître d'un ancêtre animal.
Tout change, tout évolue. Le monde animal n'a pas toujours été ce qu'il est devenu au cours de l'évolution et il continue d'évoluer. La Terre n'a pas toujours été ce qu'elle est devenue et elle continue d'évoluer. C'est dans ce mouvement qui est la forme d'existence de la matière que l'Homme est apparu.

Instinct et Raison marque de deux natures (Pascal)

Pour que cela soit clair, j'insiste sur le fait qu'il ne saurait y avoir de *sociétés* animales, ni d'animaux *sociaux*. Il ne saurait y avoir de *cultures* animales.
Ceci simplifie le problème de la recherche des origines de l'Homme. Quelle que soit la forme du squelette d'Hominidé fossile candidat à l'ancestrialité humaine, forme qui constitue les *signes ou caractères directs*, seule la constatation de caractères évoquant conscience réfléchie, travail productif, outils, habitat, comportement social, constitue une certitude de l'existence humaine.
Malheureusement le « social », la pensée, le travail, le langage ne se fossilisent pas. Ce sont donc des restes témoignant *indirectement* de ce comportement social unique, propre à l'Homme, telle que la découverte d'un outil même très rudimentaire, qui seront des signes de certitude.
C'est pourquoi j'appelle ces témoignages non anatomiques des *signes ou caractères indirects*. Les caractères directs, osseux, sont nécessaires mais non suffisants pour faire le diagnostic d'Homme et donc éclairer ses origines. Seule l'association aux restes osseux de signes indirects permettra et de faire le diagnostic anatomique, et de comprendre le « comment cela s'est-il passé ? ».
Je reviendrai dans les chapitres suivants sur ces questions, mais dans l'ordre

actuel des choses, les Chimpanzés n'ont pas *fabriqué* d'outils. Le niveau morpho-fonctionnel qu'ils ont atteint, notamment du point de vue de leur système nerveux central, pourrait être prometteur. Cependant, pas de chance, nous sommes arrivés avant eux et, de plus, nous les faisons disparaître. Leurs performances, intéressantes pour une troupe de Singes, ne sont pas étonnantes si l'on considère qu'ils ont un ancêtre commun avec l'espèce humaine, et que, biologiquement parlant, les Chimpanzés et les Gorilles sont nos plus proches parents.
Pour que l'Homme ait pu sortir de l'animalité, il fallait que ses ancêtres soient déjà arrivés à un haut niveau du point de vue biologique, notamment du point de vue du système nerveux central et des liens entre l'individu et son environnement.

Libération et liberté

La tendance évolutive de la vie, c'est la libération relative au sein de l'ensemble que constitue le monde, c'est la liberté !

Origine chimique de la vie, puis apparition des cellules végétale et animale, attachées au milieu, puis apparition des êtres pluricellulaires qui acquièrent une mobilité dans le milieu aquatique, puis libération du milieu aquatique. La « sortie des eaux » il y a 400 MA (millions d'années), au Dévonien, est un événement fondamental dans l'évolution des Vertébrés. En effet, à partir d'un Poisson naît le premier Tétrapode terrestre (quatre membres porteurs), l'*Ichthyostega*, amphibien non encore totalement libéré du milieu aquatique, mais possédant quatre pattes. C'est la phase des Amphibiens aux formes diverses. Puis survient la phase des Reptiles qui envahissent tous les milieux et qui donnent naissance aux Oiseaux et aux Mammifères.

La phase mammalienne elle aussi envahit tous les milieux et, avec l'Homme, maîtrise la nature et envahit les espaces extra-terrestres. Bien plus, *avec l'Homme, la nature devient consciente d'elle-même.* La liberté n'est plus le fruit d'une évolution biologique mais d'une aspiration consciente, liberté qu'il faudra gagner mais dont on sait qu'elle existe puisqu'on peut l'interdire...

Les chemins de l'Évolution furent multiples, ceux de la conscience réfléchie le seront également. Il n'y a certes pas de chemin tout tracé, cependant, dès les origines de l'humanité, le travail productif, la solidarité, l'organisation sociale primitive furent des conditions indispensables au progrès, à l'évolution humaine, à l'Hominisation.

Les sociétés humaines n'en sont qu'au début de leur histoire...

1

PROLÉGOMÈNES

Sculpture de Rodin, la Cathédrale,
Musée Rodin, Photo Bruno Jarret,

Définitions et réflexions

Dans le langage courant comme dans le discours scientifique, on confond volontiers origines de l'Homme et hominisation. En réalité, on ne saurait mêler la phase qui est caractérisée par le passage d'un animal à l'Homme et les processus ultérieurs qui caractérisent l'évolution humaine.

La phase de passage qui est celle de la sortie de l'animalité, celle des origines de l'Homme, mérite un nom particulier, et ce nom est l'*anthropogenèse**. C'est essentiellement de cette phase qu'il sera question dans ce livre.

Hominisation et anthropogenèse

L'hominisation* caractérise un long processus dont la phase initiale est précisément l'anthropogenèse, mais qui se poursuit après elle. Étudier l'anthropogenèse, c'est rechercher, observer, décrire, comprendre les événements évolutifs de tous ordres qui marquent le *passage de l'animal à l'Homme*.

Confondre anthropogenèse et hominisation est une position réductrice adoptée par ceux qui ne sont intéressés que par les problèmes biologiques de la phase initiale des processus.

C'est aussi considérer que l'hominisation est un passage mais non une évolution et qu'une fois l'Homme apparu l'hominisation est achevée.

Je pense, au contraire, que l'hominisation est une longue phase évolutive dont on n'a pas de raisons de penser qu'elle soit terminée. L'hominisation, qui comprend l'anthropogenèse, est caractérisée par les processus qui depuis leur origine ont fait les hommes ce qu'ils sont.

Mais l'Homme actuel, les sociétés humaines actuelles ne sont pas une fin. L'évolution humaine ne s'est pas achevée avec les premiers hommes. Ce processus de l'hominisation, à un autre niveau, se reproduit en chaque individu qui devient homme : sorte d'ontogenèse* socio-culturelle qui se répète partiellement en chaque individu et qui progresse d'une façon plus globale en chaque société.

Hominisation individuelle et hominisation sociale sont des processus qui se poursuivent depuis les origines des Hommes, et qui ne sont pas terminés.

Biologie et société

Cette observation ne doit d'ailleurs pas conduire à appliquer aux phénomènes sociaux humains si complexes des lois biologiques, telle la loi dite de la récapitulation* de Haeckel[1], selon laquelle l'*ontogenèse serait une récapitulation brève et abrégée de la phylogenèse**. Si cette loi trouve des applications au cours des premières phases du développement biologique des individus d'une espèce donnée, elle ne saurait en aucun cas s'appliquer aux phénomènes sociaux et culturels.

Par exemple, c'est une démarche tentante mais pleine d'aléas que d'essayer, par l'observation du développement psychomoteur et socio-culturel *individuel* chez l'enfant, de retrouver les différentes phases des processus qui auraient marqué au cours de l'anthropogenèse l'émergence de la *conscience réfléchie*.

Il en est de même, du point de vue social, lorsque l'on veut prendre les sociétés actuelles *dites* primitives comme modèle des *vraies* sociétés humaines primitives qui, il y a des millions d'années, ont marqué les premiers pas de l'hominisation. Ces sociétés ont aussi évolué depuis les origines. Qu'il s'agisse de l'individu ou des sociétés, l'interprétation mécanique

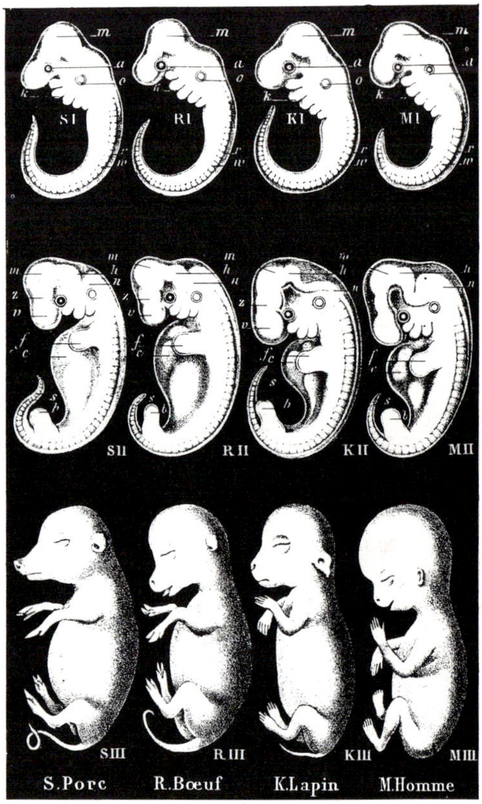

*Planche IV de E. Haeckel (*Anthropogénie. *Trad. française, 1877). Cette planche, comme la suivante, est destinée à illustrer la* loi de la récapitulation. *De haut en bas le développement de l'embryon de quatre Mammifères à trois stades différents : I, II et III. Au stade I, le plus primitif, les embryons se ressemblent et possèdent tous des structures appelées arcs branchiaux qui, chez les Poissons (planche V), donnent naissance aux branchies. Ces structures « k » disparaissent au stade III. On notera la ressemblance des embryons au stade le plus jeune I.*

de la loi de la récapitulation, s'agissant d'événements qui ne sont pas uniquement biologiques, aboutit à des erreurs. Elle aboutit à considérer l'anthropogenèse, processus biologique certes, mais surtout socio-culturel par essence, comme faite de la succession de phases progressives

1. Un de mes élèves, le docteur Glemain, de Nantes, a rédigé son mémoire de DEA sur ce thème, à ma demande.

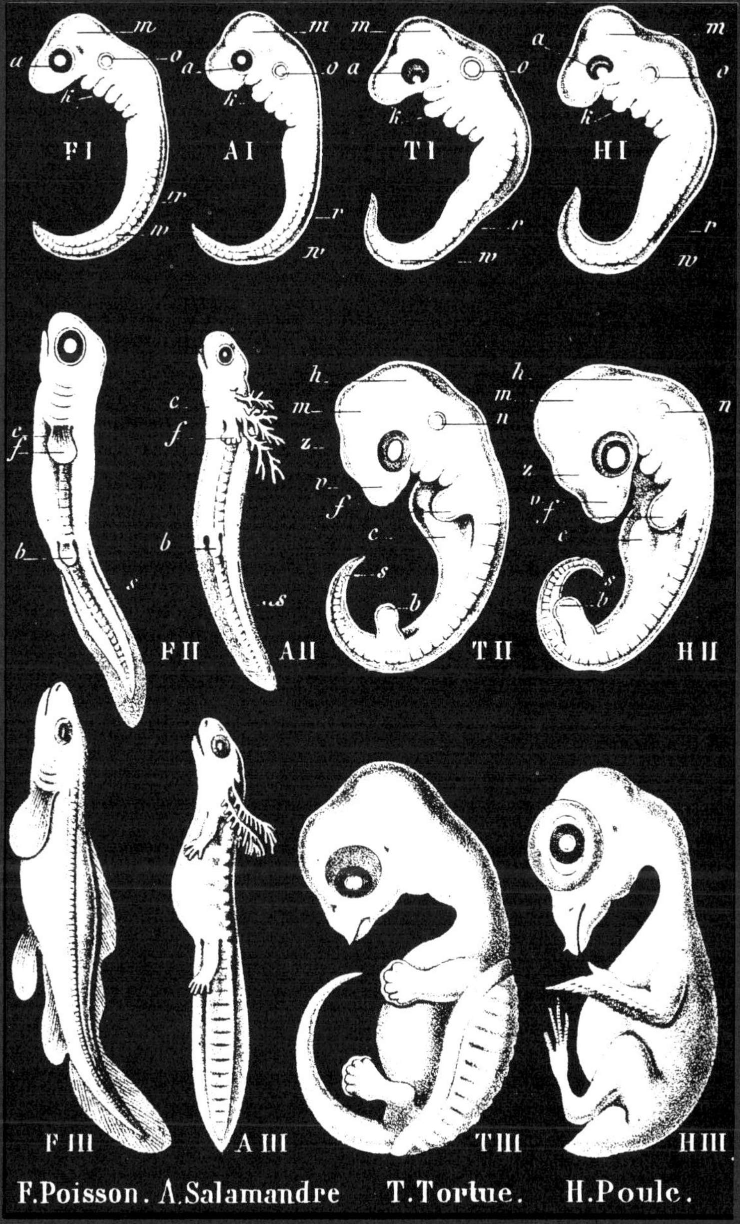

Planche V de E. Haeckel (Anthropogénie. *Trad. française, 1877). Trois stades évolutifs I, II et III, de quatre Vertébrés : de gauche à droite Poisson osseux, Amphibien, Reptile, Oiseau. Les figures des deux planches sont agrandies, les supérieures (I) fortement, les inférieures (III) faiblement. Haeckel a volontairement tenté de donner des dimensions analogues aux différentes formes de chaque stade pour faciliter la comparaison.*

empilées sans modifications les unes au-dessus des autres.

Cela me rappelle certaines théories qui voient dans les progrès du système nerveux central (moelle et encéphale*), au cours de l'évolution des Vertébrés, une succession de formations nouvelles de plus en plus performantes, se surajoutant dans le temps et *dans l'espace* (c'est-à-dire anatomiquement) les unes au-dessus des autres. Il n'y aurait qu'une simple addition de structures bien visibles au cours du développement foetal, développement qui reproduirait chez l'homme les différents stades, Poisson, Amphibien, Reptilien, Mammalien inférieur, puis Mammalien supérieur par lesquels le système nerveux central serait passé.

En fait chaque phase nouvelle modifie profondément l'évolution et dans les phases actuelles des processus, il faut faire le tri entre ce qui est nouveau, et ce qui est un souvenir. Cela n'est pas toujours facile car il faut tenir compte de ce qui est « oublié », disparu ou *transformé* dans les structures des phases précédentes.

Un exemple d'une telle méthodologie est fournie par l'étude de l'apparition du langage chez l'enfant actuel. Les différentes phases d'acquisition du langage sont bien évidemment liées au développement de l'encéphale, mais il s'agit surtout d'un phénomène socio-culturel. Le langage nécessite un apprentissage. Il paraît bien hasardeux de rechercher les phases du processus de la glottogenèse*, c'est-à-dire de l'origine du langage chez les premiers hommes, par l'étude de son acquisition chez l'enfant actuel.

Il en est de même pour la bipédie. L'enfant *apprend* à marcher debout sur ses membres pelviens (les membres dits postérieurs dans les quadrupèdes, et inférieurs dans les bipèdes).

Le langage et la marche s'apprennent. Ils ne sont pas transmis par les gènes.

D'où venons-nous ? Que sommes-nous ? Où allons-nous ?

Il y a fort longtemps, j'ai pu contempler cette toile magnifique de Gauguin considérée comme le testament spirituel du peintre. Elle fut exécutée en un mois, en novembre 1897 : « Je voulais mourir, et dans cet état de désespoir, je l'ai peinte d'un seul jet », explique Gauguin dans une lettre à Charles Morice. Cette œuvre monumentale est d'une infinie beauté, d'une beauté triste. Les deux coins du haut du tableau, sur jaune de chrome, portent, à droite la signature, à gauche l'inscription : « D'où venons-nous ? Que sommes-nous ? Où allons-nous ? ».

J'avais choisi cette œuvre comme emblème de la formation de recherche CNRS dont j'ai eu pendant six ans la responsabilité, la RCP 688 « Origines de l'Homme, morphologie et évolution ». L'inscription de Gauguin montre les liens étroits entre les origines de l'Homme et son avenir. Elle souligne aussi les rapports entre l'évolution humaine et la connaissance de l'Homme : Que sommes-nous ?

La question de la définition de l'Homme n'est pas abordée par ceux qui ont pour but d'étudier la recherche des origi-

L'enfant ne marche pas spontanément sur ses membres postérieurs. Il apprend *à marcher. Photo S. Lousada.*

nes humaines. Curieux non ? Comment effectuer une recherche scientifique sans définir ce qui est au centre de cette recherche ? Chercher les origines de l'Homme n'implique-t-il pas que l'on définisse d'abord l'Homme ? Sur quels caractères pourra-t-on se baser pour savoir si, aux confins de l'Homme et de l'animalité, il s'agit bien d'un Homme ?

Origine animale de l'Homme

Comme l'on sait, une bataille terrible eut lieu en Angleterre après la publication du livre de Darwin sur l'*Origine des espèces* (1859), qui n'abordait pas directement le problème des origines de l'Homme mais l'éclairait.

Ce fut une lutte difficile qui exigea courage, patience, esprit de sacrifice et plus que tout amour de la vérité, amour de la science, de la part de ceux qui eurent à défendre les théories nouvelles, véritablement révolutionnaires, de l'origine animale de l'Homme, de l'évolution des espèces et de la sélection naturelle.

L'origine animale de l'homme ! C'était choquant.

On rapporte la réaction d'une ladie contemporaine de Darwin qui, mise au courant de la probabilité de la descendance de l'Homme à partir du Singe, s'écria :

Un troupeau de Gorilles des montagnes (Pan gorilla berengei). *Photo Arthus-Bertrand, Jacana.*

« Descendre des singes ? Mon cher, souhaitons que cela ne soit pas vrai. Mais si cela est, prions pour que la chose ne s'ébruite pas » (*in* Dobzhansky 1966). Certains attribuent cette remarque à l'épouse de l'évêque de Worcester. Elle l'aurait formulée en juin 1860.

Discuter des origines de l'Homme et de l'Évolution des espèces, cela conduisait à affirmer que l'Homme n'a pas toujours été ce qu'il est devenu, et qu'il n'est pas tel qu'il est apparu sur la Terre. La nature elle-même a changé. La Terre et l'Homme ont une histoire. Pas plus que la Terre n'était le centre de l'Univers, l'Homme n'était distinct de la nature et du monde animal. Il y avait de quoi surprendre au XIXe siècle, cela surprend encore...

Les réactions aujourd'hui

Les réactions furent diverses. Il en est une, actuelle, qui est en quelque sorte une autre manière de s'opposer au statut naturel de l'Homme. Elle consiste à atténuer les différences entre l'Homme et l'animal. En effet, curieusement, alors que l'on a eu tant de mal à faire admettre l'origine animale de l'Homme, un mouvement inverse s'observe, qui tend à rapprocher l'Homme de l'animal. Ce mouvement présente deux aspects, l'un qui « hominise » les animaux (les prétendus animaux sociaux, les animaux auraient des outils, etc.), l'autre qui « animalise » l'Homme (la violence innée, naturelle, « normalement » héritée des ascendances animales de l'Homme).

Je prends au hasard cette idée exprimée récemment : « On retrouve chez les Grands Singes l'essentiel de ce que l'on observe dans les sociétés humaines primitives » (*sic*). Cette phrase clôt un exposé où l'on explique que les différences constatées entre l'Homme d'un côté, Babouins, Macaques et Chimpanzés de l'autre, ne sont pas grandes.

C'est pourquoi la question des définitions est si importante. Elle est décisive et nécessaire dans cette démarche scientifique. Le problème de l'outil est un des plus discutés qui soit, parce que de sa définition dépend en partie celle de l'Homme. Bien plus, de la définition de l'outil dépend aussi en partie la compréhension des processus qui conduisent à l'anthropogenèse. Ce n'est pas rien !

Au total, je trouve étonnant que l'on puisse écrire un livre sur les Singes* sans donner une définition des Singes, écrire un mémoire de DEA sur les « outils » des Singes supérieurs en parvenant à ne jamais aborder la définition de l'outil, écrire des livres sur « l'origine » ou « l'apparition » de l'Homme sans jamais fournir une définition de l'Homme, parler de sociétés animales, de liens sociaux

Un outil et un percuteur. L'élément arrondi, trouvé dans le département de l'Yonne, sert à retoucher des éclats, on l'appelle percuteur. L'autre élément est un outil lithique en silex. C'est un modèle « fabriqué » par le préhistorien Jacques Tixier à l'aide d'un bois de cerf. Photo M. Sakka.

Buste de Cuvier (1769-1832) dans la Galerie d'anatomie comparée (Muséum national d'Histoire naturelle). Georges Cuvier entre au Muséum d'Histoire naturelle en juillet 1795, Geoffroy Saint-Hilaire lui ayant obtenu le poste de professeur suppléant d'Anatomie comparée. Considéré en France comme le fondateur de l'Anatomie comparée et de la Paléontologie, c'était, avec Flourens, un ardent défenseur de la théorie de la fixité des espèces qui niait l'évolution biologique. Photo Roger-Viollet.

dans les Macaques, les Babouins ou les Chimpanzés, sans jamais définir ce que sont les sociétés, ce qu'est le « social ». Et l'on pourrait allonger cette liste qui montre que tout se tient et qu'il ne s'agit pas de hasards, mais d'une position intellectuelle parfaitement cohérente, d'un mode de pensée dominant.

Évolution et origines de l'Homme

Les problèmes de l'Évolution et ceux des origines de l'Homme sont liés.

La thèse du fixisme*, qui nie toute évolution, est bien illustrée en France par Georges Cuvier au XIXe siècle. Il est curieux de constater que c'est celui à qui l'on attribue le développement de la paléontologie* et de l'anatomie comparée, c'est-à-dire celui qui était le mieux placé pour découvrir l'évolution des espèces, Cuvier, qui, bien au contraire, en a défendu la fixité... Il s'ensuivait que l'Homme créé était au sommet de cette *Échelle des êtres* qui, après des échelons successifs, tendait vers la perfection.

De nos jours, si cette conception de la perfection humaine n'est pas totalement disparue, la thèse du fixisme des espèces n'est plus guère défendue, bien que le finalisme*, les causes finales* ne soient pas abandonnées.

L'évolutionnisme, la découverte des liens d'ascendance/descendance entre les espèces, a entraîné une conception différente des origines humaines. L'Homme fait partie d'une espèce animale et a une ascendance animale comme toutes les autres espèces vivantes. Mais du même coup, on constate qu'il ressemble davantage, morphologiquement parlant, aux Grands Singes, que l'on a appelés les anthropomorphes* (en forme d'homme) que ceux-ci ne ressemblent aux autres Singes. L'Homme se fond alors dans ce monde animal d'où il est issu. Et la tendance la plus répandue actuellement est de l'y laisser.

Il y avait avant Lamarck et Darwin un infranchissable fossé entre l'Homme et le monde animal. Maintenant il n'y a plus de limites, on parle de *continuum*, ce qui rappelle la vieille formule de Leibniz : la nature ne fait pas de sauts.

En réalité, les hommes ont bien une origine animale, mais au cours de l'anthropogenèse ils ont acquis des propriétés qui au fur et à mesure de l'hominisation font reculer davantage l'importance des facteurs biologiques de l'évolution humaine au profit des processus socio-culturels qui sont propres à l'humanité !

Continuum Homme - Ordinateurs

Le *continuum* animal - Homme s'étendrait maintenant aussi à l'outil et à l'avenir. « L'intelligence artificielle » ferait bientôt disparaître le fossé entre l'Homme et ses propres outils. Même processus que pour les animaux : on « hominise » l'ordinateur et on « mécanise » l'homme. Des ordinateurs très avancés pourraient créer. Quant au fonctionnement cérébral, il serait fait de modules et l'organe serait assimilable à un super ordinateur. Il n'est pas du domaine de cet ouvrage de discuter longuement sur cet aspect actuel de la question.

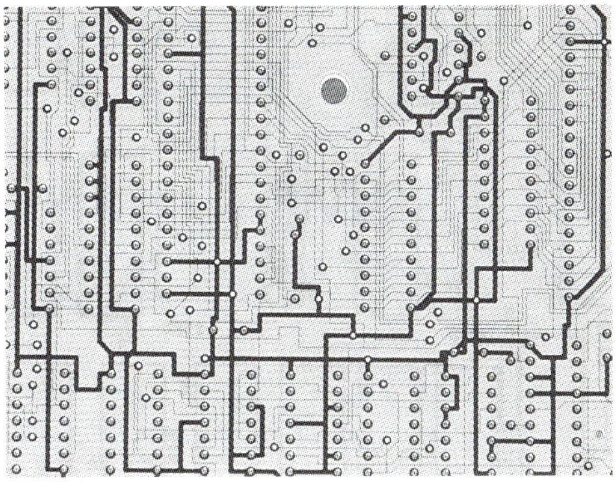

L'ordinateur est un outil fabriqué par l'homme et au service de l'homme. Photo Simon Fraser, Northumbria Circuits, Science photo Library.

Je dirai simplement que le cerveau n'est pas plus un outil que l'ordinateur n'est un organe, de la même manière que la main n'est pas plus un outil, que le silex taillé n'est un organe !

L'Homme a su fabriquer des outils qui perfectionnent ses propres sens, microscope, téléscope, calculateur, etc., mais sa connaissance est liée à la culture transmise et à la société. Une société humaine qui viendrait à perdre sa culture serait vouée à la disparition. De même qu'un individu abandonné seul sans aucun apprentissage ne saura ni parler ni marcher, *il ne s'hominisera pas*.

Éléments d'histoire

Il ne s'agit pas de remonter jusques aux cultures de l'Antiquité, grecques ou égyptiennes, qui servent de « références » aux historiques « bien faits ». Dans les livres récents, le plus souvent traduits de l'anglais, qui traitent des origines de l'Homme, la participation des naturalistes ou des philosophes français est habituellement passée sous silence, au mieux très sous-estimée, voire déformée. Parfois le même phénomène s'observe dans quelque ouvrage français, comme si les sourdes querelles idéologiques du XVIIIe et du XIXe siècles entre les évolutionnistes et les fixistes se poursuivaient encore.

Comme s'il était plus important de continuer à défendre des théories obsolètes dont l'influence est néfaste, plutôt que de reconnaître les injustices commises à l'encontre d'hommes de science honnêtes et courageux dont l'unique tort fut de défendre des hypothèses neuves, opposées aux dogmes et aux idées reçues.

La position fixiste de Cuvier et de Flourens, qui s'opposaient du poids de leur autorité aux conceptions évolutionnistes nouvelles et novatrices, était plus confortable et plus rentable que celle de Lamarck qui avait découvert la théorie de l'évolution des espèces animales et l'avait appliquée à l'anthropogenèse en exposant la première théorie de l'origine animale de l'Homme à partir d'un ancêtre simien. Il arrive que l'on dise, à notre époque, que Lamarck considérait l'Homme comme le résultat d'une « création particulière ». Ceci est à l'opposé de sa pensée. Dans la *Philosophie zoologique*, il s'affirme clairement en faveur d'une origine animale et naturelle de l'Homme.

En perpétuant ces injustices historiques, on nuit à la clarté scientifique. La méthodologie fondamentale contemporaine peut être influencée, voire infléchie, par la pérennisation de thèses partisanes et erronées. En outre, en agissant ainsi, on sacrifie une partie du patrimoine scientifique et historique de la France. Pourquoi fallut-il que ce soient les Anglais (en l'occurrence Darwin), ou les Allemands (en l'occurrence Haeckel) qui rendissent hommage à la part décisive prise par la France en la personne de Lamarck dans

Denis Diderot, dès le milieu du XVIIIe siècle, avait jeté les bases de l'épigenèse, de l'ontogenèse, du transformisme et de l'évolutionnisme. Portrait de Denis Diderot (1713-1784) par Fragonard. Photo Roger-Viollet.

la révolution scientifique que représente la découverte de l'Évolution ?

Faire l'obscurité sur une œuvre, c'est aussi permettre le pillage des idées. Cela facilite l'opération qui consiste à déformer la pensée d'un auteur afin de mieux la discréditer. Le sort réservé à certaines œuvres fondamentales me chagrine. Je pense surtout à celle de Lamarck.

Le siècle des Lumières

Cependant, avant lui, le siècle des Lumières avait préparé le terrain. Dès 1747, Maupertuis parle « des variétés qui se perpétuent par des générations répétées d'individus ».

En 1753 Diderot écrit : « De même que dans les règnes animal et végétal, un individu commence pour ainsi dire, s'accroît, dure, dépérit et passe ; n'en serait-il pas de même pour des espèces entières ? », ce qui exprime l'existence de l'évolution des espèces. Bien plus, Diderot — ce qui est prodigieux pour son époque — pense en millions d'années, alors qu'un siècle plus tard, en Angleterre, on fixera à quelque six mille ans la date de la *création* de l'Homme.

Buffon, dans cette œuvre monumentale qu'est l'*Histoire naturelle*, semble se contredire çà et là, lorsqu'il s'agit de la définition de l'espèce, ce qui fait douter de son opinion sur l'existence de l'évolution.

Lamarck

Le siècle suivant, en 1801, puis en 1809 (l'année de la naissance de Darwin !) dans la *Philosophie zoologique* et en 1815 dans la préface de l'*Histoire naturelle des animaux sans vertèbres*, Lamarck publie ses conceptions que l'on peut réellement qualifier de révolutionnaires.

Darwin, dans la note historique qui précède la première publication anglaise de l'*Origine des espèces* le 24 novembre 1859, écrit en parlant de Lamarck : « Ce savant, justement célèbre... [...] Il soutint dans ces ouvrages la doctrine que toutes les espèces, l'homme compris, descendent d'autres espèces. »

Georges Louis Leclerc, Comte de Buffon, un des plus grands naturalistes de tous les temps, licencié en droit, il débuta ses études de médecine à Angers. Son œuvre monumentale est l'Histoire naturelle, générale et particulière *qui concerne les animaux et l'homme. Commencée en 1749, le tome XV est publié en 1767. Elle est suivie de sept volumes de suppléments (1774-1789). Il fut nommé en 1739 Intendant du jardin et du cabinet du Roi. Dans certains passages de* l'Histoire naturelle, *il semble avoir perçu le transformisme. Buffon (1707-1788). Gravure par Rousseau et Dumont. Photo Roger-Viollet.*

Fondateur de l'évolutionnisme, Lamarck (1744-1829) fut titulaire d'une des douze chaires de professeur fondées par la Convention (10 juin 1793) lors de la création du Muséum d'Histoire naturelle. Gravure de 1823. Photo Roger-Viollet.

Ernst-Heinrich Haeckel, zoologiste allemand, évolutionniste convaincu, professeur à l'université d'Iéna, est encore plus précis dans son *Histoire de la création des êtres organisés d'après les lois naturelles*, dont la première édition parut en automne 1868. Il soutient que Lamarck, dans l'histoire de l'Évolution des espèces, doit avoir sa place à côté de Goethe et de Darwin. « A lui revient, écrit-il, l'impérissable gloire d'avoir, le premier, élevé la théorie de la descendance au rang d'une théorie scientifique indépendante... » Le livre de Lamarck devance d'un demi-siècle celui de Darwin mais il est resté soixante-cinq ans dans l'oubli !

Haeckel poursuit : « Le plus grand adversaire de Lamarck, Cuvier dans son rapport sur les progrès des sciences naturelles, où il y a place pour les plus insignifiantes recherches anatomiques, ne trouve pas un mot à dire de cette œuvre capitale. » Haeckel constate l'action néfaste de Cuvier et observe que, depuis Lamarck et Geoffroy Saint-Hilaire, plus rien n'a été fait en France pour faire avancer la théorie de l'Évolution. Ceci est dû, pense-t-il, « à l'action rétrograde qu'a exercée la grande autorité de Cuvier » (mort en 1832).

Je pense que l'influence du fixisme de Cuvier et de Flourens, dans une certaine mesure, et sous des formes différentes et diverses, se fait encore sentir.

Haeckel ne sous-estime pas le rôle de Darwin, bien au contraire, mais il rétablit la vérité historique : « On surfait le mérite de Darwin, alors qu'on le considère comme étant le fondateur de la théorie de la descendance, c'est-à-dire de toute la théorie de l'évolution. »

La théorie « a été déjà nettement formulée par Lamarck, et poussée par lui jusqu'à ses conséquences les plus importantes, à tel point qu'il faut le considérer comme en étant le vrai fondateur. Il faut donc appeler darwinisme, non la théorie de la descendance, mais bien la théorie de la sélection. Cette dernière théorie est d'une telle importance qu'on ne saurait l'estimer trop haut. »

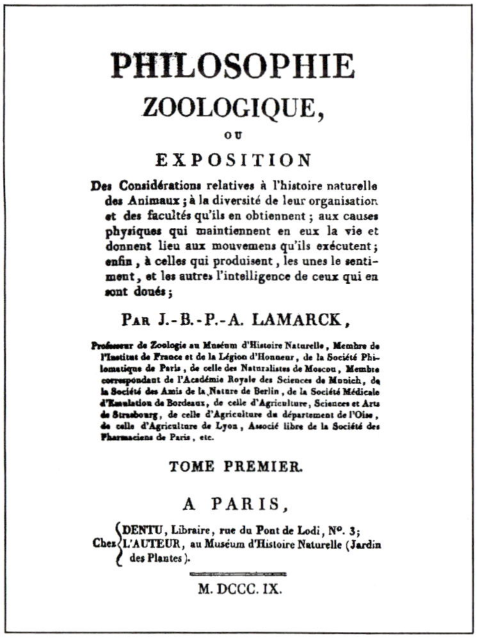
PHILOSOPHIE
ZOOLOGIQUE,
OU
EXPOSITION
Des Considérations relatives à l'histoire naturelle des Animaux ; à la diversité de leur organisation et des facultés qu'ils en obtiennent ; aux causes physiques qui maintiennent en eux la vie et donnent lieu aux mouvemens qu'ils exécutent ; enfin, à celles qui produisent, les unes le sentiment, et les autres l'intelligence de ceux qui en sont doués ;

PAR J.-B.-P.-A. LAMARCK,

Professeur de Zoologie au Muséum d'Histoire Naturelle, Membre de l'Institut de France et de la Légion d'Honneur, de la Société Philomatique de Paris, de celle des Naturalistes de Moscou, Membre correspondant de l'Académie Royale des Sciences de Munich, de la Société des Amis de la Nature de Berlin, de la Société Médicale d'Emulation de Bordeaux, de celle d'Agriculture, Sciences et Arts de Strasbourg, de celle d'Agriculture du département de l'Oise, de celle d'Agriculture de Lyon, Associé libre de la Société des Pharmaciens de Paris, etc.

TOME PREMIER.

A PARIS,

Chez DENTU, Libraire, rue du Pont de Lodi, N°. 3 ; L'AUTEUR, au Muséum d'Histoire Naturelle (Jardin des Plantes).

M. DCCC. IX.

Page de titre de la Philosophie zoologique, *édition originale.*

Lamarck et l'anthropogenèse

Il y a plus encore : dans la *Philosophie zoologique* Lamarck fournit la première hypothèse scientifique fondée et détaillée des origines de l'Homme. Il montre comment l'environnement joue un rôle décisif sur la transformation des populations animales, et, somme toute, il donne là une théorie de la spéciation*, c'est-à-dire une théorie de l'apparition de nouvelles espèces à partir d'espèces existantes, sous l'influence des modifications du milieu environnant.

Il faut remarquer la prodigieuse sagacité de Lamarck qui prévoit tout ce qu'ont développé les disciplines contemporaines intéressées par la paléontologie humaine et animale, par la préhistoire. Il écrit dans la *Philosophie zoologique* : « Tout homme observateur et instruit sait que rien n'est constamment dans le même état à la surface du globe terrestre. Tout, avec le temps, y subit des mutations diverses plus ou moins promptes, selon la nature des objets et des circonstances. Les lieux élevés se dégradent perpétuellement par les actions alternatives du soleil, des eaux pluviales, et par d'autres causes encore ; tout ce qui s'en détache est entraîné vers les lieux bas ; les lits des rivières, des fleuves, des mers mêmes, varient dans leur forme, leur profondeur, et insensiblement se déplacent ; en un mot, tout, à la surface de la terre, y change de situation, de forme, de nature et d'aspect, et les climats mêmes de ses diverses contrées n'y sont pas plus stables. »

Ernst-Heinrich Haeckel (1834-1919), zoologiste allemand, évolutionniste, professeur à l'université d'Iéna. Au sein d'une œuvre scientifique abondante, il met l'accent sur les origines et le développement humains, soulignant notamment l'exceptionnelle importance de l'embryologie dans la connaissance de la phylogenèse. Photo Roger-Viollet.

Il en conclut dès 1809 : « ... et si ces changements donnent lieu à des modifications ou des développements dans les organes et dans la forme de leurs parties, on doit sentir qu'insensiblement tout corps vivant quelconque doit varier surtout dans ses formes ou ses caractères extérieurs, quoique cette variation ne devienne sensible qu'après un temps considérable. »

Il démontre qu'il n'est pas étonnant que les animaux fossiles soient différents des animaux actuels. Il réfute ainsi la théorie des catastrophes ou des révolutions du globe, théorie que l'on attribue à Cuvier, mais qui est en fait due à Camper (1787). Pour expliquer les différences observées dans les fossiles, Cuvier suppose qu'il y a eu plusieurs catastrophes ou « révolutions » du globe, qui ont fait disparaître les espèces animales et qui ont été chacune suivies d'une nouvelle création. Il y aurait eu ainsi plusieurs créations, la dernière en date étant celle de l'Homme, dont l'apparition remonterait à 6 000 ans environ.

Dans le paragraphe intitulé « Quelques observations relatives à l'homme », Lamarck montre comment des *quadrumanes*[1], perdaient l'habitude de vivre dans les arbres, et « [...] pendant une suite de générations étaient forcés de ne se servir que de leurs pieds pour marcher, et cessaient d'employer leurs mains comme des pieds ; il n'est pas douteux [...] que ces quadrumanes ne fussent à la fin transformés en *bimanes* ».

Le gros orteil cesserait d'être écarté des autres orteils, les pieds ne leur servant plus qu'à marcher.

« En outre, si les individus dont je parle, mûs par le besoin de dominer, et de voir à la fois au loin et au large, s'efforçaient de se tenir debout, et en prenaient constamment l'habitude de génération en génération, il n'est pas douteux encore que leurs pieds ne prissent insensiblement une conformation propre à les tenir dans une attitude redressée, que leurs jambes n'acquissent des mollets, et que ces animaux ne pussent alors marcher que péniblement sur les pieds et les mains à la fois. »

1. Dans certaines classifications, l'ensemble des Primates non humains avait été appelé « quadrumane », ce qui permettait d'isoler l'homme, bimane (voir ci-dessous, p. 90).

Il suppose que ces bimanes s'emparant à la surface du globe de tous les lieux qui leur convenaient avaient, en confinant les autres animaux dans des lieux qu'eux-mêmes n'occupaient pas, au bout du compte freiné le progrès du perfectionnement de ces animaux.

Maîtres de se répandre et de se multiplier partout, ces bimanes se seront successivement créé des *besoins nouveaux (sic)* qui auront excité leur industrie et perfectionné graduellement leurs moyens et leurs facultés. Ils seront ainsi parvenus à mettre entre eux et le monde animal une *distance considérable (sic)*.

Lamarck montre aussi que l'homme actuel n'est pas parfaitement adapté à la *station* debout, ce qui prouve son origine quadrupède. Enfin, décrivant l'évolution de ces bimanes, il poursuit : « [...] et ayant considérablement multiplié leurs besoins à mesure que les *sociétés* qu'ils y formaient devenaient plus nombreuses, ont dû pareillement multiplier leurs idées, et par suite ressentir le besoin de les communiquer à leurs semblables. On conçoit qu'il en sera résulté pour eux la nécessité d'augmenter et de varier en même proportion les *signes* propres à la communication de ces idées. »

Au paragraphe suivant, il écrit : « [...] tels que les quadrumanes vivent, la plupart, par *troupes*. »

J'ai souligné les mots sociétés et troupes, car, pour Lamarck, il y a une différence implicite entre *société humaine* et *troupe animale*. Si Lamarck fait ici la différence évolutive, Buffon, cinquante ans auparavant, avait fait la même observation (*Contre la société des mouches*, 1753).

Or actuellement, il n'est pas un spécialiste du comportement animal, pas un primatologue, pas un paléontologue qui ne parle d'animaux *sociaux*, de sociétés *animales*.

Lamarck poursuit en expliquant que les *signes* ne sont plus suffisants pour communiquer rapidement les idées trop nombreuses, que ni les signes pantomimiques, ni les inflexions de la voix ne

Paysage de Tanzanie. Photo Denis Huot, Hao Qui.

permettent de représenter la multitude de *signes* devenus nécessaires, et qu'ils seront parvenus, par différents efforts, à former des *sons articulés*. Il montre les relations entre l'anatomie et la fonction du langage, enfin la naissance des différentes langues humaines.

L'apport scientifique de Lamarck est considérable, il est réellement révolutionnaire.

Pour le grand paléontologue et anatomiste américain George G. Simpson, Lamarck fut le premier à affirmer clairement et concrètement que *tous* les taxons, tous les groupes animaux sont apparus par l'évolution et qu'ils constituent un *continuum* phylogénétique. Il ajoute que Lamarck serait bien étonné d'apprendre que le « lamarckisme » est devenu « l'héritabilité des caractères acquis ».

Lamarck a fourni en quelques pages de la *Philosophie zoologique*, au tout début du XIXe siècle, la première théorie scientique des origines de l'Homme, basée sur la théorie de l'évolution des espèces, ou théorie de la descendance. Celle-ci conduit à l'origine animale de l'Homme, à partir d'un Grand Singe arboricole déjà très performant.

Lamarck mourut en 1829, dans un profond dénuement... La première édition de la *Philosophie zoologique* date de 1809, la deuxième de 1873...

Au total, on ne saurait assez insister sur le fait que le fondateur des théories de l'Évolution est Lamarck, et que Darwin est le fondateur d'une théorie sur l'un des mécanismes de l'Évolution, la *Sélection*, qu'il s'agisse de l'*Origine des espèces au moyen de la Sélection naturelle* (1859) ou de la *Descendance de l'homme et la Sélection sexuelle* (1871).

Charles Darwin (1809-1882). Naturaliste anglais, fondateur des théories de la sélection, élément moteur de l'évolution des espèces. Photo F.P.G. International.

Darwinisme et lutte idéologique

Bien que n'ayant pas abordé directement la question des origines animales de l'Homme, dès sa parution le livre de Darwin suscita des discussions véhémentes sur ce sujet.

Les débats d'ailleurs prirent plusieurs aspects. Une des questions essentielles était celle de la place du genre humain dans la classification animale et celle de la parenté des hommes avec les animaux.

L'anatomiste anglais Sir Charles Owen était farouchement opposé à cette parenté. Il avait voulu distribuer les animaux selon leur morphologie cérébrale en quatre classes. L'homme tout seul représentait la classe des Archencéphales*. C'était un moyen, tout en rangeant l'Homme dans le monde animal, de le distinguer totalement des autres par une caractéristique anatomique fondamentale, celle du cerveau.

L'excellent anatomiste anglais, Thomas Henri Huxley était un ardent défenseur de Darwin. Il fut confronté dès 1860 à l'évêque Samuel Wilberforce, opposant déterminé de l'évolutionnisme et porte-parole d'Owen, dans un débat qui eut lieu à Oxford lors d'une réunion de l'Association britannique pour le progrès

Thomas Henry Huxley (1825-1895) célèbre anatomiste anglais, évolutionniste. Parmi ses ouvrages, il faut citer, pour leur intérêt scientifique, De la place de l'homme dans la nature *et* Éléments d'anatomie comparée des animaux vertébrés, *traduits en français, le premier en 1868, le dernier en 1875. Gravure d'après Collier, 1890. Photo Roger-Viollet.*

des sciences. Wilberforce tenta de ridiculiser Huxley publiquement, comme l'on a fait d'ailleurs pour Darwin, et il lui demanda s'il descendait du Singe par son grand-père ou par sa grand-mère ! On voyait à la même époque une caricature sur laquelle Darwin, croisant un Chimpanzé coiffé d'un chapeau, soulève le sien pour le saluer en lui disant « Bonjour grand-père ».

En France

L'ouvrage d'Huxley, *la Place de l'homme dans la nature*, fut traduit en français par le docteur Dally. Édité en 1868, avec une préface de l'auteur rédigée spécialement pour cette édition, Dally le présenta devant la Société d'anthropologie de Paris la même année. Celui-ci était un des rares évolutionnistes (on disait à l'époque, en France, transformiste) de la Société d'anthropologie.

Au sein de cette Société, les débats sur le transformisme se déroulèrent fort courtoisement. Broca, anatomiste et chirurgien, fondateur de la Société en 1859, souhaitait dissocier les questions des ressemblances anatomiques entre l'Homme et les Singes, et celles des problèmes de parenté. Il considérait que l'on pouvait discuter d'une classification animale sans

Paul Broca (1824-1880), chirurgien, anatomiste, anthropologue, fondateur de la Société d'Anthropologie de Paris. Parmi ses nombreuses découvertes, il prouva par la méthode anatomo-clinique, l'existence de localisations cérébrales des fonctions intellectuelles supérieures. Particulièrement il montra la localisation *d'une des aires du langage au niveau du pied de la troisième circonvolution frontale, et la* latéralisation *fonctionnelle de cette aire, située au niveau de l'hémisphère gauche chez les droitiers. Photographie de Paul Broca. Photothèque du Musée de l'Homme.*

pour autant soulever des questions de phylogenèse*. Il publia son célèbre mémoire sur l'*Ordre des Primates* en 1869. Cependant, de cette étude anatomique remarquable, la discussion à la Société évacua toute conclusion concernant l'évolution ou les origines de l'Homme. Elle ne porta que sur le niveau exact de la place de l'Homme dans la classification à l'intérieur du groupe des Primates. Ce qui ne signifiait pas nécessairement une parenté pour la plupart des anthropologues de ce temps.

En Allemagne

En 1877 paraît le livre de Haeckel, *Anthropogénie ou Histoire de l'évolution humaine*, traduit en français sur la deuxième édition allemande par le docteur Charles Letourneau.

Il est intéressant de remarquer que Haeckel, à propos du groupe qu'il appelle Anthropoïde* (Chimpanzé et Gorille africains, Orang-outan et Gibbon asiatiques), écrit : « Il va de soi qu'aucun des anthropoïdes actuels ne peut être rangé parmi les ancêtres directs de l'Homme ; tous sont des débris épars d'un antique rameau catarrhinien*, jadis riche en espèces et dont un ramuscule spécial est devenu le genre humain. »

Il désigne sous le nom de Pithécanthrope une forme intermédiaire, le Singe-Homme, *non encore découvert*, et qui formera, dit-il, un chaînon ancestral.

C'est pourquoi, l'expression « l'Homme descend du Singe », par laquelle on caricaturait la pensée des évolutionnistes du temps de Darwin était tendancieuse. Si le terme « singe » ne représente que les formes vivantes, cette expression est fausse. L'Homme ne descend pas du Chimpanzé. Elle reste vraie dans la mesure où tous les paléontologues de notre temps appellent « Grands Singes » certains fossiles de Primates ancestraux ayant précédé les Grands Singes* et l'Homme actuels.

Outils en pierre et ancienneté de l'Homme

Il faut revenir un peu en arrière, au moment de la publication en 1830 du premier volume de l'ouvrage capital du géologue écossais Charles Lyell, *Principes de géologie*. Celui-ci en quelque sorte, apportait un appui aux affirmations de Lamarck sur les changements de la Terre au cours des temps, sur les érosions, les alluvions, les couches géologiques successives et sur l'ancienneté de la planète.

Cependant, les preuves de l'ancienneté de l'Homme, sa coexistence avec des Vertébrés fossiles, vinrent de France. On ne dira jamais assez la part décisive que les scientifiques de notre pays prirent dans cette phase déterminante de l'histoire des origines de l'Homme.

Dès 1826, un célèbre archéologue français, Jacques Boucher de Crèvecœur de Perthes, connu sous le nom de Boucher de Perthes, né en 1788 à Rethel, recherchait les preuves de l'ancienneté de l'homme par l'association de celui-ci avec les

Jacques Boucher de Crèvecœur de Perthes (1788-1868). Il sut interpréter ses découvertes de pierres taillées comme des outils fabriqués par les hommes. Il affirme ainsi la très grande antiquité des sociétés humaines et fonde une science nouvelle : la préhistoire. Photo Roger-Viollet.

restes d'animaux fossiles, au sein des couches alluvionnaires du Nord de la France... et il les trouva après plusieurs années d'effort.

En 1832, on lui apporta de Thuison une pièce que l'on considérait comme une hache taillée (elle fut déposée au musée de Saint-Germain). Ses caractères indiquaient la marque d'une industrie humaine. Le diagnostic d'outil ne fut pas contesté, mais il fallait prouver que de tels objets puissent être trouvés en place, aux côtés d'ossements animaux fossiles qui attesteraient l'ancienneté de la pièce, au sein d'une couche qui devrait être par surcroît non remaniée.

Travaillant avec ardeur, Boucher de Perthes fit ses découvertes en Picardie, dans la vallée de la Somme, près d'Abbeville, dans les couches inférieures d'alluvions anciennes bordant le cours de la rivière. Les terrains dans lesquels il trouvait ses outils de pierre taillée furent appelés *diluvium* par les géologues. Boucher de Perthes sut reconnaître qu'il y avait là des « instruments » de pierre,

Illustration de l'Ancienneté de l'homme prouvée par la géologie. *Lyell, 1870. Instrument en silex de Saint-Acheul, près d'Amiens, en forme de fer de lance. Longueur : 187 mm.*

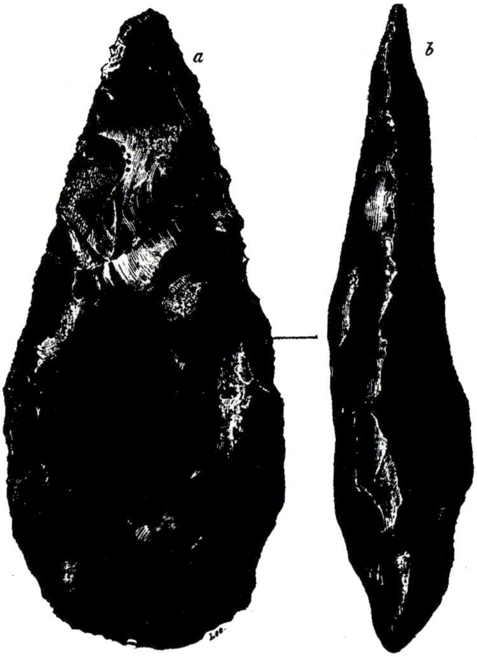

différents des haches en pierre polie et beaucoup plus anciens qu'elles. Il les associa à l'Homme. Ces outils se trouvaient dans des couches à Mammifères fossiles très anciens. Il démontra ainsi indirectement la très grande ancienneté de l'Homme.

Il faut souligner que c'est par la présence d'une *culture* et d'une *industrie* qu'il fit sa démonstration. Il appela l'auteur de cette culture *l'homme antédiluvien.* Il publia en 1847 le tome I de son ouvrage *(in octavo) : Antiquités celtiques et antédiluviennes,* dans lequel il décrivit les objets taillés en silex qu'il avait trouvés près d'Abbeville et qu'il avait attribués à l'homme. Ainsi était créée la culture paléolithique appelée plus tard l'Abbevillien.

On conçoit le scepticisme avec lequel ces découvertes et leur immense portée furent accueillies. D'autant qu'elles fournissaient une confirmation éclatante non seulement de l'ancienneté de l'Homme mais aussi de son origine naturelle. Le monde scientifique se refusait à croire que des objets travaillés, même très imparfaits, eussent pu être situés dans des couches si anciennes et non remaniées.

L'industrie acheulléenne

Un médecin d'Amiens, le docteur Rigollot, qui avait publié en 1819 un mémoire sur les Mammifères fossiles de la vallée de la Somme, alla à Abbeville examiner la collection de Boucher de Perthes. Il en revint décidé à juger par lui-même de

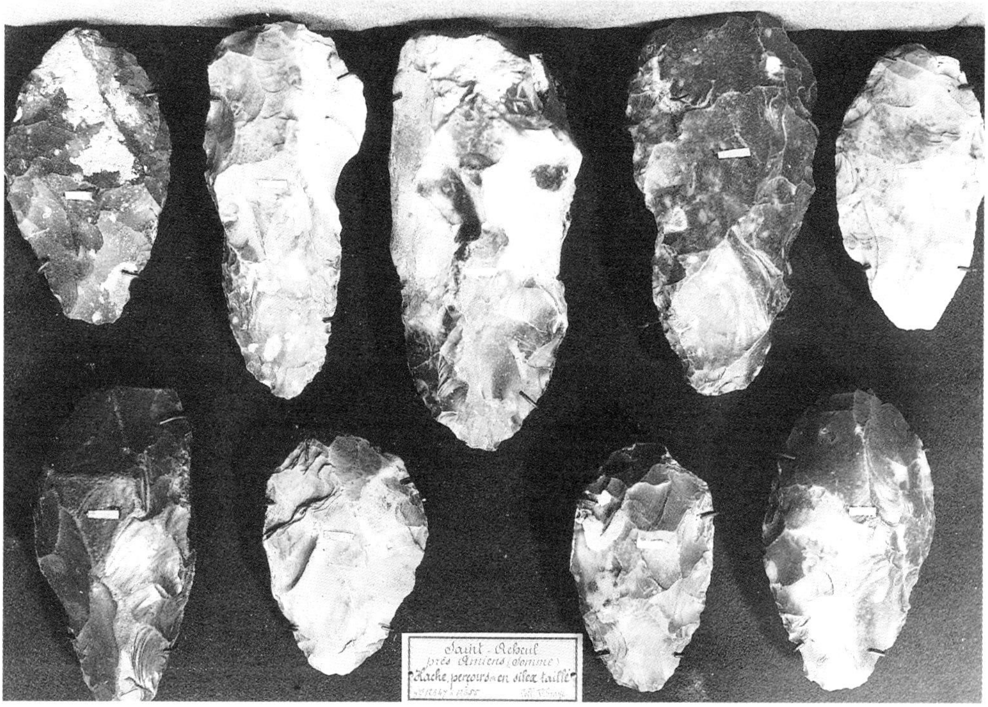

Outils en silex taillé, Saint-Acheul. Collection Vibraye. Photo Roger Viollet.

l'exactitude des faits précités. Il trouva presque immédiatement dans les sablières d'Amiens des silex travaillés, dans des niveaux géologiques analogues à ceux qu'avait fouillés Boucher de Perthes, et, en quatre ans, il recueillit plusieurs centaines de documents lithiques.

Il rendit publiques ses découvertes qui, pour la plupart, furent faites dans la banlieue sud-est d'Amiens à Saint-Acheul. Dans son *Mémoire sur des instruments en silex trouvés à Saint-Acheul* (1854), il décrivait cette culture qui devait désormais devenir célèbre dans le monde entier sous le nom de *Culture ou Industrie acheulléenne**.

Il rejoignait ainsi Boucher de Perthes en lui apportant une aide précieuse dans la lutte qu'il menait depuis ses premières découvertes. Ces outils et ceux qui les avaient fabriqués étaient contemporains des Mammifères fossiles disparus, recueillis dans les mêmes couches.

Il fallut attendre 1859 pour que les idées de Boucher de Perthes soient enfin admises par la communauté scientifique internationale. Cette reconnaissance lui vint d'outre-Manche.

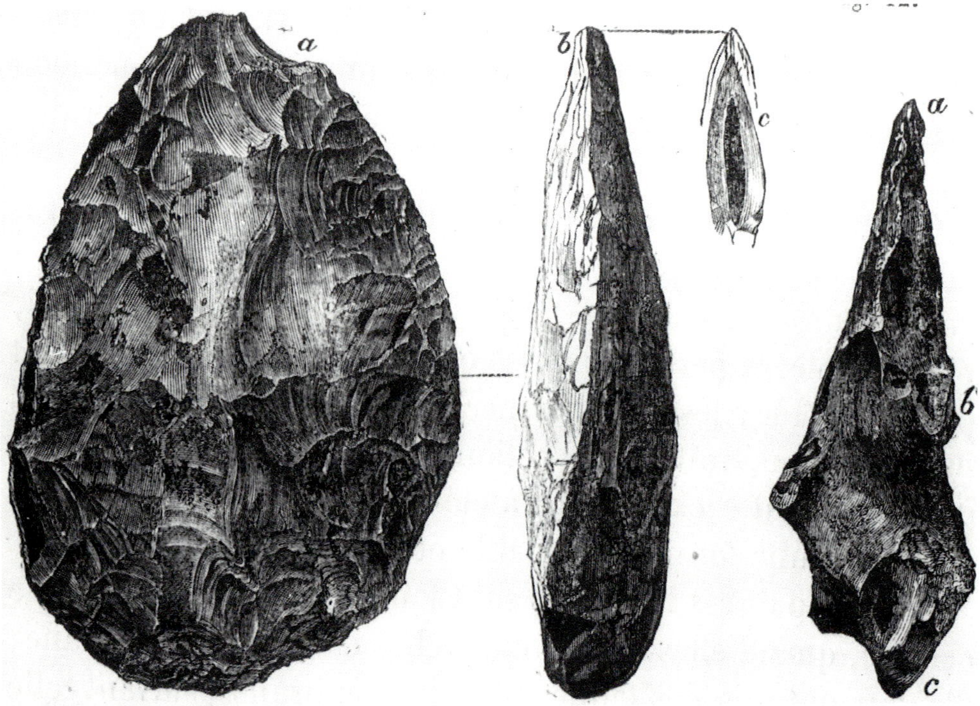

Illustration de l'Ancienneté de l'homme prouvée par la géologie. *Lyell, 1870. A gauche outil en silex découvert à Mautort près d'Abbeville. A droite, placé de champ, outil en silex découvert à Saint-Acheul.*

Les Anglais

A la suite de découvertes, en Angleterre, dont la signification fut discutée et contestée, un géologue anglais, le docteur Falconer, vint à passer près d'Abbeville en 1858. Il observa la collection de Boucher de Perthes. Ébranlé par ce qu'il avait vu, il invita ses collègues britanniques les plus éminents à l'imiter. Deux d'entre eux, un géologue, Prestwich, et un archéologue, John Evans, trouvèrent eux-mêmes *sur place* des outils taillés et purent attester de la véracité des faits. Comme l'on sait, ceux-ci sont têtus...

Peu de temps après, en 1859, Lyell, en personne, vint à Abbeville, découvrit des outils et fut convaincu. Dès lors que les plus grandes autorités d'Angleterre approuvaient les conclusions de Boucher de Perthes, celui-ci pouvait faire triompher la vérité. Lors d'une réunion de l'Association britannique à Aberdeen, en 1859, Lyell exprima son opinion. Elle était favorable à l'ancienneté des outils. C'était gagné... En Angleterre tout au moins.

Avant de quitter la France, Lyell, en passant par Rouen, avait fait part de son opinion à Georges Pouchet qui se rendit immédiatement à Saint-Acheul et ne quitta les sablières qu'après avoir vu *de ses propres yeux* un outil lithique *en place* dans sa position naturelle. Pouchet informa alors la toute récente Société d'anthropologie de Paris.

De son côté, Albert Gaudry, professeur de paléontologie au Museum d'histoire naturelle de Paris, trouva *lui-même* à Saint-Acheul neuf haches et en rendit compte à l'Académie des Sciences en octobre 1859.

C'est alors, après de vives discussions en France et en Angleterre, après que les preuves certaines eurent été fournies et les autorités convaincues, qu'on se souvint soudain que d'autres faits analogues avaient été rapportés, pour certains dès la fin du XVIIIe siècle.

En 1862, enfin, parut le livre de Lyell, *The geological Evidence of the antiquity of Man*, qui fut traduit en français et dont la deuxième édition française de 1870 fut publiée « augmentée d'un précis de paléontologie humaine » par E.T. Hamy, docteur en médecine et secrétaire de la Société d'anthropologie de Paris. Il écrivit, pour Lyell, la préface de la deuxième édition française.

Sir Charles Lyell terminait le chapitre de son livre sur Abbeville, Amiens et les silex taillés, en citant une phrase du professeur Agassiz : « Toutes les fois qu'un fait nouveau et saisissant se produit au jour dans la science, les gens disent d'abord : "Ce n'est pas vrai" ; ensuite : "C'est contraire à la religion" ; et à la fin : "Il y a longtemps que tout le monde le savait". »

En ce qui concerne la religion, il semble

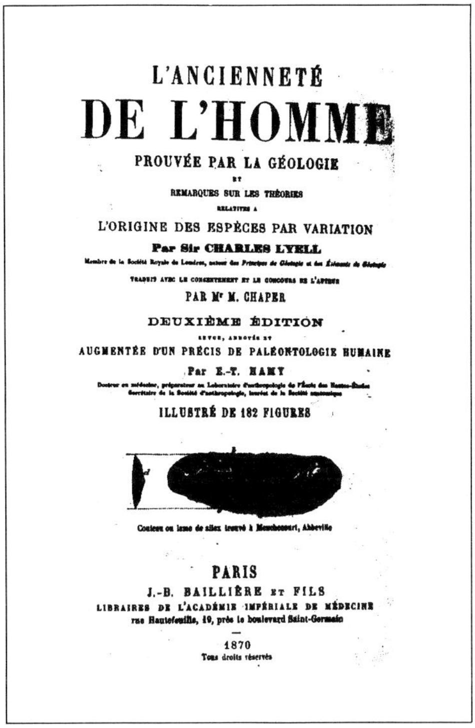

L'ANCIENNETÉ

DE L'HOMME

PROUVÉE PAR LA GÉOLOGIE

ET

REMARQUES SUR LES THÉORIES

RELATIVES A

L'ORIGINE DES ESPÈCES PAR VARIATION

Par Sir CHARLES LYELL

Membre de la Société Royale de Londres, auteur des *Principes de Géologie* et des *Éléments de Géologie*

TRADUIT AVEC LE CONSENTEMENT ET LE CONCOURS DE L'AUTEUR

PAR Mr M. CHAPER

DEUXIÈME ÉDITION

REVUE, ANNOTÉE ET

AUGMENTÉE D'UN PRÉCIS DE PALÉONTOLOGIE HUMAINE

Par E.-T. HAMY

Docteur en médecine, préparateur au Laboratoire d'anthropologie de l'École des Hautes-Études
Secrétaire de la Société d'anthropologie, lauréat de la Société anatomique

ILLUSTRÉ DE 182 FIGURES

Couteau ou lame de silex trouvé à Menchecourt, Abbeville

PARIS

J.-B. BAILLIÈRE ET FILS

LIBRAIRES DE L'ACADÉMIE IMPÉRIALE DE MÉDECINE

rue Hautefeuille, 19, près le boulevard Saint-Germain

1870

Tous droits réservés

Page de titre de l'édition française de l'Ancienneté de l'homme prouvée par la géologie *de Lyell.*

y avoir eu quelques progrès depuis le temps d'Agassiz. Un de mes amis, le professeur Aguirre, paléontologue espagnol, à l'époque père jésuite, venait de présenter une conférence sur les fossiles d'Afrique du Sud, devant les élèves (dont j'étais) au DEA d'Anthropologie de la Faculté des Sciences de Jussieu.

A une question que lui posait le professeur Georges Olivier, il répondit ceci : « La religion a ses problèmes, la science a les siens, on ne mélange pas les deux. » Et c'est bien ainsi.

Cependant, force est de constater dans cette histoire l'immense poids des préjugés s'exerçant sur le cours des découvertes scientifiques et sur leur interprétation. S.J. Gould, le paléontologue américain contemporain, dans son livre : *The Mismeasure of Man*, traduit en français, montre combien ce phénomène reste actuel.

En Angleterre en 1823, le docteur Buckland dans un ouvrage que Lyell (1870) qualifie de célèbre, intitulé *Reliquiae diluvianae*, déclarait qu'« aucun des ossements humains ou des instruments en pierre rencontrés par lui dans les cavernes ne pouvait être considéré comme aussi ancien que le Mammouth et les autres Mammifères éteints ».

C'est l'acharnement de Boucher de Perthes, puis l'aide que lui apporta le docteur Rigollot en découvrant l'industrie acheulléenne, qui amenèrent les Anglais à explorer avec plus de méthode leurs gisements, notamment la caverne de Brixham, près de Torquay, dans le Devonshire. Le résultat de ces fouilles en 1858 modifia brusquement l'opinion en Angleterre. Désormais, on admit qu'il pouvait y avoir coexistence, à une époque reculée, de l'Homme et de plusieurs Mammifères disparus. Ce revirement, en retour, modifia profondément l'opinion en France.

Mais ces progrès, pour être obtenus, exigèrent la vérification par chacun des géologues et archéologues en personne. Qu'il s'agisse de Falconer, Prestwich, du docteur Rigollot ou de Lyell, chacun d'entre eux alla sur le terrain découvrir lui-même un outil lithique, en place, afin de juger et de la réelle fabrication par l'Homme de l'outil, et de l'impossibilité de falsification de la position de l'objet dans les couches géologiques anciennes.

Une observation me semble très importante, car elle est liée à la définition de l'Homme et à la recherche de ses origines. Historiquement l'ancienneté de l'Homme fut admise par la simple constatation du fruit de son travail, c'est-à-dire l'outil en pierre taillée. Ce n'est pas la qualité d'*outil* qui fut l'objet des réticences mais bien la datation de cet instrument, car *ipso facto* son ancienneté entraînait celle de son artisan.

L'outil, comme on l'a vu, est un *caractère indirect*, preuve indirecte de l'existence de l'homme. Les *caractères directs* à cette époque n'emportaient pas la conviction. Lorsque l'on retrouvait des éléments squelettiques qui, par leur aspect, apparaissaient indiscutablement humains, on considérait qu'ils étaient récents et appartenaient aux périodes historiques. Si, par contre, ils différaient sensiblement par leur forme des éléments squelettiques humains actuels, notamment au niveau de la voûte crânienne ou de la face, on niait leur appartenance humaine.

L'homme de Néandertal

Il en fut ainsi du *crâne du Neander* ou du *Neanderthal*, comme on l'appelait encore en 1870. A cette époque, le docteur Hamy écrit du Néandertal qu'il n'a pas encore trouvé sa place définitive.

Cet homme fossile fut découvert au cours de l'exploitation du marbre, dans une grotte située près de Düsseldorf en

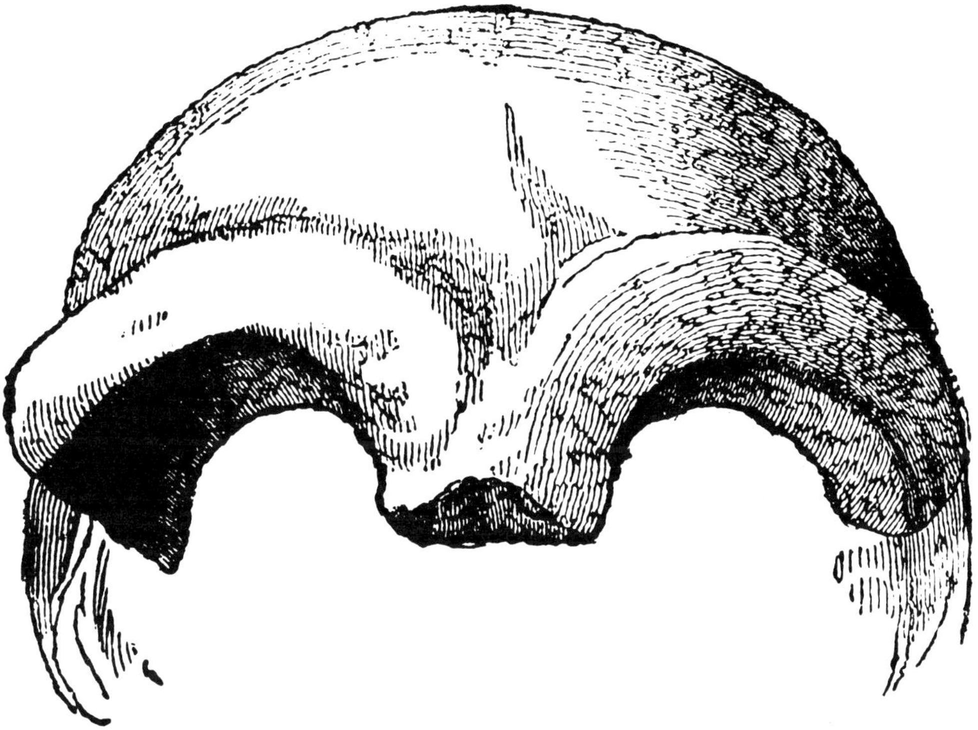

Voûte du crâne de l'homme de Neandertal découverte en 1856 près de Dusseldorf. Vue de face. On notera l'importance des arcades sourcillières. Illustration du Précis de Paléontologie *par E.T. Hamy, 1870. Dessin de Huxley.*

Allemagne. Dans une vallée latérale de la Düssel, le Neanderthal, sorte de ravin sauvage, se trouvait une petite grotte, débouchant sur une paroi rocheuse verticale, difficile d'accès. En août 1856, au moment où la guerre du silex battait son plein en Angleterre et dans la Somme, on découvrait à « deux pieds de profondeur au sein d'une argile où l'on trouve des ossements mêlés à des pierres roulées, un squelette étendu horizontalement, la tête tournée vers l'ouverture de la grotte ».

La voûte crânienne sembla parfaitement anormale, et l'on discuta âprement et son statut d'homme et son ancienneté...

En résumé, la découverte d'un caractère de nature socio-culturel, l'outil, témoin de l'origine du travail productif, trancha le débat sur la très grande ancienneté de l'Homme et apporta une preuve décisive en créant du même coup une discipline nouvelle avec sa propre méthodologie : la préhistoire.

La science française a largement contribué aux progrès scientifiques puisque l'on peut considérer Lamarck comme le fondateur de l'évolutionnisme, et Boucher de Perthes comme le fondateur de la préhistoire.

Origine du genre *Homo* ou origines de l'Homme ?

L'un des problèmes les plus importants à connaître est celui du changement des structures anatomiques. Au cours de ce grand mouvement évolutif, complexe, le monde animal s'adapte, comme on dit, aux conditions extérieures, car celles-ci sont changeantes. Pour une part non négligeable, le monde vivant agit aussi sur ces conditions, il est un facteur de modification du milieu qui l'environne. Cet aspect prend son acuité particulière avec l'Homme qui se rend maître de la nature et la transforme.

L'évolution des animaux que l'on appelle les Vertébrés supérieurs se traduit par l'apparition de nouvelles espèces nées d'espèces qui les ont précédées (ancestrales), c'est une évolution transpécifique. Elle se manifeste aussi par les changements que ces espèces accusent au cours de leur existence, ou évolution intraspécifique. C'est de celle-ci qu'il sera question dans ce chapitre.

On sait depuis bien longtemps qu'il y a une contradiction biologique entre l'*hérédité* qui tend à transmettre des caractères ressemblants aux caractères ancestraux et qui est un facteur de stabilité apparente, et l'*adaptation** qui est le résultat des liens entre une fonction nouvelle et les modifications qu'elle occasionne dans la forme des structures, facteur de changements. Les Mammifères marins par exemple sont héréditairement restés des Mammifères, mais ils se sont, dans certaines de leurs structures anatomiques, adaptés à la locomotion aquatique, leur forme a changé.

De tels changements auraient, selon le « biologisme » le plus courant à l'heure actuelle, donné naissance à l'Homme. Du point de vue biologique, l'Homme actuel comme tout autre animal forme une espèce *(Homo sapiens)*, isolée génétiquement des autres espèces animales.

L'évolution biologique implique que plus on reculera dans la recherche des racines humaines plus la différence entre les ancêtres fossiles et les Hommes actuels sera grande. Cela n'a rien d'étonnant puisque toutes les espèces de Vertébrés et

L'adaptation au milieu aquatique des Mammifères marins rappelle la forme du corps de certains Poissons. Il s'agit d'une forme d'Homoplasie. La ressemblance n'est pas due à un ancêtre commun direct. Photo J.-P. Varin, Jacana.*

notamment de Primates sont soumis au même régime. De plus, tout cela ne s'est pas fait en un jour, d'un coup de baguette magique. L'immensité du temps écoulé (plusieurs millions d'années) rend vraisemblable ce qui paraissait miraculeux il y a un siècle ou deux, lorsque l'on faisait remonter la création de l'Homme à quelques milliers d'années.

L'Homme est un Primate

L'Homme du point de vue *biologique* n'est pas tellement différent de ses cousins, les Grands Singes.

C'est un Mammifère, un Primate, avec des caractères anatomiques particuliers : un volume cérébral important par rapport à sa taille et une tendance à l'accélération de l'augmentation de ce volume au cours de son évolution, la bipédie qui imprime sa marque sur son squelette et le reste de son anatomie. Son ensemble masticateur et ses dents sont particuliers, avec une réduction du museau, le retrait de la face sous le crâne neural, la présence plus tardive d'un front et d'un menton. La forme de l'arcade dentaire aussi est caractéristique et l'aspect des dents, leur nombre, leur taille, leur forme, l'aspect de leur surface triturante sont des caractères d'un diagnostic positif, la forme de la main, l'opposition du pouce et sa taille, du bassin, du rachis également, ainsi que les proportions du squelette.

Ces caractères anatomiques *ne sont pas nécessairement réunis au complet au moment du passage de l'animal à l'être humain ancestral.* Et le diagnostic de certitude ne saurait être fondé sur les seuls caractères anatomiques (caractères directs).

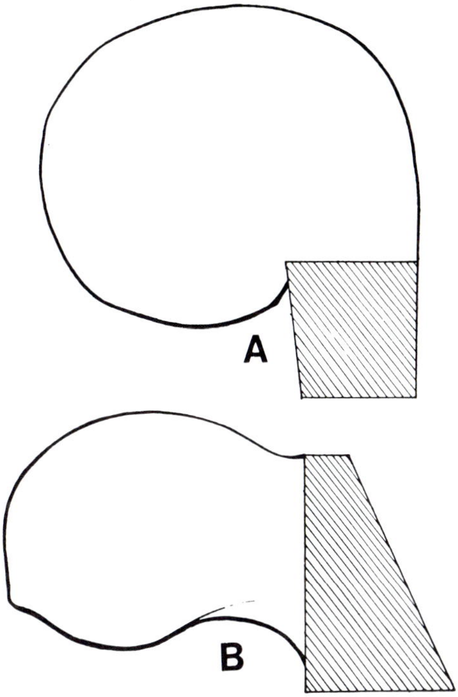

Schéma de profil de la tête en A chez l'Homme actuel, en B chez l'Australopithèque robuste. En B, l'ensemble facial (hachuré) est plaqué sur la face antérieure de la boîte crânienne. En A, le développement de la boîte crânienne (externation) lié à celui du cerveau, ainsi que la gracilisation relative de l'ensemble masticateur, ont provoqué le retrait de l'ensemble facial sous la partie antérieure de l'ovoïde crânien (extrait de : « Crâne de l'australopithèque, quelques aspects de l'exocrâne en morphologie évolutive », M. Sakka, 1983 in Bull. Mem. Soc. Anthrop., Paris).

Caractères indirects

Par contre, la production de ses moyens d'existence, la conscience réfléchie, la culture et la société, le travail productif, le langage articulé sont des caractères de certitude. Seulement ils ne se fossilisent pas. Il faut donc les soupçonner sur leurs effets, sur les indices d'ordre socioculturel laissés sur le sol et sur l'environnement par les premiers Hommes. Ce sont les outils, les traces d'organisation sociale, les habitats même très primitifs, les « ateliers de boucherie », etc.

Ces caractères indirects sont de grande valeur puisqu'ils sont le fait des Hommes seuls et qu'ils sont nécessaires et suffisants pour poser le diagnostic d'Homme. Aucun animal ne fabrique d'outils parce qu'il faut avoir acquis par la pratique la capacité d'élaborer un projet dans sa tête avant de le fabriquer. Un animal qui serait capable, consciemment, de retirer au moyen d'un autre matériel de percussion un ou deux éclats à un bloc de pierre qu'il aurait choisi dans ce but et ceci aux fins d'utiliser cet *outil* lithique à une fonction déterminée, serait incontestablement sur la voie de l'humanité.

Aucun animal n'est capable de s'organiser en société. Il n'y a pas de sociétés animales, parce qu'il faut produire et en ressentir le besoin pour élaborer le projet d'organisation le plus simple ou pour fabriquer l'outil le plus rudimentaire.

Aucun animal n'utilise un langage articulé. Mais ici le problème est plus délicat, car il est vraisemblable que la *double articulation du langage* qui est la caractéristique de toutes les langues naturelles humaines actuelles ne s'est pas produite dès l'origine.

Pourtant, Holloway, un paléoneurologue américain, prétend que le cerveau humain, à l'origine, ne se distingue pas seulement par une masse nerveuse plus importante mais aussi par une réorganisation cérébrale. Et il considère qu'il faut le même niveau de structures morpho-fonctionnelles du point de vue cérébral pour fabriquer un outil primitif que pour utiliser un langage primitif. Si cela est vrai, l'outil le plus ancien datant de plus de 2,5 MA*, on peut considérer qu'un langage primitif pouvait être utilisé par l'Homme dès cette époque lointaine.

Tout ceci souligne le caractère crucial des définitions. Se passer de ces définitions, c'est éviter d'aborder au fond la question des origines de l'Homme.

Les premiers Hommes en Afrique ?

Depuis bien longtemps, on a élaboré des scénarios pour expliquer les origines de l'Homme. On considère que ses origines devraient être recherchées en Afrique, parce que c'est en Afrique que l'on a trouvé les fossiles les plus anciens qui mériteraient le statut d'ancêtres.

Cependant les conditions de fossilisation et de recueil des fossiles sont le fait de concours de circonstances tout à fait particulières. La fossilisation est un phénomène exceptionnel. Il faut toute une série de conditions favorables pour qu'un squelette se fossilise et soit conservé dans le sol. Il faut qu'ensuite on découvre ces terrains riches en fossiles, qu'ils correspondent à l'époque des origines de l'Homme et qu'ils soient accessibles à l'exploration. Il existe des phénomènes climatiques et géologiques qui, dans certaines régions de l'Afrique, ont permis la fossilisation et le recueil des fossiles.

En Afrique australe, c'est dans les masses calcaires que les carriers font sauter à coup de mines que l'on a découvert l'Australopithèque.

En Afrique de l'Est, c'est au niveau de ce vaste fossé d'effondrement qui constitue la Vallée de la Faille (ou Rift Valley) que les trésors fossiles ont été retrouvés. En Tanzanie, au Kenya, en Éthiopie, la Vallée de la Faille, cette balafre qui parcourt la corne de l'Afrique du nord au sud, a fourni les gisements à Hominidés. Les mouvements géologiques dans cette région ont créé du volcanisme, des failles, et une zone d'effondrements. Le soulèvement de pans entiers de l'écorce terrestre a mis à jour des couches géologiques vieilles de plusieurs millions d'années et, sur certaines collines, de la base au sommet on parcourt plus d'un million d'années. L'érosion de ces couches met à nu des ossements fossiles qui restent sur le sol à découvert ou tombent en dévalant la pente. Lucie a été trouvée éparpillée sur le sol !

Des cousins sans ancêtres ?

De l'autre côté de la Vallée de la Faille, à l'ouest, la forêt et les Grands Singes. Chimpanzés et Gorilles, nos parents les plus proches, sont en train de disparaître...

On pense, sur la base de travaux anatomiques et biochimiques, que la lignée des

Sur cette photographie de la vallée de l'Omo, on voit sur leur tranche les différents pans de terrains liés aux effondrements et aux soulèvements. Les couches volcaniques qui recouvrent les sédiments permettent la datation absolue par des moyens physico-chimiques. Photo Yves Coppens.

Gibbons d'abord, puis celle des Orangs-outans se seraient séparées d'un tronc commun aux Panidés (Chimpanzés et Gorilles) et aux Hominidés (Homme actuel et ses ancêtres). La division entre les Grands Singes africains et les Hominidés serait la dernière divergence, c'est-à-dire la plus récente. Les dates sont très variables selon les méthodes et les auteurs. Celle qui sépare les Hominidés des Grands Singes africains peut varier de — 2 MA à — 10 MA !

Le point particulier est le mystère qui entoure les origines des Grands Singes africains. Pour l'Homme, on n'a que l'embarras du choix, pour ses cousins, rien !

Alors problème de conservation dans le sol, problème de fossilisation à l'ouest ? Mais si cela est vrai pour les Grands

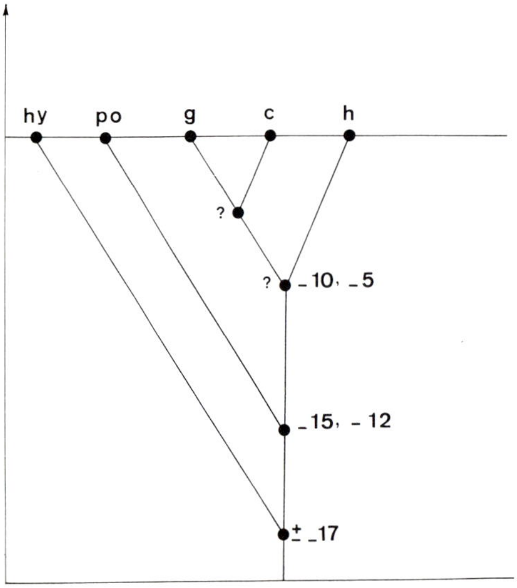

*Ci-dessus. Graphe indiquant, en millions d'années (MA), les périodes probables de divergence des différentes lignées d'*Hominoidea *selon les paléontologues et les biochimistes.*
hy : Hylobates, *les Gibbons. — 17 MA est une estimation moyenne. Certains pensent à — 20 MA.*
po : Pongo, *l'Orang-outan. Ses ancêtres se seraient séparés à une période se situant entre — 15 et — 12 MA (Pilbeam 1985).*
g : Gorille, *c : Chimpanzé, h : Homme.*
Les ancêtres des Gorilles et des Chimpanzés se seraient différenciés des Hominidés à une période variable, entre — 10 et — 5 MA. (Certains biochimistes avaient été jusqu'à — 2 MA !)
? : on n'a pas reconnu parmi les fossiles ceux qui représentaient les ancêtres communs.

Page de droite. Hypothèses de divergence entre les Hominidés et leurs cousins africains. (Définition biologique : genre Homo*)*
Schéma 1 : La différenciation des trois genres, Gorilles, Chimpanzé et Homo *est* relativement *contemporaine, à partir d'un ancêtre commun probablement d'origine africaine.*
Schéma 2 : D'un ancêtre commun, se différencient le genre Homo *d'une part, une lignée commune aux Grands Singes africains de l'autre, celle du genre* Pan. *La divergence Chimpanzé-Gorille est postérieure à l'apparition du genre* Homo. *Dans ce cas l'ancêtre commun peut être aussi bien eurasiatique qu'africain.*
Schéma 3 : Le Gorille se serait séparé d'un tronc commun Homo *- Chimpanzé dont la divergence serait postérieure à celle du Gorille.*

Singes, cela pourrait être vrai aussi pour l'Homme. Le fait que l'on trouve les ancêtres supposés de l'Homme à l'est de la Vallée de la Faille africaine n'est-il pas lié à des problèmes géo-climatologiques ?

On peut se poser, d'ailleurs, une autre question. En supposant que ce soit l'apparition de changements de climat, liés aux modifications géologiques, qui ait favorisé ou déterminé la divergence Grands Singes - Hommes, il a bien fallu qu'il y ait un ancêtre commun aux uns et aux autres.

Quel est-il et où est-il ? Ce groupe ancestral commun devait avoir séjourné des deux côtés de la Vallée de la Faille africaine et par conséquent *aussi* à l'est.

Alors, ou bien les Australopithèques les plus anciens sont les ancêtres communs aux Grands Singes africains et aux Hommes, ou bien ce sont des Hominidés et l'ancêtre commun est antérieur aux Australopithèques.

De plus, de quand daterait la divergence entre Chimpanzé et Gorille ?

La formation des espèces nouvelles et la paléogéographie

Pour expliquer la divergence ou les divergences entre groupes animaux, les changements de l'environnement ont la faveur des biologistes et des paléontologues. C'est ainsi que les auteurs ont supposé un certain nombre de scénarios pour expliquer l'anthropogenèse, scénarios dans lesquels les facteurs socio-culturels sont relégués au second plan par rapport

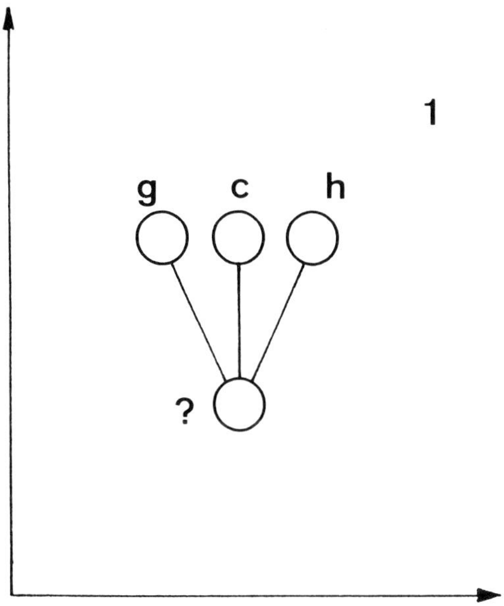

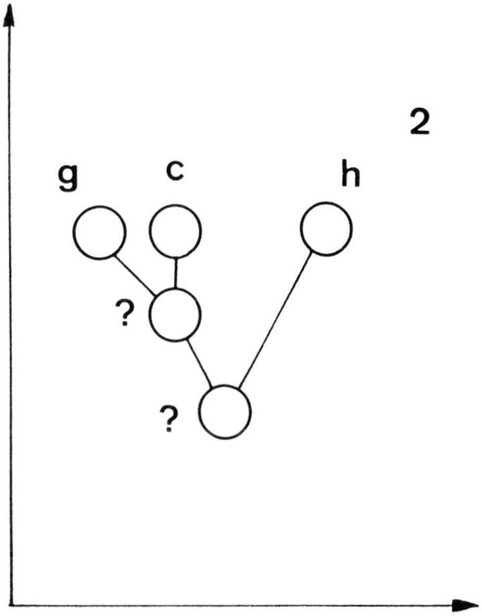

aux facteurs paléogéographiques. La base méthodologique de toutes ces hypothèses consiste à considérer l'espèce humaine comme une autre espèce animale, c'est-à-dire à faire abstraction de tout ce qui sépare l'Homme des autres animaux.

Dans ce cas, pour expliquer les différentes spéciations, celle de l'espèce humaine comme celle de l'espèce chimpanzé et de l'espèce gorille, on procède comme pour les autres espèces animales et on fait intervenir l'isolement géographique.

C'est ainsi qu'Adriaan Kortlandt dès 1968 et 1972 considère qu'après la formation de la Vallée de la Faille de l'Est africain, la barrière permettant l'isolation géographique entraînant la divergence biologique entre les Grands Singes africains à l'ouest et les Hommes à l'est, est d'ordre aquatique et montagneux. La

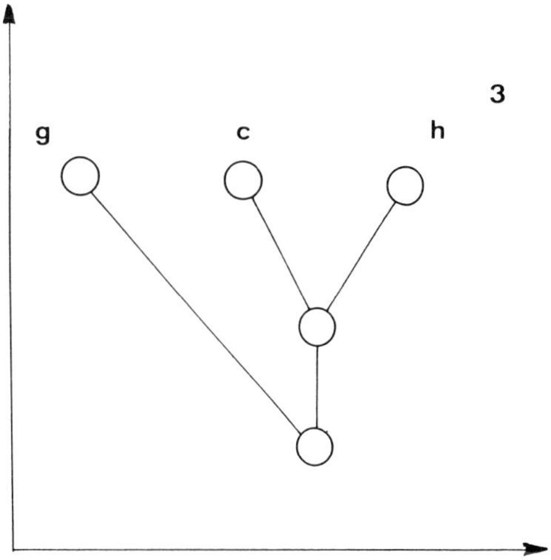

Vallée de la Faille est un ensemble constitué de vallées profondes, de rivières, de lacs et de marais constituant une barrière naturelle pour la faune vivant de part et d'autre.

A l'ouest de la Vallée de la Faille, le climat et l'environnement auraient entraîné l'évolution des Grands Singes africains, lesquels se seraient également scindés en deux groupes écologiquement et géographiquement distincts, car occupant des régions écologiques sensiblement différentes et séparées par une barrière aquatique : Afrique de l'Ouest avec le Chimpanzé, et Afrique centrale avec le Gorille.

A l'est, la formation tectonique de l'ensemble des failles africaines et le drainage du Nil et du Zambèze constituent une barrière géographique, le groupe des Grands Singes y résidant se serait adapté différemment sous l'influence d'un climat progressivement desséché et des conséquences écologiques liées à cet assèchement.

Probablement un climat saisonnier survint-il, favorisant un paysage moins boisé, plus ouvert avec des savanes et des prairies. Cela suffit-il à faire acquérir aux ancêtres lointains de l'Homme une séméiologie morpho-fonctionnelle des plus caractéristiques : le comportement érigé, avec locomotion bipède ?

Y. Coppens et A. Kortlandt sont de cet avis.

A. Kortlandt insiste sur l'adoption d'une bipédie transitoire, qu'il observe dans la nature chez les Chimpanzés, par exemple lorsqu'ils sont amenés à emporter dans leurs bras de la nourriture. D'autres auteurs, il y a fort longtemps, incriminaient le retrait des forêts, donc l'abandon de l'arboricolisme et de la brachiation, pour expliquer la survenue de la bipédie ! Coppens a beaucoup insisté sur le rôle de l'assèchement progressif du climat dans l'apparition des différentes espèces d'Autralopithèques et dans celle de l'Homme.

Ce que l'on peut constater c'est que les Vertébrés, à chaque *phase* de l'évolution, ont tendance à envahir tous les espaces à leur disposition. Les Reptiles, par exemple, ont envahi le milieu aquatique, aérien et bien entendu terrestre. Au cours de ces phases, certaines formes terrestres ont adopté la bipédie.

La main, le travail et la bipédie

En ce qui concerne les *Hominidés**, on peut supposer que la bipédie s'est accompagnée de la libération de la main, ou bien, au contraire, que *c'est l'utilisation de la main pour d'autres tâches que la locomotion, qui a entraîné l'adoption d'un comportement érigé permanent*.

L'utilisation de plus en plus fréquente d'objets naturels trouvés par hasard sur le sol, puis la modification de ces objets, soit pour imiter un tranchant naturel, soit pour le perfectionner, auraient entraîné la fabrication des premiers outils. Selon mon hypothèse, on peut imaginer que ce sont les activités manuelles de toutes sortes et le travail qui ont « libéré » la main de ses fonctions locomotrices.

La satisfaction des besoins des premiers hommes provoque la permanence du comportement érigé, l'abandon progressif de tout autre mode de locomotion et l'adaptation de l'anatomie humaine non seulement à la bipédie permanente mais aussi aux fonctions nouvelles de la main.

Au moment de cette phase du passage de l'animal à l'Homme, on peut supposer qu'une interaction réciproque s'est produite entre l'apparition et le développement de la conscience réfléchie, le développement du cerveau, du cervelet et plus spécialement du télencéphale* (ou hémisphères cérébraux), le développement morphologique et fonctionnel de la main, le travail.

Entre le cerveau et la conscience réfléchie, les liens, à notre époque, ne sont pas contestés. En ce qui concerne la main, le rôle fonctionnel du pouce a été bien souligné. On connaît moins le rôle de la sensibilité manuelle dans l'appréhension du monde extérieur. On a dit de la main humaine qu'elle était un organe des sens, un véritable prolongement du cerveau. Peut-être même a-t-elle pu jouer un rôle dans l'avènement de la conscience réfléchie. La connaissance de l'extériorité de la matière qu'elle donne à l'individu a pu conduire à la conscience de soi. Elle est un élément d'un *ensemble neuro-bio-mécanique* dont l'outil fait partie. L'outil est chargé d'une culture. C'est un patrimoine qui se transmet sans intervention des phénomènes biologiques de l'hérédité.

On ne saurait confondre les organes vivants et l'outil fabriqué par l'Homme. Seul un artifice conceptuel permet de considérer les premiers outils comme les éléments d'un ensemble anatomo-fonctionnel, *chaîne neuro-bio-mécanique* ayant le besoin, le projet et le cerveau à une extrémité et l'outil primitif à l'autre, en passant par les structures anatomiques (membre pectoral et notamment la main).

L'outil fabriqué, produit de l'*ensemble*, prolonge les structures morpho-fonctionnelles dans le temps et dans l'espace, mais le silex taillé n'est pas plus un organe que la main n'est un outil. Et c'est justement une des caractéristiques sociales et culturelles qui différencient l'Homme de l'animal.

Cerveau témoin des origines humaines

Le volume cérébral important par rapport au poids et à la taille du corps s'observe très tôt chez les Hominidés fossiles, mais il ne constitue pas une preuve suffisante. Par contre il existe une indication neuro-anatomique de l'histoire de l'Homme à ses débuts, c'est la répartition des surfaces cérébrales correspondant à la motricité ou à la sensibilité du corps au niveau de l'écorce cérébrale chez l'Homme actuel. Et c'est prodigieux !

Deux neurochirurgiens, Wilder Penfield et Théodore Rasmussen, de l'Institut neurologique de Montréal, ont publié la représentation sensorielle et motrice du corps au niveau du cerveau humain. On dit encore *somatotopie*, ce qui désigne la topographie selon laquelle sont répartis les centres moteurs ou sensitifs à la

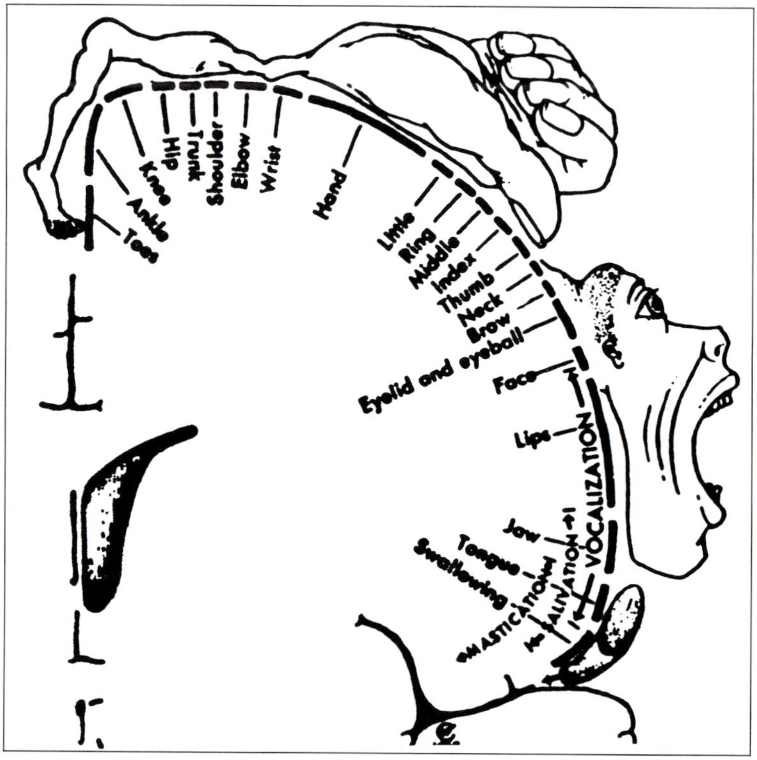

*Somatotopie motrice de l'Homme (*Homunculus*, d'après Penfield et Rasmussen, 1950). Schéma d'une coupe frontale d'un hémisphère cérébral au niveau de la circonvolution frontrale ascendante avec indication des zones motrices du corps correspondantes à la surface cérébrale. L'évolution humaine est inscrite sur l'écorce cérébrale car la zone du langage et celle de la main, avec notamment le pouce, correspondent aux 2/3 de la surface, le 1/3 restant correspond au reste du corps.*

surface du cerveau (somatotopie motrice, somatotopie sensitive). Penfield et Boldrey (1937) ont appelé *Homunculus* la représentation des différentes parties du corps humain au niveau de la circonvolution motrice (frontale ascendante) ou de la circonvolution sensitive (pariétale ascendante).

On voit que, chez l'Homme, la main occupe un tiers de l'étendue de la zone motrice de la frontale ascendante avec une place beaucoup plus importante pour le pouce que pour les autres doigts. Les organes du langage et de la mastication occupent également un tiers de la zone motrice, le reste du corps tout entier n'occupe que le derniers tiers ! La comparaison avec le Macaque ou le Chimpanzé souligne cet aspect. En quelque sorte, le rôle du travail (la main) et du langage au cours des origines de l'Homme sont inscrits sur l'écorce cérébrale de l'Homme actuel.

Réflexions critiques

Les caractères anatomiques capables de distinguer à l'origine le genre *Homo* des autres genres de Primates et notamment, peut-être, des ancêtres du Chimpanzé et du Gorille, sont liés classiquement au comportement érigé et à la bipédie. Seuls

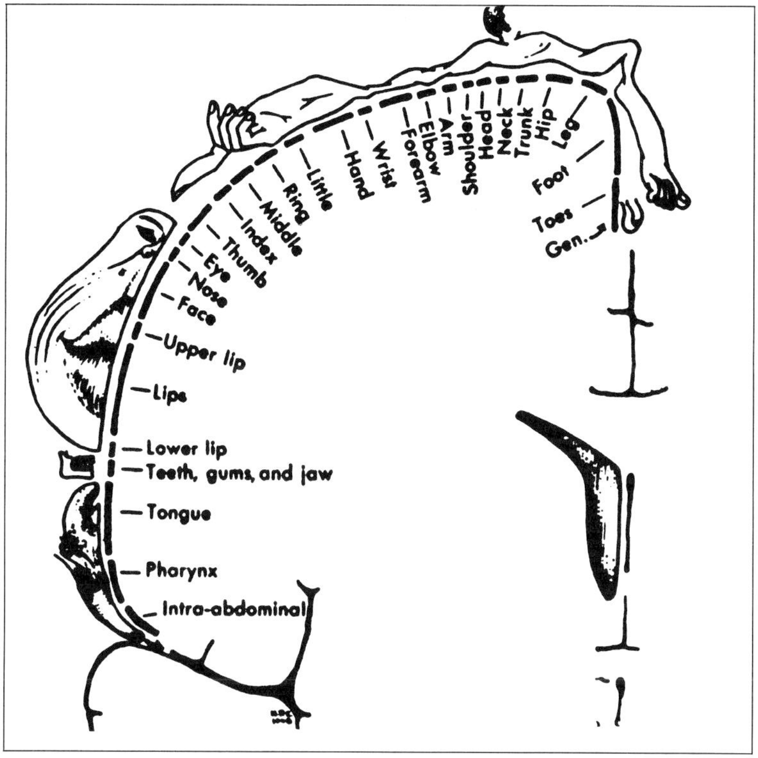

*Somatotopie sensitive de l'Homme (*Homunculus *d'après Penfield et Rasmussen, 1950). Schéma d'une coupe frontale d'un hémisphère cérébral au niveau de la circonvolution pariétale ascendante.*

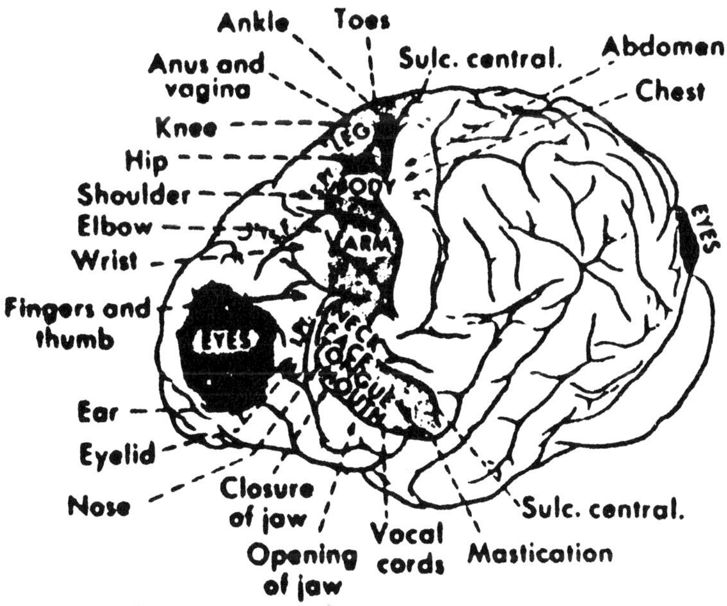

Hémisphère gauche du cerveau d'un Chimpanzé (d'après Grünbaum et Sherrington, 1947, in *Penfield et Rasmussen 1950). Les zones situées sur la frontale ascendante représentent les aires motrices correspondantes au corps du Chimpanzé. Elles permettraient de réaliser un* Panunculus *et les surfaces motrices ne montrent pas une prédominance de la main et des muscles liés au langage et à la mastication.*

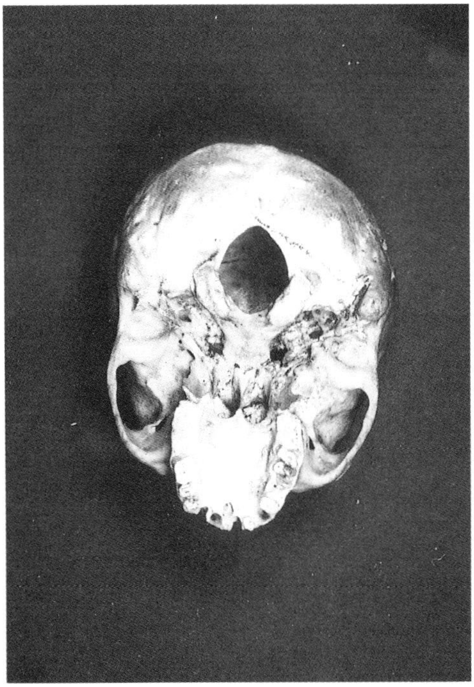

Crâne humain actuel, vue inférieure. L'orifice médian situé sur la face inférieure du crâne s'appelle trou occipital ou foramen magnum, *il livre passage au bulbe rachidien qui s'étend du cerveau à la moelle épinière. Photo M. Sakka.*

Page de droite, en haut. Hémicrâne humain actuel, côté gauche, vue endocrânienne. La broche fixée aux bords antérieur et postérieur du trou occipital en indique la direction oblique en haut et en avant. On peut constater sur cette figure que le développement du cerveau et du cervelet a tendance à abaisser le contour postérieur du trou et à jouer par conséquent, un rôle important dans l'orientation du plan qui le contient. Photo M. Sakka.

Page de droite, en bas. Crâne de Gorille adulte mâle. Vue postéro-externe du profil droit. Les points a, b, c, d montrent que le trou occipital n'est pas contenu dans un seul plan et que dans l'ensemble il est oblique en haut et en arrière. Cette direction est l'inverse de celle du trou occipital humain. Attribuées, habituellement, au mode de locomotion, ces différences me semblent essentiellement liées au niveau de développement de l'encéphale, principal facteur responsable de la forme du crâne. Dessin M. Sakka.

les ancêtres de l'Homme auraient abandonné la quadrupédie pour adopter un comportement érigé permanent.

1. Il a fallu que ce mode de locomotion *puisse* être adopté, ce qui suppose une colonne vertébrale longue et souple dans sa région lombaire et une plasticité osseuse et articulaire au niveau du bassin et des hanches. En cette région les contraintes liées au redressement du tronc sont les plus grandes, je l'ai appelée pour cette raison le *Rubicon lombaire.*

2. Les caractères liés à la bipédie ne sont évidemment pas inscrits sur le squelette au moment où cette fonction nouvelle est adoptée. Il faut une phase d'adaptation. Pendant cette phase, il est probable que l'ancêtre possédait les deux possibilités motrices, arboricolisme (brachiation) et bipédie. Le diagnostic sur les seuls ossements fossiles est donc à ce stade difficile.

3. La bipédie permanente installée, les structures anatomiques s'étant adaptées à cette fonction locomotrice nouvelle, les modifications du squelette sont alors visibles, surtout dans ce que l'on appelle le squelette post-crânien, c'est-à-dire le tronc et les membres.

4. Caractères crâniens. Cependant certains des caractères classiques comme l'horizontalisation du trou occipital, *(Foramen magnum)*, sur lesquels on s'est appuyé pour diagnostiquer la marche bipède chez les Australopithèques, sont en réalité un exemple de corrélation non causale. Je pense, en effet, que l'horizontalisation du trou occipital chez l'Homme par rapport, par exemple, aux Grands Singes actuels est davantage liée au grand développement du volume cérébral chez

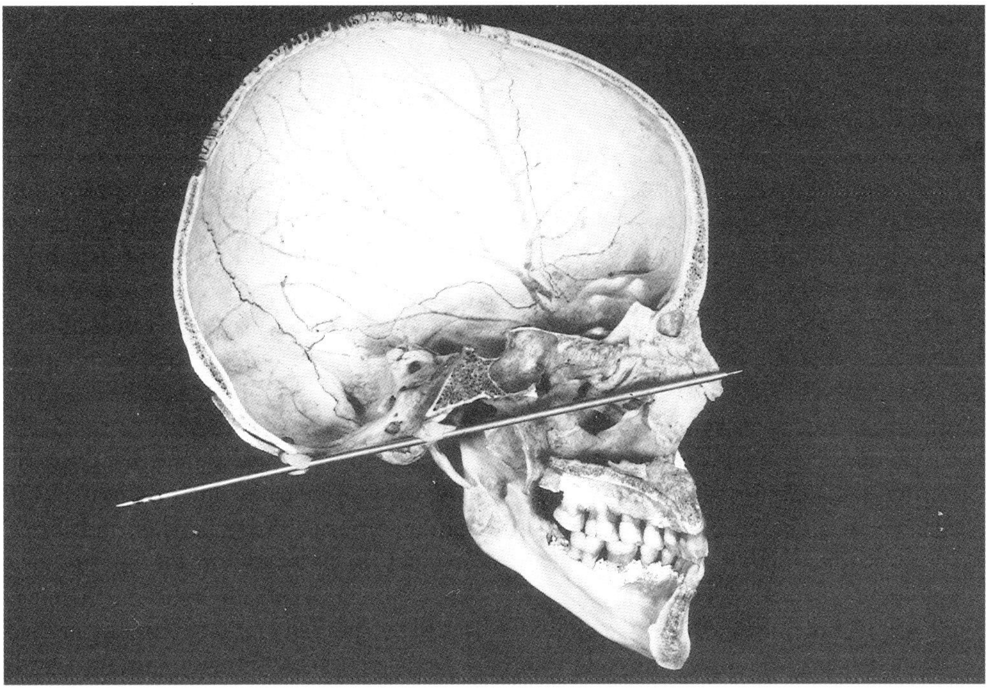

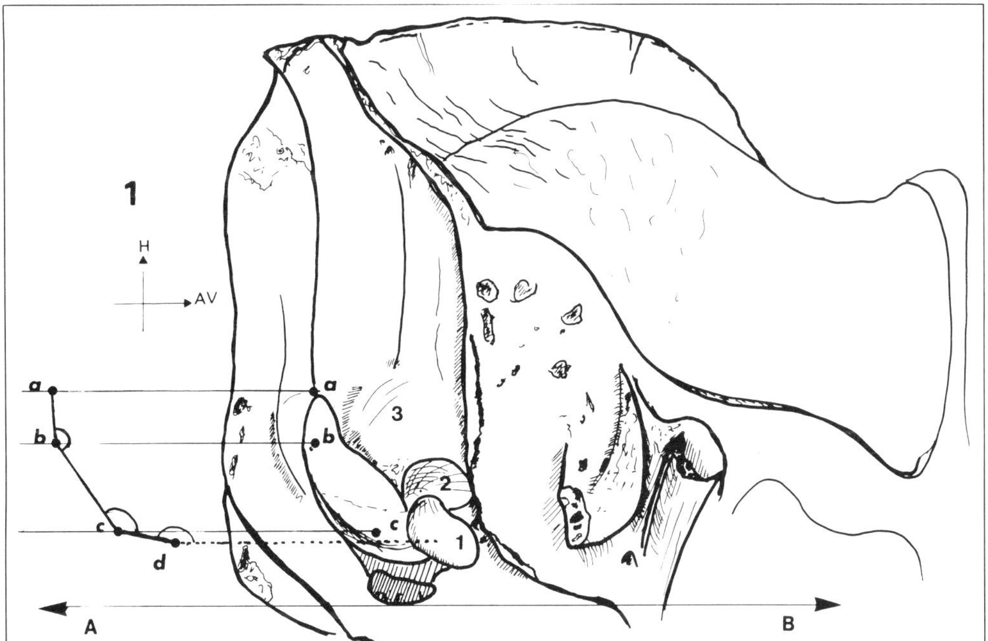
1
H
AV
a
b
c
d
a
b
c
3
2
1
A
B

l'Homme, qui influe sur la forme du crâne, qu'au comportement érigé. La corrélation n'est directe qu'entre la télencéphalisation et l'horizontalité du trou occipital.

5. Travail et bipédie. De même la *libération de la main* de ses fonctions locomotrices est liée au comportement érigé mais j'ai dit, plus haut, que la fabrication d'outils, le travail, l'ont rendu nécessaire. *La libération de la main, acquise par le travail, a entraîné la permanence du comportement érigé.* D'ailleurs, lors de la position assise adoptée fréquemment par les Primates non humains, la main est également libérée et pourrait produire si le besoin s'en faisait sentir.

6. Le rôle du climat. Si cette hypothèse est vraisemblable, les changements climatiques auraient joué un rôle dans l'évolution des Chimpanzés et des Gorilles à l'ouest de la Vallée de la Faille, *ils auraient eu un rôle probablement beaucoup moins important à l'est*, dans les origines de l'Homme.

De toute manière, il existe un vide paléontologique de — 10 MA à — 5 MA en Afrique. Le recueil de fossiles nombreux venant combler et éclairer ce trou noir pourrait changer encore les détails pratiques du scénario et le décor.

7. La « barrière » géoclimatique. Encore une réflexion. Pour expliquer la présence de Singes dans le continent sud-américain alors que l'on considère leurs origines africaines, on fait appel à ce que l'on nomme des radeaux naturels qui auraient transporté les Singes d'Afrique en Amérique. Je pose la question, est-il plus facile de traverser les océans que de franchir la Vallée de la Faille africaine ?

Morphologie évolutive et morphogenèse humaine

Ce chapitre est peut-être un peu trop « technique », on dit souvent : affaire de spécialistes. Il n'est pas absolument indispensable, mais il éclaire d'une lumière nouvelle les transformations des formes au cours de l'évolution. Dans un livre à la portée de tous, il en faut pour tout le monde !

La diffusion large des connaissances ne doit pas se faire au détriment de la réalité scientifique. C'est pourquoi je préfère l'expression diffusion des connaissances à celle de vulgarisation scientifique qui comporte parfois une connotation péjorative. Exprimer des questions scientifiques en employant un langage que tout le monde puisse comprendre n'est pas toujours facile. L'anatomie est une science qui, bien qu'en pleine expansion, diminue au cours des années en importance dans l'enseignement médical. Elle est pourtant nécessaire à l'interprétation de l'imagerie médicale, en progrès vertigineux.

Dans la connaissance de l'Homme et de son évolution biologique elle est indispensable. C'est une des disciplines les plus précieuses pour comprendre la morphogenèse*, c'est-à-dire l'histoire de telle ou telle structure anatomique de l'homme actuel et passé.

L'anatomie humaine habituellement enseignée est un peu figée, ce qui est dû au fait qu'elle est liée le plus souvent à la clinique, aux traitements chirurgicaux. C'est une anatomie appliquée.

Pour celui qu'intéressent les origines de l'Homme, c'est d'*anatomie évolutive* qu'il s'agit, discipline déterminante lorsque l'on étudie la morphologie*.

La morphologie ou science des formes ne considère pas seulement l'étude descriptive des structures vivantes, quel qu'en soit le niveau d'observation : macroscopique ; histologique (les tissus) ; cytologique (la cellule) ; biochimique (la molécule) mais s'intéresse encore à l'histoire et à l'explication des formes, à la morphogenèse, c'est-à-dire aux processus conduisant aux structures et à leurs liaisons réciproques en fonction du temps et de l'espace.

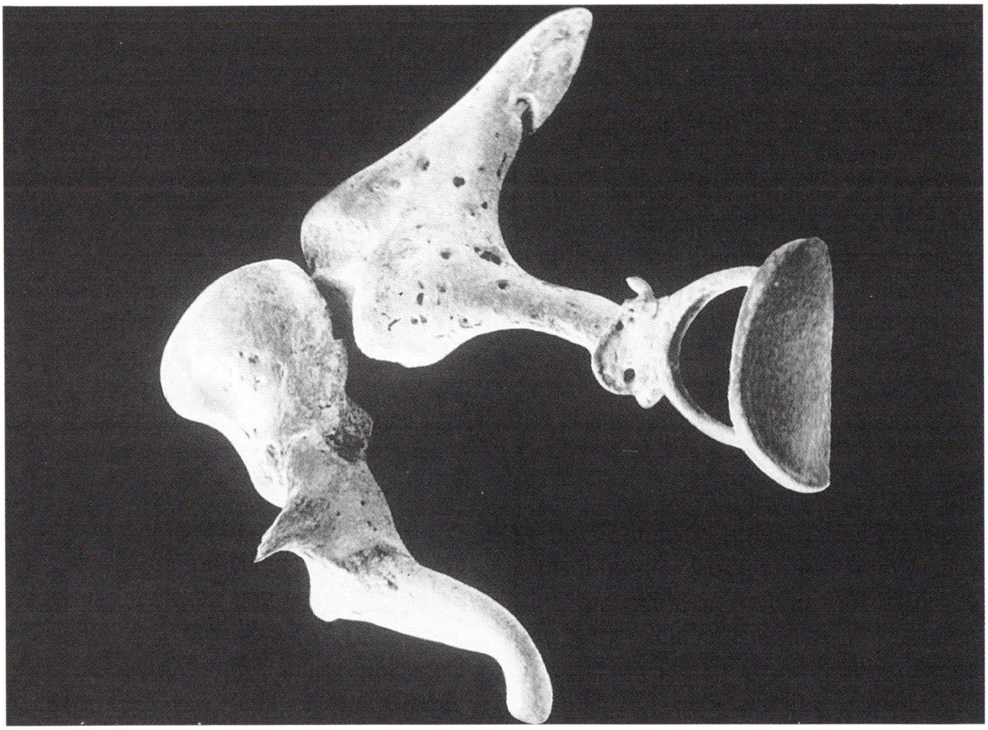

Osselets de l'oreille moyenne. La caisse du tympan est traversée par trois petits os articulés entre eux : de dehors en dedans, le marteau ou malleus *(en rapport avec la membrane du tympan), l'enclume ou* incus *et l'étrier ou* stapes *(en rapport avec la fenêtre ovale). Le marteau est l'homologue d'un des os de la mandibule des Reptiles fossiles, articulé avec un os du crâne, le carré, dont l'enclume est l'homologue. Qui penserait que l'homme entend en partie grâce à deux os qui dans les Reptiles unissaient le crâne à la mâchoire. Photo CNRI.*

Les liens entre la forme et la fonction sont particulièrement intéressants et forment des *ensembles morpho-fonctionnels* (Sakka Mém. Ac. des Sc. 1973).

Les ensembles anatomiques

Au cours de mes études d'anatomie comparée entre l'Homme et les Grands Singes (Chimpanzé, Gorille, Orang-outang, Gibbon) appelés *Hominoidea* (*stricto sensu*), j'ai décrit des *Ensembles anatomiques*.

Il existe en effet des liens dynamiques qui unissent entre elles des structures anatomiques différentes au cours d'un même processus. C'est au cours des changements que ces liens apparaissent à l'observation et que se définissent alors les éléments qui composent un *ensemble*. Ce peut être au cours du mouvement, qu'il soit mécanique ou évolutif, que des liens sont objectivés entre structures anatomiques et fonctions *(Ensembles morpho-fonctionnels)*. Par exemple, les muscles masticateurs, leur innervation périphérique et centrale, leur vascularisation, les structures osseuses maxillaires et mandibulaires, les dents, leurs aptitudes fonctionnelles, forment un ensemble morpho-fonctionnel masticateur.

De même, au cours de l'ontogenèse ou de la phylogenèse, toutes sortes d'*ensem-*

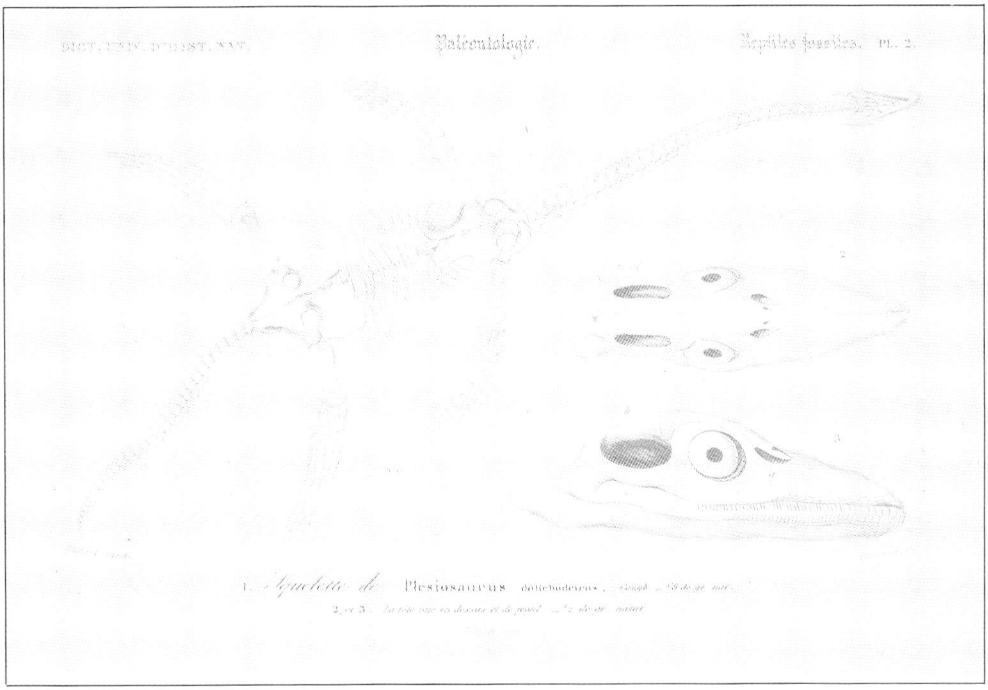

Planche extraite de l'atlas d'Orbigny datant de 1869. Gravure par Fournier, aquarelle par Oudart. Cette planche montre, notamment, l'articulation crâniomandibulaire d'un reptile fossile, Plesiosaurus. *Photo Explorer Archives.*

bles biologiques peuvent être décrits par les liens divers que leurs éléments contractent entre eux.

C'est ainsi que deux osselets de l'oreille moyenne chez l'Homme actuel : l'enclume *(incus)* et le marteau *(malleus),* dérivent de la même ébauche embryonnaire que l'ensemble masticateur, notamment la mandibule. On sait depuis Reichert (1838) que ces deux osselets articulés pour transmettre les sons sont les homologues de deux os du crâne des Reptiles : le *malleus* de l'os articulaire, qui articule la mandibule avec un os crânien : le carré, lequel est l'homologue de l'*incus*. Autrement dit, on a dans l'oreille actuellement l'articulation crânio-mandibulaire des Reptiles. Qui l'eût cru ? Ces osselets font donc partie de l'*ensemble masticateur* dont ils partagent l'origine embryologique. C'est cette origine qui a permis de faire l'homologie* entre ces os et les deux constituants de l'articulation entre le crâne et la mâchoire inférieure du Reptile. Cette homologie a pu être faite, il y a plus de cent cinquante ans, à l'aide des travaux d'E. Geoffroy Saint-Hilaire, dont elle est une application.

De même, un muscle qui change de place au cours de l'évolution peut être repéré dans la phylogenèse, c'est-à-dire dans les espèces animales successives, par son innervation, le muscle est en réalité un *ensemble neuro-musculaire*.

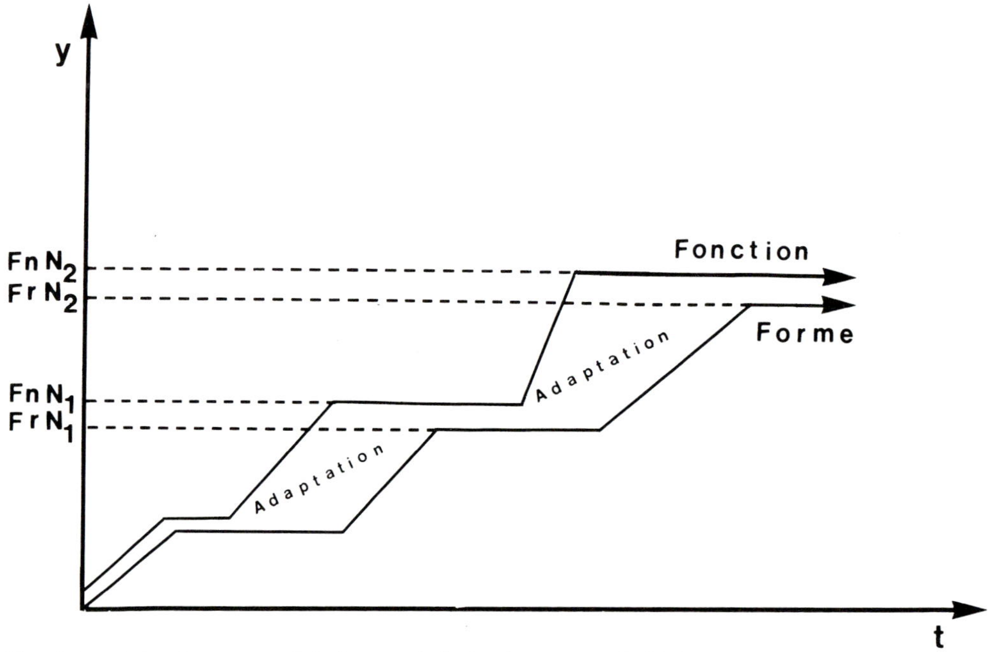

Dissociation relative *des processus de la forme et de la fonction au cours de l'évolution. Représentation sous forme de graphe (M. Sakka).*
Fn N1 : fonction nouvelle n° 1, Fn N2 : fonction nouvelle n° 2. Fr N1 : forme nouvelle n° 1, Fr N2 : forme nouvelle n° 2.
t : temps, y : exprime une qualité morpho-fonctionnelle nouvelle. Lorsqu'une fonction nouvelle est adoptée les structures anatomiques demandent un certain délai pour se transformer. L'intervalle de temps, marqué par une surface entre les deux courbes, caractérise l'adaptation. *Ce principe évolutif s'oppose à l'interprétation dogmatique et figée des liens forme-fonction. On en déduit que la constatation sur l'os fossile des marques d'une nouvelle fonction implique que cette fonction a été acquise auparavant et inversement que l'absence de ces signes osseux ou articulaires n'implique pas l'absence de cette néofonction si d'autres arguments militent en sa faveur.*

Indépendance relative d'évolution

Ces ensembles présentent à l'observation lors de leur développement des généralisations ou des lois d'évolution que j'ai décrites, telles que, par exemple, la loi de l'« indépendance relative d'évolution des éléments au sein d'un ensemble qu'ils composent ».

Un organe, un organisme, une population forment des ensembles biologiques. Au sein de ceux-ci, la forme et la fonction agissent l'une sur l'autre, elles ont des liens réciproques. J'ai montré que ces liens sont beaucoup moins stricts que Cuvier le prétendait dans son *Principe de corrélations des formes*.

Le principe de Cuvier est né de celui qu'avaient appliqué Bernard et Laurent de Jussieu, du Museum, à la botanique... Le voici tel que Cuvier l'exprime : « Tout être organisé forme un ensemble, un système unique et clos, dont les parties se correspondent mutuellement, et concourent à la même action définitive par une réaction réciproque. *Aucune de ces parties ne peut changer sans que les autres changent aussi* [1], et par conséquent chacune d'elles prise séparément indique et donne toutes les autres. »

Pour un fixiste son principe paraît évident. Seulement en termes d'évolution, il n'est plus vrai. Le principe d'« indépendance *relative* d'évolution des éléments au sein d'un ensemble » (Sakka 1973) s'oppose au principe de Cuvier et le corrige.

Dissociation relative de la forme et de la fonction

Au cours de l'évolution, une forme peut en s'adaptant à une fonction nouvelle se modifier sans que pour autant l'ensemble de l'organisme soit en totalité changé. Inversement, si une fonction nouvelle est adoptée, il faut nécessairement un espace de temps pour que la forme se modifie et s'adapte aux changements fonctionnels. Il y a une « dissociation *relative* dans le temps, au cours de l'évolution entre le processus de la forme et le processus de la fonction. Cette dissociation met en évidence un intervalle temporel qui n'est autre que l'*adaptation* » (Sakka 1977).

Mais cette généralisation s'applique aussi bien aux processus biologiques qu'à *tous les processus liés au cours de l'Évolution*. Par exemple, il semble y avoir une dissociation relative entre l'évolution de l'ADN* mitochondrial* et la spéciation (François Bonhomme 1985). Il y a une *dissociation relative entre l'évolution anatomique des hommes et l'évolution de leur culture.*

1. Souligné par M. S.

Morphologie évolutive (1977)

L'importance de toutes ces constatations m'a semblé tellement grande que, pour lutter contre l'interprétation mécaniciste, figée et dogmatique des faits morphologiques, j'ai cru bon d'ajouter l'adjectif *évolutif* à celui de morphologie. Ce qui me semble un pléonasme.

Cette méthodologie nouvelle, la *Morphologie évolutive*, est, au fond, *un nouveau regard*. Elle souligne, en ce qui concerne la recherche morphologique, et particulièrement celle qui a trait aux origines de l'Homme, le rôle irremplaçable de la pratique de l'anatomie humaine et comparée et celui en quelque sorte complémentaire, indispensable, d'une

ADN mitochondrial (ADNm). L'ADN, support de l'hérédité, pour une petite partie, siège au niveau de petites organites cytoplasmiques, les mitochondries, véritables usines cellulaires. Cette partie de l'ADN n'est transmise, en principe, que par la mère. François Bonhomme (1985) a montré sur des espèces de souris apparentées que les phylogenèses obtenues par l'examen de l'ADNm différaient de celles obtenues à partir de l'ADN nucléaire. Il y a ici une application biologique du principe de relative dissociation des processus liés au cours de l'évolution. Photo CNRI.*

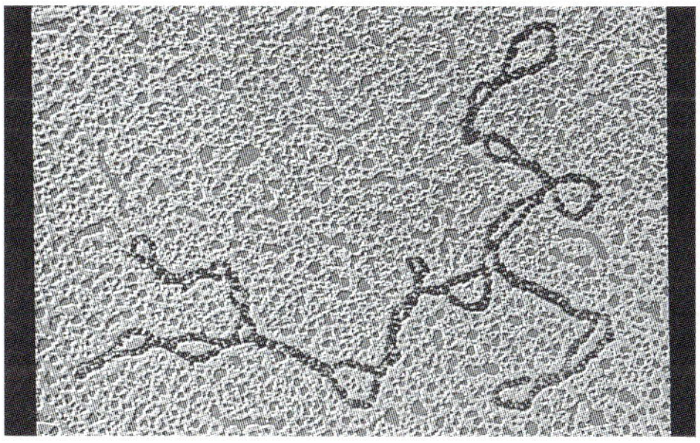

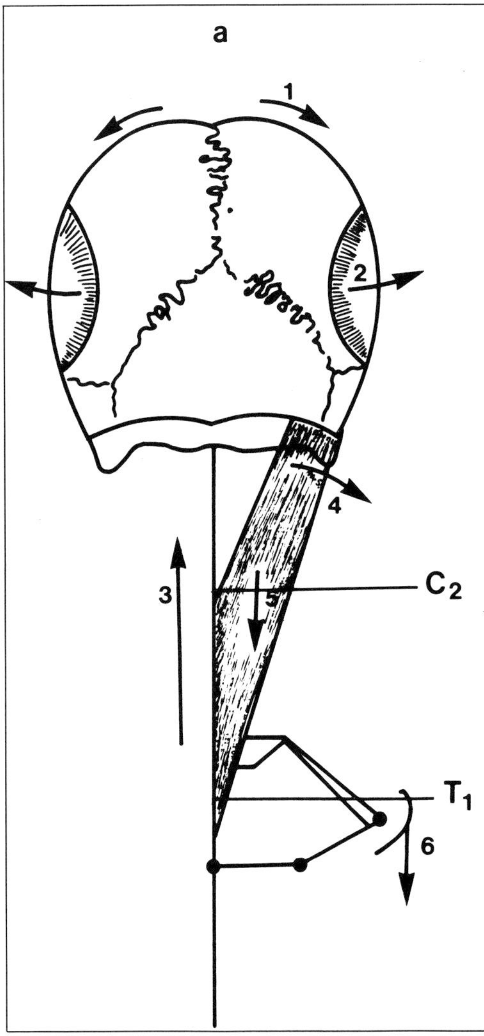

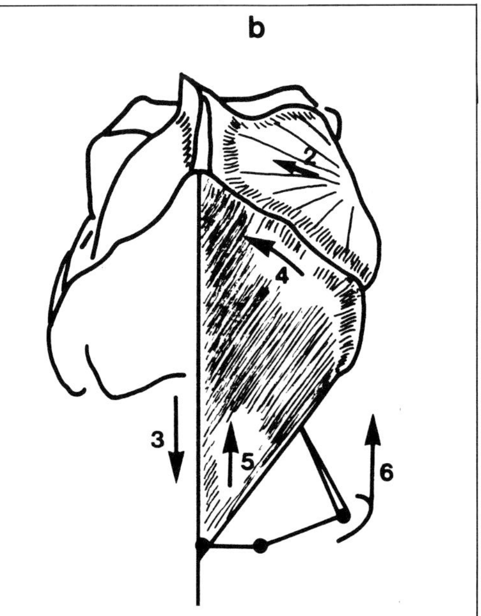

Mouvements d'émergence et de tassement cervico-céphaliques. a. Homme, b. Gorille. Vue postérieure. Graphe M. Sakka.
Si l'on interprète les différences anatomiques en terme de mouvement et que l'on prend comme référence pour l'Homme, le Gorille, on constate chez l'Homme un mouvement d'émergence de la tête et du cou, avec abaissement de l'épaule et externation crânienne. A l'inverse un mouvement contradictoire est observé dans le Gorille si l'Homme sert de référence. Les flèches indiquent les directions privilégiées des mouvements. Parmi ceux-ci chez l'Homme, 1. externation crânienne, 2. migration latérale du muscle temporal, 3. ascension de la colonne cervicale, 6. abaissement de l'épaule. Intérêt : où en est l'Australopithèque du point de vue de ces mouvements ?

théorisation du mouvement évolutif considéré comme forme d'existence de la matière et appliqué à l'anthropogenèse.

La morphologie évolutive rénove, enrichit et dépasse le travail anatomique et la morphologie classiques. Concernant la paléontologie, elle permet de mieux comprendre la séméiologie* osseuse et de faire de meilleurs diagnostics.

Elle m'a permis dans mes études d'anatomie comparée d'interpréter les différences structurales en termes de mouvements. J'ai donc décrit un mouvement d'*émergence cervico-céphalique* chez l'Homme comparé aux Grands Singes et, à partir de l'*externation crânienne* liée essentiellement au développement du cerveau, j'ai trouvé des aspects *évolutifs* nouveaux sur le crâne de l'Australopithèque robuste, et j'ai décrit ou interprété des caractères nouveaux, y compris chez l'Homme actuel en anatomie humaine : *le sillon mastoïdien externe.*

S'il est vrai que la comparaison anatomique en morphologie évolutive des structures cervico-céphaliques (de la tête et du cou) de l'Homme actuel et des Grands Singes contemporains montre deux mouvements opposés point par point, il était intéressant de voir, par rapport à ces mouvements, à quel stade en était l'Australopithèque et dans quelle direction il allait. C'est ainsi que j'ai constaté chez lui une nouvelle séméiologie.

Ensemble morphogénique fondamental

Dans ces changements évolutifs des formes et des fonctions, les processus de la forme et ceux de la fonction forment des *ensembles morpho-fonctionnels.*

Ces ensembles morpho-fonctionnels sont sensibles à l'*environnement* au sein duquel ils évoluent. Cependant, et Simpson y a fait allusion il y a longtemps, les êtres vivants font partie du *milieu.* Quand on parle d'un milieu donné, il faut, par définition, y inclure les êtres qui y vivent. Le milieu peut être intérieur à un organisme, il peut aussi comprendre et les organismes et l'environnement au sein duquel ils se trouvent. L'ensemble constitue le milieu. Environnement n'est pas synonyme de milieu.

Or les changements du milieu agissent sur les ensembles morpho-fonctionnels, de même que les ensembles morpho-fonctionnels agissent sur le milieu. Ceci aboutissant à l'apparition de formes nouvelles, j'ai donc appelé ce lien l'*Ensemble morphogénique fondamental.* Car quels qu'en soient les mécanismes, forme, fonction, milieu, sont les trois facteurs interagissant pour créer de nouvelles formes. Il en a peut-être été ainsi pour les origines de l'Homme.

Cette conception de la morphologie évolutive des ensembles anatomiques, biologiques, morpho-fonctionnels, bio-culturels, bio-sociaux et surtout leurs principes d'évolution permettent de mieux apprécier la séméiologie et la valeur séméiologique des caractères osseux au cours de l'Évolution. Cela sert donc à l'interprétation des fossiles.

Externation crânienne, télencéphalisation et forme du crâne

Un des aspects sur lesquels il faut insister est l'*externation crânienne.* C'est un processus tendanciel qui s'observe dans toute la série des Vertébrés. Il est caractérisé par le fait qu'au cours de l'évolution du crâne observée par l'anatomie comparée des formes actuelles d'animaux (Poissons,

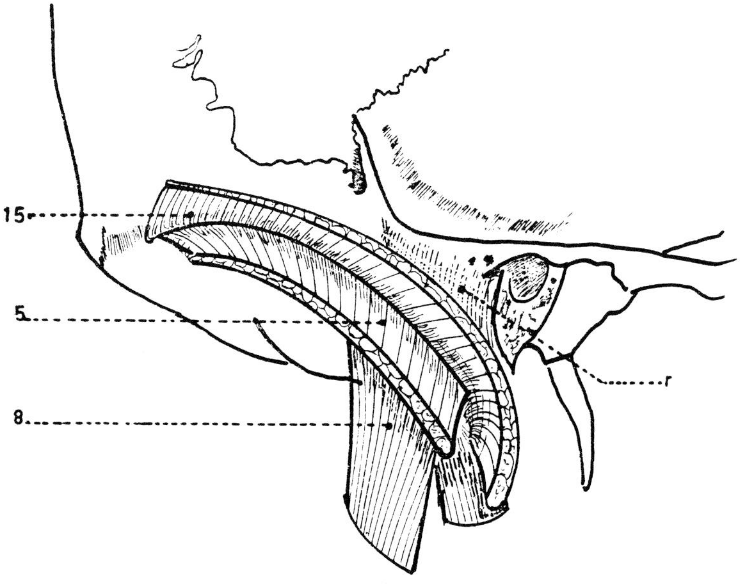
15
5
8
r

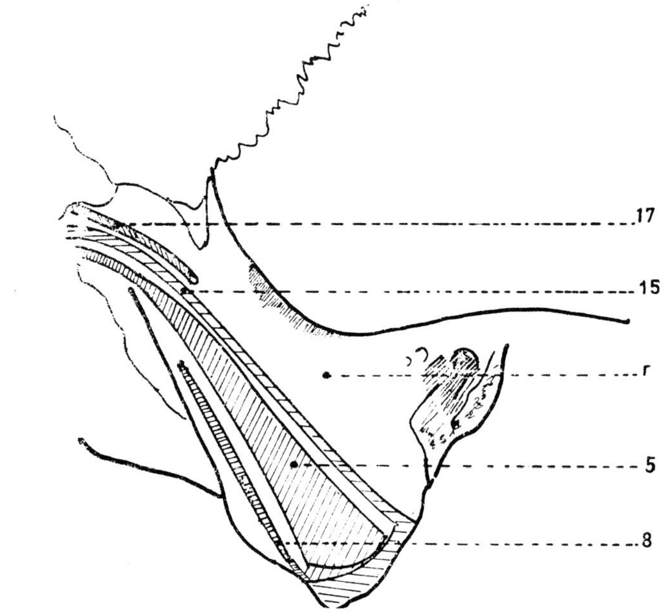
17
15
r
5
8

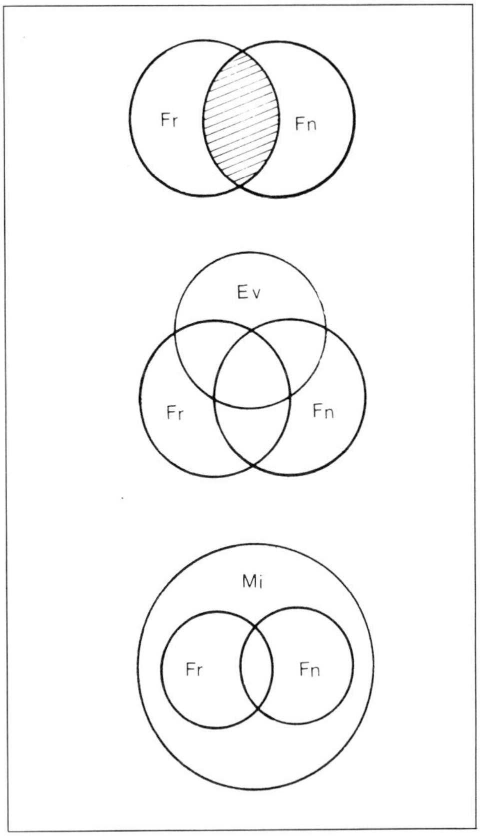

▲ *Ensemble morphogénique fondamental. (Graphe M. Sakka)*
1. En haut : la forme (Fr) et la fonction (Fn) sont liées et symbolisées par l'intersection de deux ensembles.
2. Au-dessous : relations classiques : l'ensemble morpho-fonctionnel *est lui-même lié à* l'environnement *(Ev) qui joue un rôle décisif au cours de l'évolution.*
3. En bas : Cependant cette notion d'environnement est restrictive par rapport à celle de milieu (Mi). Le milieu comprend les êtres vivants et leur environnement. L'ensemble ainsi constitué présente entre ses éléments des liens réciproques. En effet, les ensembles morpho-fonctionnels modifient l'environnement et le milieu joue un rôle décisif sur l'évolution des individus et des espèces. C'est pourquoi je l'ai appelé Ensemble morphogénique fondamental.

◀ *Le sillon mastoïdien externe (dessins M. Sakka).*
Ayant constaté le mouvement d'externation crânienne chez l'Homme par rapport au Gorille, mouvement qui intéressait non seulement les os (agrandissement de la cavité crânienne) mais aussi les muscles qui s'écartent, laissant les os du crâne à nu, comme la mer se retire, j'ai recherché où ces muscles qui chez le Gorille sont contigus étaient le plus rapprochés chez l'Homme actuel. A ce niveau, j'ai trouvé sur la face externe de la mastoïde, un sillon qui n'avait pas été décrit, en France, en anatomie humaine, je l'ai appelé sillon mastoïdien externe : r, sur les deux dessins. J'ai retrouvé ce sillon sur les crânes d'Australopithèques, il est absent dans les Grands Singes.

Amphibiens, Reptiles, Mammifères, et parmi ceux-ci les Primates), et par l'anatomie comparée des crânes fossiles, on assiste à un agrandissement progressif de la cavité cérébrale, c'est-à-dire de la boîte osseuse qui contient l'encéphale.

En même temps que la cavité s'accroît, la paroi de la cavité se modifie dans sa situation par rapport à d'autres structures voisines (cavités auditives, articulation entre le crâne et la mâchoire inférieure par exemple). Le mouvement de la paroi est centrifuge, elle devient plus externe et englobe les structures voisines. Non seulement sa situation, ses rapports anatomiques changent, mais la constitution de la paroi crânienne, de double qu'elle est au départ, devient simple.

L'ensemble constitue ce que j'ai appelé l'externation crânienne, ce qui est la simple constatation de la morphologie évolutive.

A ceci une conclusion concernant l'externation crânienne et son étiologie*. Elle est essentiellement liée au développement de l'encéphale, on appelle ce mouvement *encéphalisation* au cours de l'évolution des Vertébrés.

Mais en ce qui concerne le groupe des Primates (voir p. 95), c'est surtout une partie de l'encéphale que l'on appelle le télencéphale, constitué des hémisphères cérébraux, qui se développe avec un maximum chez l'Homme.

Une conception mécaniciste fort répandue fait dépendre l'augmentation de la boîte crânienne humaine de l'adoption du comportement érigé. La « station verticale », la verticalisation de la colonne vertébrale, aurait entraîné une « brisure » de

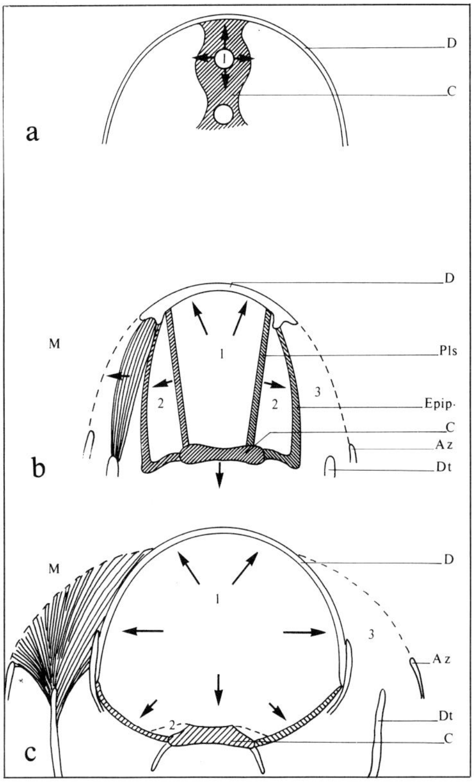

Externation crânienne.
Coupes frontales schématiques du crâne, de haut en bas : a. Eusthenopteron foordi, *Poisson fossile du Dénovien, b. Reptile synapside, c. Mammifère : le Chien.*
En 1, la cavité cérébrale qui s'agrandit au cours de l'évolution des Vertébrés sous l'influence de la poussée de l'encéphale schématisée par les flèches.
En a il existe une double paroi crânienne. En b dans le Reptile fossile elle a disparu à sa partie supérieure où elle est simple. En c, dans le Chien elle est simple.

la base du crâne. Celui-ci se serait ainsi ouvert, aurait donc augmenté sa capacité. Ce qui aurait « permis » au cerveau d'occuper la place laissée libre.

En fait, si les problèmes bio-mécaniques du port de tête jouent un rôle dans la morphogenèse crânienne, de même que les muscles de la nuque, les muscles masticateurs, la pesanteur, le rôle fondamental est celui de l'augmentation de volume du cerveau au cours de l'évolution.

La paroi osseuse, au cours de la phylogénie comme au cours de l'ontogénie, se moule sur les organes qu'elle entoure et acquiert ainsi sa forme. Si effectivement, en vue de profil, la base du crâne est plus fléchie chez l'Homme actuel que dans le Chimpanzé actuel, c'est que le développement du télencéphale et du cervelet qui se fait en des directions privilégiées exerce aussi sur la base du crâne des contraintes importantes. D'où la soi-disant brisure de la base et aussi l'horizontalisation du trou occipital, mouvements liés en Morphologie évolutive à la plastie osseuse au cours de l'ontogenèse et de la phylogenèse, et aux contraintes pariétales crâniennes liées à l'encéphalisation à prédominance télencéphalique.

Un certain nombre de caractères humains peut ainsi être expliqué. La Morphologie évolutive ne se contente pas de décrire et de discerner ressemblances et différences, elle tente de diagnostiquer des tendances dans les mouvements, et donne une *valeur* aux caractères, c'est ce que l'on appelle la valeur séméiologique d'un caractère.

Méthodologie de la recherche de l'anthropogenèse

Dès que l'on s'interroge sur ce-que-nous sommes et sur d'où-nous-venons, on s'aperçoit que de la réponse à la première question dépendent aussi la méthodologie fondamentale de la recherche des origines de l'Homme et le champ de l'anthropologie biologique.

D'une manière générale on peut considérer que deux conceptions s'affrontent. L'une, classique, est basée sur une définition de l'homme et de l'anthropologie datant des siècles passés ; l'autre, plus large, tient compte des facteurs socioculturels dans l'anthropogenèse, elle est novatrice.

La conception classique, considère l'Homme comme n'importe quel autre animal et, par conséquent, dans sa méthodologie ne distingue pas fondamentalement la paléontologie des Vertébrés en général, de la paléontologie humaine. Dans ce cas, étudier les origines de l'Homme, c'est rechercher quel animal, en remontant les temps géologiques, sera un bon candidat à l'« ancestrialité » humaine.

Sur quoi jugera-t-on des qualités ancestrales de ce candidat ?

Sur les caractères osseux puisqu'il s'agit de fossiles, comme on le fait pour étudier la phylogenèse de l'Éléphant ou celle du Cheval. Et la méthode, de ce point de vue, a fait depuis longtemps ses preuves. Les paléontologues sont arrivés à une grande maîtrise de leur discipline, et la paléontologie humaine profite largement de cette expérience.

Continuum idéologique

La recherche des origines de l'Homme dans cette conception ne se distingue pas des autres branches de la paléontologie animale et présente les mêmes succès et les mêmes difficultés.

Cependant les difficultés sont plus grandes lorsqu'il s'agit d'établir une phylogenèse humaine, c'est-à-dire d'identifier les différents ancêtres de l'Homme qui se sont succédé dans le temps.

Etienne René Augustin Serres (1786-1868). Ancien interne des hôpitaux de Paris, médecin de l'hôpital de la Pitié, membre de l'Académie des Sciences, il fut le titulaire de la première chaire d'Anthropologie lorsque celle d'Anatomie humaine fut transformée en 1838 au Muséum en chaire d'Anatomie et d'Histoire naturelle de l'homme. Photothèque du Musée de l'Homme.

Il y a un *continuum* théorique et pratique depuis Linné qui range l'Homme dans sa classification du règne animal et Buffon qui introduit l'Homme dans son Histoire naturelle (1749, *Variétés dans l'espèce humaine*) jusqu'à nos jours.

Réintégrer l'Homme au sein de la nature et du monde animal dont il est issu a nécessité, on l'a vu, une longue bataille (voir p. 29 *sq*). Si bien qu'au début du XIXe siècle (1839), convertir, au Museum national d'histoire naturelle, la chaire d'anatomie humaine en chaire d'anatomie et histoire naturelle de l'Homme était un progrès. C'est ce qu'a souligné son premier titulaire, Étienne-René Serres, ancien interne des hôpitaux de Paris.

Quelques années plus tard, pour Broca et Topinard, l'anthropologie est une branche de l'histoire naturelle, celle qui traite de l'Homme. Continuer à donner de cette discipline, de nos jours, cette définition, est un peu désuet et surtout très *réducteur*. C'est ne pas tenir compte des progrès scientifiques. C'est dangereux pour la discipline et pour l'Homme.

Systématique humaine

En 1838, on considérait l'Homme ou du moins les populations humaines comme un objet d'étude au même titre que les animaux et les plantes, avec le projet d'en faire une *étude systématique*. Serres, lors du retour du docteur Dumoutier qui avait participé en tant que scientifique au voyage de *l'Astrolabe* et de *la Zélée* (1837-1840) et avait ramené des moulages d'après nature des habitants des pays qu'il avait traversés, eut le premier l'idée de réaliser un musée de l'Homme.

Étude *systématique*, cela signifiait classification et étude des différents groupes humains sur une base morphologique. En fait, constituer un musée de l'Homme en 1838 n'était pas anodin, dans la mesure où la classification morphologique allait de pair avec une classification en sous-groupes humains (on disait des races) d'inégale valeur intellectuelle, avec une échelle allant des « supérieurs » aux Grands Singes en passant par les groupes humains dits « inférieurs » ou « primitifs » que l'on considérait souvent comme plus proches des Grands Singes que des autres hommes !

On conçoit donc qu'une définition actuelle de l'Homme, purement morphologique, soit d'une part liée à l'anthropologie de discrimination raciale du siècle dernier, et d'autre part, ne soit pas à même de résoudre la crise de l'anthropologie biologique en général et de la recherche de l'anthropogenèse en particulier.

En effet, il est plus que souhaitable d'abandonner cette méthodologie héritée d'un passé qui n'est pas tellement lointain, dominé par la recherche et l'étude *typologiques* de l'homme vivant, historique et préhistorique.

Il est vrai que les vieilles idées ont la vie dure. La vieille méthodologie typologique qui commence à être abandonnée par certains anthropologues laisse quand même des séquelles et trouve quelques applications durables bien masquées, soit au niveau de la classification morphologique de l'homme fossile, soit au niveau de l'hématologie, de la cytogénétique ou de la biochimie moléculaire.

La recherche classique des origines de l'Homme

Qu'est-ce que rechercher les origines de l'Homme ? C'est approfondir la connaissance de cette phase de passage qui voit la transformation de l'animal en homme. Évident.

Cette connaissance comprend le cadre géologique, le climat, la faune, la flore, la géographie, la description de l'environnement, la recherche de la datation, l'époque et les reconstitutions. Géologie, paléoclimatologie, paléontologie, paléobotanique, palynologie*, paléogéographie, paléoécologie, préhistoire, paléo-anthropologie, pour ne citer que quelques disciplines, sont bien entendu d'importance pour mettre en place la scène et les décors sur la base des éléments recueillis sur les sites actuellement découverts.

Il faut aussi dans cette longue période de temps rechercher les acteurs, c'est-à-dire les animaux pré-humains et les premiers Hommes, objets des recherches effectuées par les paléontologues auxquels l'anatomie humaine et comparée, la primatologie, rendent d'inestimables servi-

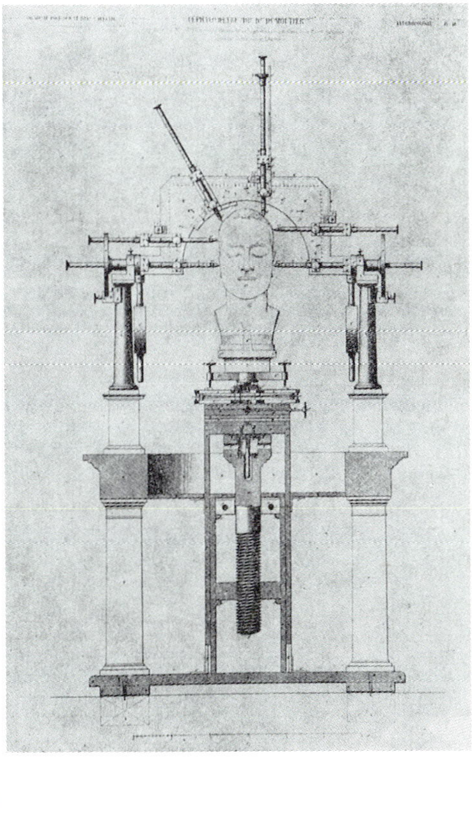

Le céphalomètre du docteur Dumoutier. Lors de l'expédition effectuée par Dumont d'Urville au pôle Sud et en Océanie de 1837 à 1840, le docteur Dumoutier fut chargé de la partie anthropologique. A cette époque on commençait à mesurer pour distinguer des types anatomiques différents parmi les Hommes. Le céphalomètre fut construit dans ce but. Il permettait de mesurer dans toutes les directions les bustes moulés d'après nature et les crânes. Dessin extrait de l'atlas du docteur Dumoutier.

ces, mais aussi l'éthologie* ou la paléoéthologie, la génétique des populations, la biochimie moléculaire, la caryologie*, l'anthropologie, la systématique.

Cependant aux stades actuels de la connaissance et du progrès scientifiques, tout ceci est relativement rassurant. Quelle joie de discuter sur tel ou tel détail anatomique, sur des relations morphofonctionnelles, sur les signes du comportement érigé, sur la morphogenèse du crâne, sur les apparentements naturels possibles, sur la phylogenèse humaine entrevue anatomiquement et biologiquement !

Par contre, rechercher le « comment » de cette anthropogenèse, construire des hypothèses ou des scénarios évolutifs, comme l'on dit souvent, rechercher les étiologies du processus est à la fois difficile, peu rassurant, et nécessite rigueur et audace scientifiques.

Théorie scientifique de l'anthropogenèse

De même que l'on considérait l'anthropologie physique ou biologique comme une branche de l'histoire naturelle, peut-on dire que la paléoanthropologie actuellement pratiquée soit une branche de la paléontologie ?

Si elle se confine dans la recherche sur le terrain de fouille, d'ailleurs si passionnante, des Primates fossiles dont les caractères squelettiques les désignent comme les plus anciens membres du genre *Homo*, on peut répondre oui. Si cette recherche prend en compte les caractères sociaux et culturels qui différencient dès les origines l'Homme du reste du monde animal — conscience réfléchie, travail productif, organisation sociale, langage, outil, habitat —, on peut répondre non.

La paléoanthropologie, si elle prend en compte *sans les opposer* les caractères biologiques et les phénomènes socio-culturels, réalise une synthèse en dehors de laquelle il est difficile de faire avancer la connaissance des origines de l'Homme. Cette théorie synthétique de la recherche de l'anthropogenèse est d'ailleurs quelquefois appliquée dans la pratique, parce que les facteurs culturels et sociaux sont incontournables.

Il s'agit typiquement d'une recherche pluri-disciplinaire. Elle requiert la participation de toute une série de sciences de l'homme et de la société, de sciences biologiques et de sciences de la nature. S'agissant de l'homme, ce n'est guère étonnant !

Séméiologie humaine

Ayant en vue la recherche sur le terrain, celle qui interroge concrètement le passé, j'ai donc recherché une séméiologie capable d'affirmer l'apparition de l'homme au cours de l'anthropogenèse.

S'agissant des espèces animales fossiles, l'étude morphologique, principalement l'observation ostéologique et odontologique*, c'est-à-dire l'examen du squelette osseux et des dents, est à la base des recherches phylogéniques.

S'agissant de l'Homme, et tenant compte d'une définition intégrant les caractères socio-culturels liés à la production des moyens d'existence et à l'acquisition d'une conscience réfléchie, la pratique paléontologique classique ne suffit plus. En effet les traits socio-culturels n'impriment pas nécessairement leur empreinte sur le squelette et la pensée ne se fossilise pas. Il y a donc deux ordres de caractères utiles dans cette recherche, liés aux processus de l'anthropogenèse :

— les signes directs anatomiques ou dentaires. Ils sont nécessaires à la connaissance *morphologique* des premiers hommes. Ils ne suffisent pas à poser le diagnostic avec certitude.

— les signes indirects, qui ne s'inscrivent pas forcément sur le squelette. Ils témoignent des caractères qui distinguent l'homme de l'animal. Ils sont nécessaires et suffisants pour faire le diagnostic au stade de l'anthropogenèse.

De même qu'il n'est plus possible à notre époque de cantonner l'anthropologie dans l'histoire naturelle de l'homme, on ne peut borner l'étude de l'anthropogenèse aux seuls problèmes biologiques. D'ailleurs ces deux aspects sont liés. En effet une définition purement zoologique de l'anthropologie biologique va de pair avec une conception purement biologique, réductrice de l'anthropogenèse.

S'il est vrai que l'anthropologic biologique doit nécessairement prendre en compte l'histoire sociale de l'Homme, on ne peut, concernant l'anthropogenèse, faire fi de l'étude des processus sociaux.

Ceux qui définissent l'anthropologie comme l'histoire naturelle de l'Homme qualifient aussi de *digressions philosophiques* les discussions sur le rôle de l'outil et du travail dans l'anthropogenèse.

Pour résumer, je rappellerai l'opinion de Bilsborough, actuellement professeur d'anthropologie à Edimbourg, me disant lors de la table ronde internationale CNRS que j'avais organisée en 1983 à Paris, avec David Chivers, de Cambridge (GB), et Holger Preuschoft, de Bochum (RFA) : « Nous, nous recherchons l'origine du genre *Homo*, vous, vous recherchez l'origine de l'Homme. »

Cependant avant d'envisager cette séméiologie hominienne, il convient d'envisager deux préalables à la compréhension des processus de l'anthropogenèse : le temps et l'évolution.

Préalables évolution et temps

Pendant que j'écris, le temps passe et l'évolution se poursuit. Au fur et à mesure des découvertes fossiles et des progrès dans les moyens scientifiques de datation, on s'est aperçu que l'époque des premiers hommes a reculé dans des proportions considérables, et que la morphologie, la forme et les proportions des différentes parties du squelette de l'Homme fossile sont d'autant plus différentes de celles de l'Homme actuel qu'elles sont plus anciennes. Curieusement d'ailleurs c'est au niveau du squelette de la face et du crâne que les modifications anatomiques sont les plus marquées.

Evolution

On constate donc deux facteurs importants, l'évolution et le temps, sans lesquels on ne peut comprendre qu'un animal se soit transformé en Homme. D'ailleurs espace, temps et évolution sont liés et ne sont que différents aspects d'une même réalité.

L'évolution n'est ni une idée, ni une théorie. L'évolution telle qu'elle fut pressentie par les philosophes du XVIIIe siècle — notamment par Diderot —, mais pas seulement par eux puisqu'elle a été également entrevue, dit-on, par des penseurs de l'Antiquité (Héraclite d'Ephèse), est une constatation. Lamarck, le fondateur de l'évolutionnisme, a perçu ce grand mouvement de la nature, il a observé des liens de parenté entre espèces animales et a tenté de les expliquer. Il a montré que les espèces vivantes pouvaient descendre les unes des autres par une série de transformations liées aux changements du milieu, entraînant des changements fonctionnels puis morphologiques dont certains étaient retenus par l'hérédité.

Dès le début de sa découverte, l'évolution est née de l'observation du réel. Quels que soient les explications, les mécanismes, il n'est nul besoin de recher-

Un moulin doté d'une roue à aubes. La vie s'écoule comme un fleuve... Photo J. Perno, Explorer.

cher des causes surnaturelles à l'origine des espèces.

L'évolution est, étymologiquement parlant, un « déroulement ». *Evolutio* en latin caractérise l'action de lire ou de dérouler des manuscrits. Ceux-ci étaient enroulés jadis comme un cylindre autour d'un axe.

Le déroulement de l'histoire du monde vivant est l'évolution biologique dont on recherche les mécanismes et les modalités. Des progrès considérables ont été faits dans tous les domaines et notamment en biochimie moléculaire, laquelle a permis d'avancer dans la description des phénomènes héréditaires.

Une remarque simple peut être faite. L'évolution implique changements, y compris morphologiques, et dans la recherche sur le *terrain* extérieur (en opposition avec le laboratoire, qui est aussi un *terrain* de recherche pour certaines disciplines), il ne faut pas s'attendre à retrouver des éléments squelettiques identiques à ceux de l'homme actuel.

Je préfère les termes d'Homme actuel à celui d'Homme moderne utilisé couramment pour désigner *Homo sapiens sapiens*. En effet, l'Homme actuel dans son ensemble et aussi dans son aspect purement anatomique, n'est qu'une *phase* dans le développement des Hommes depuis leurs origines.

Les modifications anatomiques expliquent les difficultés, les discussions incessantes entre paléontologues à propos de la place où situer telle ou telle paléoespèce par rapport à la lignée humaine. Si l'on ne comprend pas ce mouvement évolutif qui fournit des espèces nouvelles, quel qu'en soit le mécanisme, mais qui amène des modifications dans la forme et la physiologie, on ne peut comprendre les origines animales de l'Homme. L'Homme est un animal particulièrement perfectionné, mais guère mieux adapté à son comportement locomoteur que ne le sont le Chimpanzé et le Gorille au leur.

Le temps

Le deuxième facteur important pour comprendre l'anthropogenèse, c'est le facteur temps. Ce facteur est capital. A l'échelle de la vie humaine, le temps écoulé depuis le début de la période du processus anthropogénique se chiffre en dizaines de milliers de siècles. On est évidemment loin des quelque 5 878 ans qui étaient censés représenter l'âge de la Création de l'Homme. Par contre, par rapport au temps qui s'est écoulé depuis l'origine de la Terre, l'existence de l'espèce humaine est excessivement brève, seulement quelques millions d'années, c'était hier...

L'anthropogenèse est un processus qui a demandé du temps. Si l'on prend la durée connue de l'hominisation, c'est-à-dire de l'évolution des hommes et de leurs sociétés depuis et y compris l'anthropogenèse, jusqu'aujourd'hui et si l'on considère, comme les paléontologues, les Australopithèques comme les ancêtres préhumains les plus anciens, cela fait remonter l'histoire des origines à peut-être six millions d'années.

Or, six millions d'années c'est très loin dans le temps, c'est si loin qu'il ne m'est

Photo J.-P. Langelang, DIAF.

guère possible d'apprécier cette quantité de temps. Si j'arrive dix minutes en retard, cela risque de créer des remarques très sérieuses dans certaines occasions, mais si je dis : « Lucie a de 3,6 à 3,4 millions d'années », j'exprime son âge à *deux cent mille ans près*, et cela ne choque personne.

Si l'on me dit que la lumière d'une étoile met quatre ans à me parvenir cela signifie quelque chose, mais j'ai des difficultés à appréhender les années-lumière. Si l'on me dit que la lumière parcourt par an 9 460 milliards de kilomètres, franchement cela me paraît énorme, mais je ne ferai pas la différence à quelques milliards de kilomètres près, si l'on me dit de 9 460 à 9 465 milliards de kilomètres !

C'est si vrai que tel paléontologue, emporté par son enthousiasme, écrit : « *Un jour,* il y a dix millions d'années » ! ou tel autre : « neuf millions d'années avant J.-C. » ! neuf millions d'années avant notre ère, c'est-à-dire 9 002 000 ans. Or il est impossible à l'heure actuelle de situer à 2 000 ans près dans le temps, un événement qui s'est passé il y a neuf millions d'années.

On est obligé de prendre des comparaisons concrètes pour apprécier le temps et d'utiliser des échelles qui soient à la mesure de l'expérience humaine.

On peut, par exemple, traduire en siècles. Si les plus vieux restes fossiles permettent d'estimer que les plus anciens Australopithèques datent d'« environ » 6 MA*, cela fait soixante mille siècles.

L'horloge planétaire

Si l'on suppose que la vie de la planète Terre n'a duré que 24 heures :
— à zéro heure la planète Terre apparaît ;
— à 7 h 12 du matin la vie apparaît sur Terre ;
— à 23 h 03 ce sont les Mammifères (il y a donc 57 minutes) ;
— à 23 h 58 mn 17 sec. (il y a une minute 43 secondes) apparaît le premier Australopithèque ;
— le premier outil il y a 43 secondes ;
— l'*Homo habilis*, la première espèce du genre *Homo*, c'est-à-dire le premier homme pour les paléontologues, est apparu il y a 34 secondes 5/10e ;
— le Néandertal il y a une seconde et demie ;
— Cro-Magnon il y a 6/10e de seconde.

Une bibliothèque de 50 000 livres

On peut prendre une autre échelle. Supposez une bibliothèque contenant cinquante mille livres de cinq cents pages chacun décrivant l'histoire de la planète depuis son origine. Ils sont classés de 1 à 50 000. Un ouvrage contient cent mille ans d'histoire et chaque page raconte deux siècles.

Lorsqu'on ouvre le livre n° 1, on aborde l'histoire de l'origine de la Terre. Le 15 000e livre entame l'histoire de la vie et de l'évolution organique. C'est une longue histoire, qui va aller en s'accélérant. Il faut attendre le 48 000e ouvrage pour qu'apparaissent les Mammifères primitifs. Sept cents livres avant le dernier (n° 49 300), on commence à connaître l'histoire de nos parents très éloignés, les premicrs Primates. Ce sont les fondateurs de notre groupe animal.

Lorsque les chapitres des plus anciens Hominidés sont atteints, il ne reste plus que soixante livres sur cinquante mille. Les images des plus anciens outils actuellement découverts s'inscrivent à partir des vingt-cinq derniers livres, c'est-à-dire lorsqu'est abordée l'histoire de l'*Homo habilis*. Plus que dix-sept livres et c'est l'*Homo erectus*.

Voici enfin le *dernier livre*, sur les premières pages duquel on découvre l'histoire des hommes de Néandertal. A la page 300, on lit le premier chapitre de la vie des hommes dits de Cro-Magnon. A la page 440, donc soixante pages avant la fin du dernier livre, les Magdaléniens font leur apparition.

Encore cinquante pages tournées et c'est notre ère : il ne reste alors que les

Photo Alfred Wolf.

dix dernières pages, et c'est dans la dernière des cinq cents pages du dernier des cinquante mille livres, que la révolution scientifique et technique de notre temps est racontée, et encore dans la dernière moitié de cette dernière page !

Si l'on considère que dans une page il y a quarante lignes correspondant chacune à cinq années, seules huit lignes nous séparent de la construction de la première pile atomique française par Frédéric Joliot-Curie, en 1948...

Les deux dernières lignes sont les dix dernières années de notre siècle, mais bientôt va s'écrire la première page du 50 001e livre...

2

LES PRIMATES

Cercopithecus aethiops. *Photo Kerneis-Dragesco, Jacana*

L'Homme, du point de vue biologique, fait partie de l'ordre des Primates. L'ordre est une catégorie élevée de la classification animale. Au sein de cet ordre de Mammifères, se trouvent les Lémurs, les Tarsiers et les Singes. Il est important d'étudier les Primates non humains qui ont avec l'Homme des ancêtres communs.

Les Primates vivants permettent, par la comparaison des structures anatomiques et l'étude de leurs liens avec les fonctions, de mieux interpréter les restes fossiles osseux et dentaires. La base de ces études est un dogme qui indique que les formes et les fonctions sont étroitement liées. En fait, j'ai montré au cours de mes recherches qu'il y avait du point de vue évolutif une dissociation relative entre les processus de la forme et les processus de la fonction. Celles qui intéressent le plus les paléontologues sont les fonctions locomotrices et les relations entre le régime alimentaire et les dents. Cette dissociation relative dans les processus morpho-fonctionnels doit rendre prudent dans les conclusions.

L'étude de la locomotricité et celle des relations entre l'anatomie et le comportement des Primates vivants peuvent permettre de soulever des hypothèses concernant les Primates fossiles. De là à en tirer des conclusions sur les premières sociétés humaines, il y a loin. Car les Chimpanzés et les Gorilles ne sauraient ni anatomiquement, ni éthologiquement constituer des *modèles* de l'ancêtre de l'Homme. Ils ont évolué depuis leurs origines, leur milieu s'est considérablement modifié, ne serait-ce que par l'apparition de l'Homme. Donc ici aussi la plus grande prudence s'impose.

Ceci étant dit, il n'en demeure pas moins vrai que l'étude des restes osseux fossiles, celle de l'environnement contemporain de ces restes (paléoenvironnement), mises en parallèles ou confrontées avec les données issues des recherches pluridisciplinaires sur les Primates vivants, permettent d'échafauder des hypothèses valables, à condition de ne pas se laisser emporter par un enthousiasme que j'appellerai médiatique ou journalistique. La préhistoire de l'Homme est suffisamment passionnante pour qu'il soit inutile d'en rajouter...

L'Homme est un Primate

Classer, dit-on, est un acte scientifique. Certes. Cependant il y a plusieurs modalités de classification. Classer, c'est répartir des éléments en diverses catégories. En ce qui concerne le monde vivant, et plus spécialement le monde animal, ce sont les aspects anatomiques et physiologiques qui ont servi de base.

Pour classer, il faut trouver des critères, ce qui n'est pas anodin et est nécessairement lié à des choix scientifiques et parfois philosophiques. Ils diffèrent selon la conception qu'a du monde le classificateur. Par exemple, on pourrait classer les hommes selon la taille, le poids, la couleur des yeux ou la couleur de la peau, ce qui ne signifie rien du point de vue biologique...

Depuis les philosophes grecs, paraît-il, jusqu'au XVIIIe siècle, la conception d'une nature ordonnée et d'une *Échelle des êtres (Scala naturae)* a prévalu. Échelle ascendante, unilinéaire allant du plus simple au plus compliqué : l'Homme. Cette théorie fut défendue par Leibniz, mais elle est, le plus souvent, associée au nom d'un de ses adeptes, Charles Bonnet. L'Échelle des êtres part de la pierre pour arriver à l'Homme, aux anges et à Dieu, en passant échelon par échelon par tous les degrés d'organisation. « L'Échelle de la nature se construit donc en passant du composant au composé, du moins parfait au plus parfait » (1782, C. Bonnet).

Bien entendu, chaque barreau de l'échelle est fixe, et les barreaux ne sont pas reliés entre eux. Ainsi donc cette classification comprend au moins deux aspects parmi d'autres, la *fixité* (l'absence de passages évolutifs) et la tendance vers la *perfection* qui serait réalisée dans l'Homme.

Ces conceptions ont duré longtemps et n'ont pas encore complètement disparu, notamment lorsque l'on confond évolution et tendance à la perfection.

Gottfried, Wilhem Leibniz (1647-1716). Philosophe et mathématicien allemand. Photo ND-Viollet.

Charles Bonnet (1720-1792). Naturaliste et philosophe suisse, partisan de Leibniz, ardent défenseur de l'Echelle des êtres. Photo Roger-Viollet.

Classification linnéenne

L'étude des plantes et des animaux aboutit, pour mieux suivre « l'ordre » de la nature, à hiérarchiser les catégories. On se rendait compte tant du point de vue physiologique qu'anatomique que, dans la variété considérable de la nature, certaines catégories (supérieures) englobaient elles-mêmes d'autres catégories (inférieures) par toutes sortes d'affinités et de ressemblances.

La catégorie de base est l'*espèce*. C'est la catégorie la plus concrète car la plus proche de ses composants, les *individus*. Elle aura une définition biologique. Les espèces peuvent constituer un *genre*, les genres une *famille*, les familles un *ordre*, et les ordres constituent une *classe*, par exemple les Mammifères, les Reptiles ou les Oiseaux.

Une classification des êtres *vivants* regroupés selon leurs ressemblances est une classification arbitraire. Elle est dite parfois classification horizontale, car elle n'est basée ni sur le temps, ni sur l'évolution, ni sur les parentés naturelles, contrairement à une classification verticale qui tiendrait compte des généalogies et des lignées c'est-à-dire des parentés.

Une remarque importante que Lamarck avait faite en son temps, et Buffon aussi, je crois, c'est que *seul l'individu existe*. Lamarck avait montré les difficultés d'obtenir une classification naturelle, parce que les divisions et sous-divisions des classifications sont des moyens artificiels. Je cite Lamarck : « Aussi l'on peut assurer que, parmi ses productions, la nature n'a réellement formé ni classes, ni ordres, ni familles, ni genres, ni espèces *constantes* [1] mais seulement des individus qui se succèdent les uns aux autres et qui ressemblent à ceux qui les ont produits. »

Une des définitions actuelles concernant les espèces vivantes, définition dite biologique de l'espèce, est celle-ci : « Un groupe, un ensemble d'individus capables de féconder et de produire des individus eux-mêmes fertiles, ce groupe ou espèce étant séparé d'autres groupes par un phénomène d'isolement reproductif qui ne permet pas l'échange de gènes. »

Cette définition implique des conditions spatio-temporelles particulières et sera difficilement compatible avec ce que l'on appelle espèce en paléontologie. Dans l'état actuel de nos connaissances et de nos moyens techniques, il n'est pas possible d'obtenir un test spécifique sur les os fossiles.

Le terme de *paléo-espèces*, dont la définition est basée sur la communauté de signes anatomiques, est préférable, du point de vue paléontologique.

Il faut en revenir à Linné et aux classifications non fondées sur la phylogenèse.

Les classifications *arbitraires* aboutissaient à certaines erreurs. Carl von Linné, médecin et botaniste suédois, imagina au XVIIIe siècle, une classification des plantes, que l'on appelle classification artificielle pour l'opposer à celle de Jussieu et de Candolle, que l'on appelle naturelle.

La *nomenclature* donne son nom aux éléments, objets de la classification. Il existe des règles qui sont actuellement réunies sous le nom de *Code international de la nomenclature zoologique* établi en 1958, et qui présente des éditions révisées. Ce code est valable pour le règne animal, et légifère pour le nom des familles, genres et espèces actuelles ou éteintes.

Charles Linné (1707-1778). Médecin et naturaliste suédois. Célèbre par son mode binominal de classification des règnes animal et végétal. Photo Roger-Viollet.

La nomenclature de Linné est dite binominale. Elle consiste à associer à chaque espèce le nom du genre auquel elle appartient. Elle est binominale puisque l'espèce est désignée par deux noms. Le nom de genre est généralement un substantif et le nom d'espèce un adjectif. La langue utilisée est le latin, langage international des scholastiques du Moyen Age. C'est ainsi qu'on parlera d'*Homo sapiens*, d'*Homo erectus* ou d'*Homo ha-*

1. Souligné par M.S.

Augustin, Pyraine de Candolle (1778-1841). Botaniste suisse, auteur de la Théorie élémentaire de la botanique, *il y a créé le terme de taxinomie ou science de la classification. Photo Roger-Viollet.*

bilis, différentes espèces du genre *Homo*.

L'*Homo sapiens* est l'homme actuel. L'*Homo erectus*, c'est par exemple le Pitécanthrope de Java, ou le Sinanthrope de Chou kou tien en Chine. L'*Homo habilis* est l'espèce la plus récemment découverte, c'est aussi la plus ancienne des espèces connues du genre *Homo*.

Du point de vue historique, le système linnéen fut appliqué aux animaux pour la première fois en 1758, dans la dixième édition du *Systema naturae*. De trois cent douze noms de genres utilisés par Linné, on est passé à cinquante mille (Mayr 1969), ce qui est lié, d'une part, au progrès et à l'extension des connaissances du monde animal, et, d'autre part, à une définition plus fine de cette catégorie, le genre.

Classification artificielle et classification naturelle s'opposent. Certains auteurs de la fin du XVIIIe siècle et du début du XIXe considéraient qu'il fallait comparer l'ensemble des caractères pour obtenir une classification naturelle. Par exemple les Quadrupèdes peuvent contenir aussi bien des Mammifères que des Reptiles, ce n'est pas *naturel*. Pour ces auteurs, la classification naturelle est celle qui distinguera au plus près les groupes animaux, qui donc serait un reflet plus exact (mais figé) de la nature actuelle. Ces classifications dites naturelles ne tenaient aucun compte des travaux de Lamarck.

Car Lamarck, lui, appelait classification naturelle celle qui s'appuierait sur la marche de la nature, c'est-à-dire sur les origines et l'évolution de chaque groupe, sur les processus naturels qui apparentaient les groupes entre eux. Il voulait suivre les progrès de la nature. Il fut le premier à avoir appliqué ce que Haeckel appellera beaucoup plus tard la *phylogenèse* dans les classifications. C'est l'objet de la *taxinomie** (terme créé par le botaniste Candolle en 1813) que de rechercher ces liens pour établir une classification phylogénique, donc naturelle dans le sens descriptif et évolutif du terme.

Les Primates

Linné créa donc dans sa classification de 1758 l'ordre des Primates (du latin *primas, atis* : qui est au premier rang) qui était le premier des ordres, contenant les animaux les plus perfectionnés, et aussi

Pan troglodytes paniscus *ou Bonobo. Variété appelée Chimpanzé pygmée ou nain, il vit dans la région de la rive gauche du Congo. Photo Mc Hugh, Jacana.*

Papio anubis doguera. *Sorte de Babouin vivant en Ethiopie. Son ancien nom,* Chaeropithecus doguera, *n'est plus guère utilisé. Photo Varin, Jacana.*

Macaca mulatta *(Zimm). Le plus commun des Cercopithécidés d'Asie, abondant dans le Nord de l'Inde, connu sous le nom de Macaque rhesus. Photo J.-M. Labat, Jacana.*

par conséquent l'Homme, le Primate des Primates, le premier de la liste.

L'ordre fut divisé en quatre genres, *Homo* (l'Homme), *Simia* (les Singes), *Lemur* (les Prosimiens et ce que l'on appelait les Lémurs volants ou Galéopithèques) et le genre *Vespertilio* qui rassemble les Chauves-souris.

Cependant, d'autres classifications furent proposées, peut-être parce que Linné, même en lui faisant la première place, avait situé l'Homme dans une catégorie insuffisamment élevée pour lui et mêlée au monde animal. En tout cas moins élevée que celle qu'il occupait dans l'Échelle des êtres.

Un zoologiste allemand nommé Schreber insista, dans un volumineux ouvrage sur les Mammifères paru en 1775, sur la différence anatomo-fonctionnelle entre les Hommes qui possèdent deux mains et les Singes qui en possèdent quatre. Ce qui permettait de « sortir » l'Homme de l'embarrassant entourage animal dans lequel Linné l'avait plongé, bien innocemment d'ailleurs, car Linné n'avait rien d'un révolutionnaire.

C'est ainsi que Blumenbach, en 1791, sauta sur cette occasion et inventa l'ordre des Bimanes *(Bimanius)* pour l'Homme seul et l'ordre des Quadrumanes *(Quadrumana)* pour tous les autres Primates non humains, excepté les Chauves-souris, bien évidemment.

Blumenbach, naturaliste allemand, fut le premier, dit-on, à faire adopter l'étude de l'Histoire naturelle à l'Université. Il est aussi connu comme un des pionniers de l'Anthropologie. C'est lui qui, dans la distinction des soi-disant races humaines, qualifie la « blanche » de race caucasienne, ou caucasique ; on raconte que c'est son penchant pour une jeune fille originaire du Caucase qui l'amena à considérer cette région comme caractéristique de cette « variété » humaine, et origine de la race blanche.

Le terme de Primates disparut donc des classifications, qu'elles fussent réellement naturelles comme celle de Lamarck, ou non évolutives, purement descriptives, comme celle de Cuvier.

Haeckel, acquis aux conceptions de Lamarck et de Darwin, tenta de réaliser une classification phylogénique et divisa ainsi les Singes en Prosimiens, qui précédaient les Singes dans l'évolution, et en Simiens ou Singes proprement dits.

Lemur catta *L. Lemur menant une vie diurne et en partie terrestre. Vit surtout dans le Sud-Ouest de Madagascar. Encore appelé Makigidro. Photo J.-M. Labbat, Jacana.*

Vespertidio murinus *L. La petite Chauve-souris murine est une espèce européenne. Linné avait classé les Chauve-souris dans l'ordre des Primates. La forme du squelette de la tête des Mégachiroptères ressemble à celle des Lémuriens. Dans leur ensemble les Chauve-souris forment, en réalité, l'ordre des Chiroptères, Mammifères adaptés à la locomotion aérienne. Photo Jacana.*

Classification actuelle

Les classifications classiques des Primates, notamment celle de Simpson de 1945, n'ont pas été bouleversées par les méthodes telles que la cladistique*, ou par l'application à la taxinomie des progrès des examens de laboratoire en médecine et de la biologie moléculaire en général. Certains des changements opérés sous l'influence de la méthode cladistique, par exemple en ce qui concerne les Primates, avaient été proposés dès le début du siècle par les anatomistes.

Cependant cette méthode confirme ou éclaire la phylogenèse. Elle fut mise au point par un entomologue allemand, Willi Hennig de Stuttgart. C'est en 1950 que son livre sur la systématique phylogénétique parut, malheureusement en allemand ! Ce n'est qu'en 1966, après la publication de la traduction de son livre en langue anglaise, *Phylogenetic Systematics*, qu'un engouement formidable s'empara des chercheurs pour cette méthode.

Quelle que soit la méthode il n'est pas question de considérer la classification horizontale, c'est-à-dire celle des formes vivantes, comme un modèle de la phylogenèse. C'est une erreur grave. L'homme ne descend ni du Chimpanzé, ni du Gorille actuels, dont il est plutôt un cousin très proche, ayant probablement un ancêtre commun avec eux.

Prendre comme modèle de primitivité les Grands Singes africains actuels est une erreur. Du point de vue anatomique, ils ont une adaptation différente de celle de l'homme. On appelle leur comportement la brachiation*. Ce sont des quadrupèdes brachiateurs. De même on ne saurait rétablir une échelle des êtres en décrivant, du plus généralisé* à l'Homme, tous les Primates comme des modèles de phases par lesquelles les ancêtres seraient passés. C'est une erreur grave.

Ceci dit, quelle est la place de l'Homme dans ce groupe naturel qui est constitué des Primates, et tout d'abord que sont-ils ?

Définition des Primates

Ce sont des Mammifères, euthériens*, monodelphes* (c'est-à-dire qui ont un utérus à une seule cavité) et placentaires (le fœtus est relié dans l'utérus à la paroi utérine et à la circulation maternelle par le placenta). Ils ont probablement comme ancêtres des Insectivores primitifs.

1. En 1875, dans l'*Encyclopedia Britannica*, Mivart, biologiste anglais en donnait la définition suivante : « Ils possèdent une clavicule et des ongles, les orbites sont encerclées par une paroi osseuse. Ils possèdent trois sortes de dents au moins à un moment de la vie. Le cerveau a toujours un lobe postérieur et une scissure calcarine*. Le doigt le plus interne d'au moins une paire des extrémités est opposable. Le gros orteil avec un ongle plat ou pas d'ongle. Un coecum bien développé. Un pénis pendant. Des testicules contenus dans un scrotum. Toujours deux mamelles pectorales. »

Cette définition est statique, elle cherche à réunir un certain nombre de caractères qui seraient communs à tous les Primates actuels : Lémures, Tarsiens, Singes et Homme.

2. L'anatomie et la physiologie comparées, l'étude paléontologique des formes de ce groupe permettent de déceler des *tendances évolutives* qui les distinguent des autres Mammifères.

Parmi celles-ci, on peut citer :

1. Certains caractères tendent à être conservés au cours de l'évolution des Primates. Notamment au niveau des membres où la pentadactylie (cinq doigts ou cinq orteils correspondant aux cinq rayons des Tétrapodes* primitifs) est considérée comme un caractère généralisé, de même que la présence de la clavicule, qui disparaît dans certains Mammifères.

Par ailleurs on note les tendances suivantes :

2. Une liberté croissante dans la mobilité des cinq rayons, notamment le pouce et le gros orteil *(Hallux)* ;

3. Le remplacement des griffes par des ongles plats et un développement de la sensibilité tactile digitale ;

4. Un progrès dans l'appareil de la vue, avec développement de la vision binoculaire ;

5. Le raccourcissement du museau ;

6. La réduction massive de l'*ensemble olfactif* avec diminution progressive et importante des lobes olfactifs du cerveau ;

7. L'expansion progressive du cortex cérébral, notamment du néo-cortex, télencéphalisation et développement des hémisphères cérébraux. Développement du cervelet ;

8. L'évolution de la forme et du nombre des dents avec conservation d'un schéma simple au niveau de la face triturante des molaires ;

9. Le progrès des processus de la gestation incriminés dans l'amélioration du métabolisme du fœtus, notamment sa nutrition ;

10. La prolongation des périodes de vie post-natales.

Tendances évolutives dans les Primates

De nombreuses tendances évolutives se manifestent dans le groupe des Primates, que révèlent l'étude des os actuels et fossiles et l'observation des formes vivantes. Il ne sera question dans les lignes qui vont suivre que de *quelques-unes de ces tendances évolutives*. La plupart d'entre elles sont considérées comme liées à l'adaptation des Primates à la vie arboricole.

On insistera particulièrement sur les traits squelettiques qui seuls ont un intérêt pour les paléontologues.

Encéphalisation

L'une des plus connues et des plus caractéristiques des tendances évolutives est l'augmentation du volume cérébral appelée parfois encéphalisation.

Chez l'Homme, l'encéphale est la partie du système nerveux central située et contenue dans la boîte crânienne. Utilisé parfois comme synonyme de cerveau, on parle alors improprement de cérébralisation. Caractérisée par l'accroissement de volume et la différenciation morpho-fonctionnelle, elle s'observe dans tous les Vertébrés.

En fait, le cerveau proprement dit n'est qu'une partie de l'encéphale, située chez l'Homme au-dessus du cervelet. Le *cerveau* au sens strict ne comprend que le cerveau intermédiaire ou diencéphale (avec notamment le *thalamus*) et les hémisphères cérébraux ou télencéphale.

L'*encéphale* désigne l'ensemble, c'est-à-dire le cerveau, le cervelet et le tronc cérébral (bulbe, protubérance annulaire et pédoncules cérébraux).

L'*encéphalisation* (c'est-à-dire la tendance à l'augmentation quantitative et qualitative de l'encéphale) n'est donc pas synonyme de *cérébralisation*.

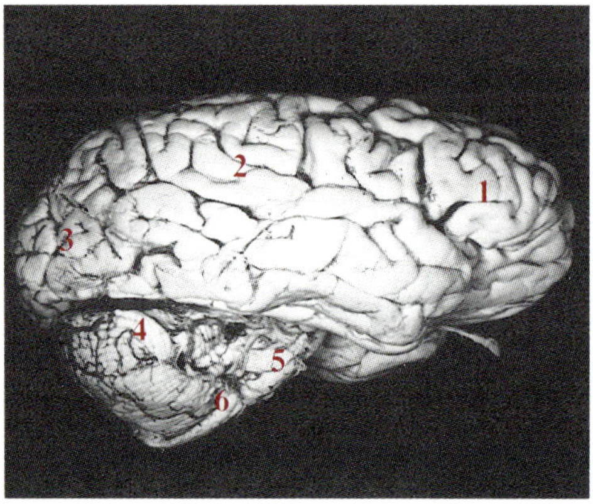

Encéphale humain. Profil droit. (2) vue latérale de l'hémisphère droit du cerveau avec le lobe frontal (1) et le lobe occipital (3). Entre ceux-ci, le lobe pariétal et au-dessous le lobe temporal. La surface du cortex *présente des plis ou circonvolutions séparés par des sillons. (4) cervelet. (5) protubérance annulaire et (6) bulbe rachidien, (5) et (6) forment le tronc cérébral. Photo M. Sakka.*

Télencéphalisation

Les hémisphères cérébraux, du point de vue de l'embryologie comme de celui de l'évolution, sont nés de deux vésicules situées à l'extrémité antérieure de l'encéphale, les dernières à apparaître et les plus éloignées de la moelle, on les appelle *télencéphale*.

Le télencéphale comprend des structures nerveuses très importantes que l'on appelle les *noyaux gris centraux*. A sa surface il est recouvert par la substance grise qui constitue l'écorce cérébrale ou *cortex* ou manteau, dont on connaît l'importance fonctionnelle.

L'accroissement des hémisphères cérébraux en même temps que la régression des voies olfactives est une tendance évolutive importante chez les Primates. Elle a été brillamment démontrée dès 1877 en France par Paul Broca. Le développement des hémisphères cérébraux au cours de l'évolution s'appelle la *télencéphalisation*.

Coupe sagittale d'un cerveau humain. Vue médiale gauche, Photo M. Sakka.

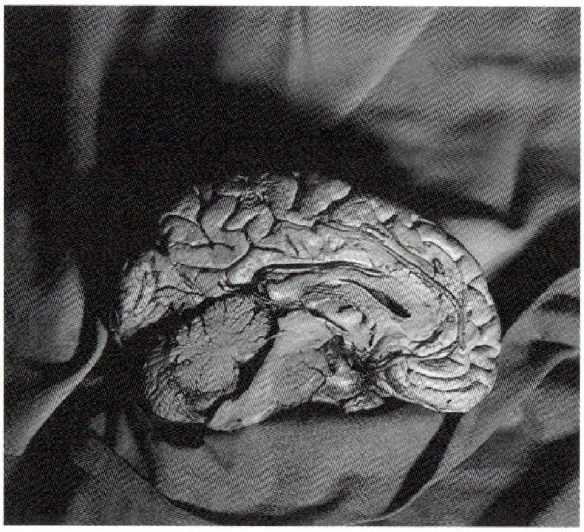

Régression de l'olfaction

Chez tous les Mammifères terrestres, surtout les Carnivores, les lobes olfactifs, qui sont une partie du *grand ensemble limbique*, sont très développés, sauf chez les Primates, chez lesquels on observe un double mouvement : le développement du télencéphale, notamment du cortex, et la régression des voies olfactives avec retrait du museau.

La tendance régressive de l'olfaction est peut-être liée à l'arboricolisme* et au régime, frugivore, folivore ou insectivore. Les Primates sont *microsmatiques* selon l'expression de P. Broca.

La vision

Le développement de la vision et d'un certain mode de vision, lié à l'arboricolisme se traduit par l'orientation progressivement frontale des globes oculaires, et par les épreuves physiologiques (vision des couleurs, perception du relief), de même que par l'augmentation des régions corticales occipitales et pariétales des hémisphères cérébraux. Ces changements adaptatifs sont liés à l'arboricolisme qui développe l'appréciation des distances, l'équilibre et les perceptions tactiles.

L'os se moule sur les organes qu'il recouvre et les modifications squelettiques

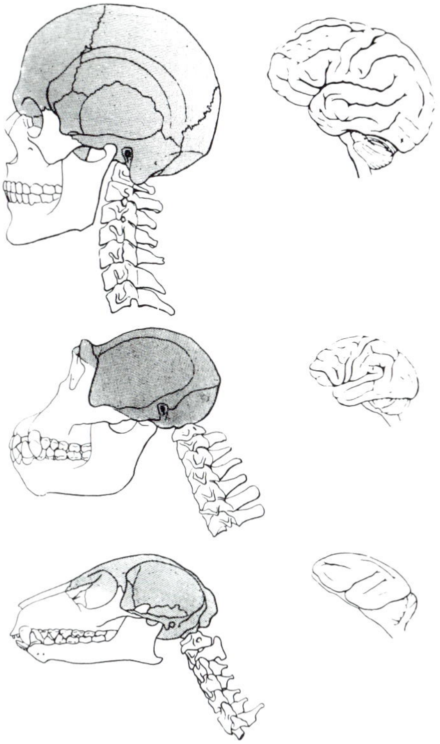

Ci-dessus. Comparaison du squelette crânien et de l'encéphale d'un Homme actuel, d'un Grand Singe et d'un Lémur. Cette illustration, extraite de les Hommes fossiles *de Boule et Vallois (1921), ne représente qu'une série morphologique et non pas phylétique. Elle met en évidence une double tendance évolutive dans les Primates, le retrait du museau avec régression de l'olfaction et une augmentation du volume du cerveau (télencéphalisation). De haut en bas Homme, Grand Singe, Lémur, à gauche le crâne avec en grisé le volume de la boîte crânienne, à droite l'encéphale. Photothèque du Musée de l'Homme.*

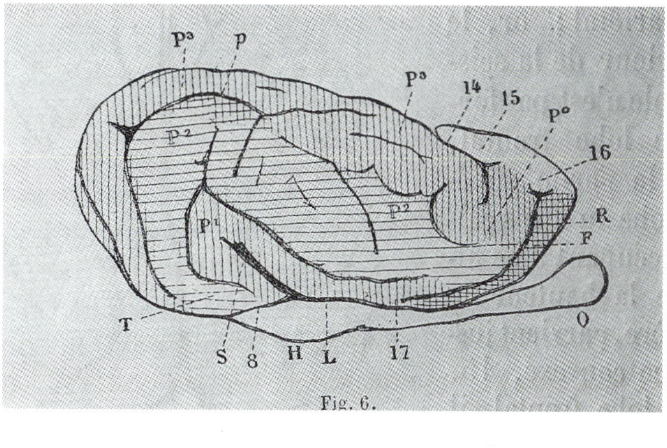

Ci-contre. Dessin par Broca du cerveau de la Loutre. Paul Broca au cours de ses études d'anatomie comparée de l'encéphale, s'est particulièrement intéressé à l'évolution du lobe olfactif. La comparaison des voies olfactives d'un Carnivore comme la Loutre, macrosmatique, avec les Primates microsmatiques montre chez ces derniers, la tendance à la régression de l'olfaction. Dans la Loutre, toute la partie inférieure du cerveau est occupée par les lobes olfactifs. Photo M. Sakka.

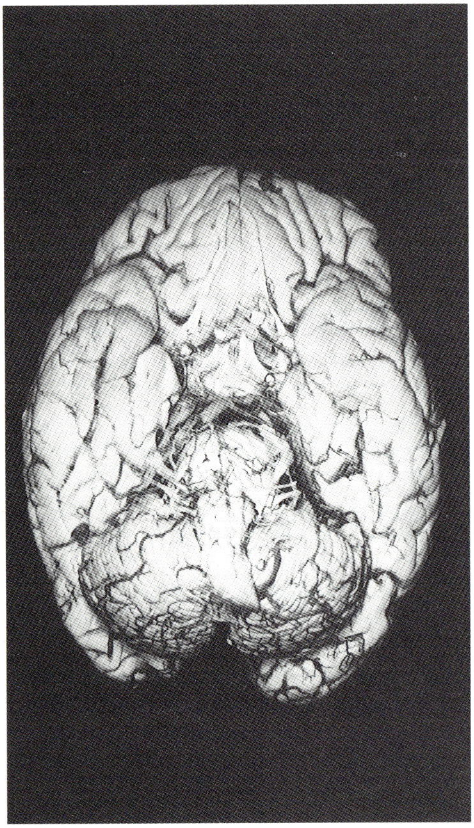

Vue inférieure d'un cerveau humain. Chez l'Homme, la régression du lobe olfactif atteint un maximum. Il faut retourner le cerveau pour apercevoir à la partie antérieure des hémisphères deux fines bandelettes terminées par un bulbe olfactif de très petite taille. (Comparez avec la figure précédente.) Photo M. Sakka.

crânio-faciales des Primates, y compris l'Homme, sont essentiellement liées à cette phylogenèse du cerveau.

Externation crânienne

L'augmentation de poids et de volume de l'encéphale, absolue et relative (par rapport au poids et au volume du corps), modifie la paroi crânienne. L'encéphalisation, puis la télencéphalisation entraînent un mouvement de la paroi crânienne, qui s'observe dans toute la série des Vertébrés au cours de la phylogenèse : l'*externation crânienne*.

Ce n'est pas une théorie, c'est une constatation. La seule discussion sur ce mouvement évident est sa cause. Particulièrement marqué chez les Primates où la télencéphalisation joue un rôle morphogénique important, certains prétendent que chez l'Homme, la télencéphalisation n'est pas une *cause mais une conséquence*.

L'adoption du comportement érigé chez les Hominidés aurait amené une « brisure de la base du crâne » accompagnée d'une rotation vers le bas de l'occipital, ce qui aurait agrandi la capacité crânienne et aurait *permis* (!) au cerveau d'envahir la place laissée libre.

Je suis de ceux qui, au contraire, pensent que l'augmentation du cerveau au cours des temps a repoussé la paroi du crâne qui se moule sur les organes qu'elle recouvre. C'est la théorie cérébrale de la morphogenèse du crâne, qui s'appuie sur l'anatomie comparée, sur l'ontogenèse et sur la biologie de l'os crânien.

Tarsius. *Ce petit Primate, nocturne,* Tarsius, *vit en Malaisie et dans les Philippines. Ses yeux, très grands, sont rapprochés. Photo Mc Hugh, Jacana.*

Le tissu neuro-endocrinien agit sur la croissance des os de la voûte du crâne et sur les sutures crâniennes, qui se fermeraient lorsque le tissu cérébral a complètement terminé sa croissance.

Il est probable que la télencéphalisation, si elle explique l'augmentation de la capacité crânienne chez les Primates, et plus spécialement chez l'Homme, n'est pas le seul facteur responsable de la forme de la tête, c'est le principal.

Retrait du museau

L'observation comparée de la tête des Primates actuels et fossiles permet de mettre en évidence un mouvement facial qui est le retrait du museau. Ce retrait est-il lié à la régression de l'ensemble olfactif ? C'est possible. Il prend son maximum chez l'Homme où la face, sous l'influence du double mouvement, externation crânienne et retrait du mu-

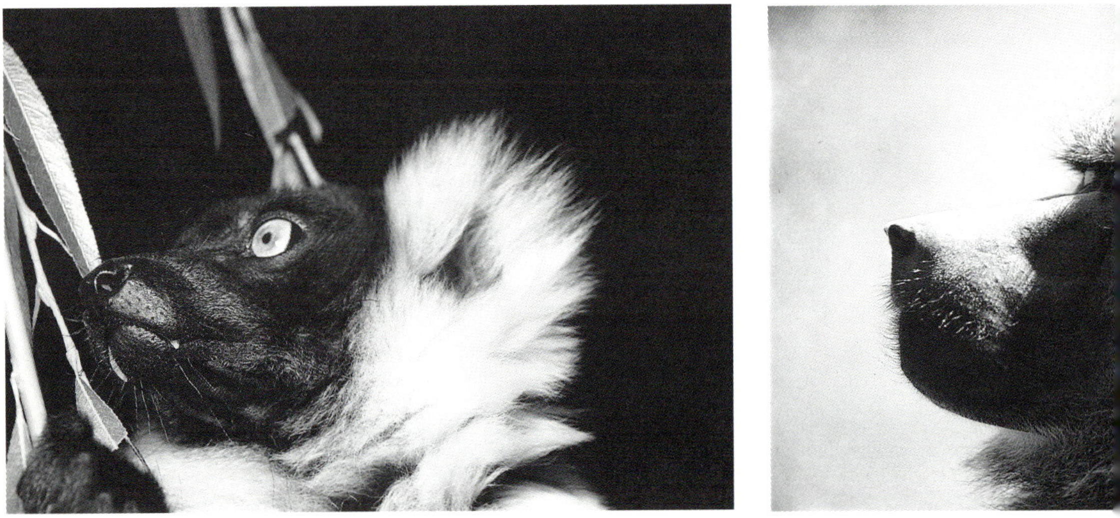

La face d'un Lemur, d'un Babouin et d'un Gorille. La comparaison de la face de ces trois Primates permet d'appréhender la tendance évolutive vers le retrait du museau. Photos J.-P. Varin, Jacana et H. Chaumeton, Jacana.

seau, passe à la face inférieure de la partie antérieure de la base du crâne.

Cependant les modifications anatomiques de l'ensemble masticateur et des dents ont des liens réciproques, des interactions avec l'externation crânienne. L'élargissement de la base du crâne projette en dehors l'articulation entre le crâne et la mâchoire inférieure. La forme de la mandibule en est un témoin. Le retrait du museau et l'externation crânienne tendent à modifier les contours de la mandibule et surtout la forme de l'arcade dentaire. Celle-ci est, très schématiquement, en V chez les Lémurs, en U dans les Grands singes et parabolique chez l'Homme.

Les dents

Les dents sont très souvent retrouvées lors des fouilles préhistoriques, de même que les fragments de mandibule ou de maxillaire. Sans doute résistent-elles mieux aux injures du temps. Elles sont précieuses pour le paléontologue, car elles fournissent, par leur nombre et leurs caractères anatomiques, des informations diagnostiques très importantes pour la phylogenèse. De plus leur aspect serait corrélé avec un type d'alimentation donné, carnivores, ruminants, etc. (ce qui ici encore n'est pas strictement observé), et l'étude de leur usure apporterait des renseignements sur le mode de vie.

Formule dentaire.

La formule et la morphologie dentaires se modifient au cours de l'évolution. La formule du Mammifère placentaire primitif est : 44 dents, à savoir, par demi-mâchoire, 3 incisives, 1 canine, 4 prémolaires et 3 molaires. Cette formule s'écrit : I 3, C 1, P 4, M 3.

Et si l'on veut distinguer la mâchoire supérieure (maxillaire) de la mâchoire

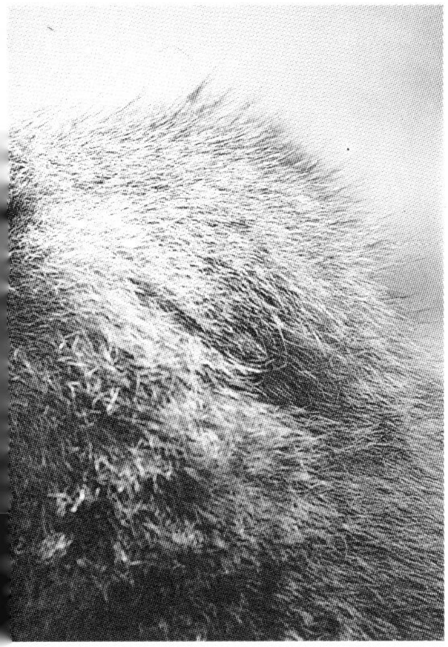

Mandibules de trois Primates et externation crânienne. Vue supérieure. En haut mandibule humaine actuelle, au milieu moulage de la mandibule de A1 288-1 (Lucie), en bas mandibule de Gorille. La forme de l'arcade dentaire, plutôt en V chez Lucie, est en U dans le Gorille et parabolique chez l'Homme actuel. Le retrait de la face et l'externation crânienne qui écarte les deux extrémités postérieures de la mandibule jouent un rôle dans les différences. Photo M. Sakka.

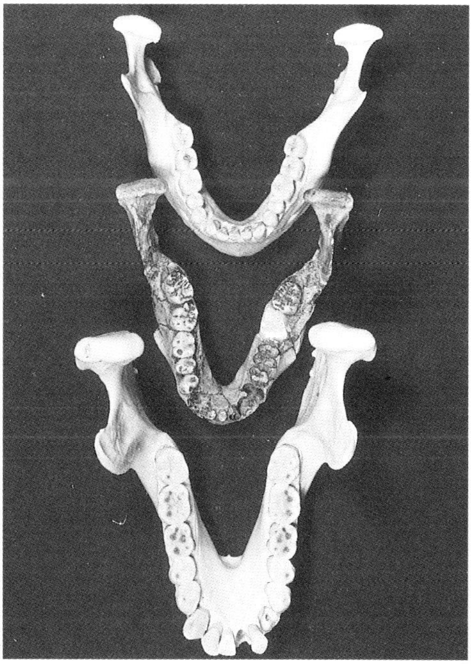

inférieure (mandibule) on écrira $I\,\frac{3}{3}$, $C\,\frac{1}{1}$, $P\,\frac{4}{4}$, $M\,\frac{3}{3}$.

Dans les Primates actuels, il y a une réduction de la formule, une incisive a disparu, la première prémolaire (on compte d'avant en arrière) aussi ; il ne reste que la PM2, la PM3, la PM4.

Parmi le groupe des Simiens, on distingue les Singes du Nouveau Monde ou Platyrhiniens* qui ont I 2, C 1, P 3, M 3 des Singes de l'Ancien Monde ou Catarrhiniens* (le groupe dont l'Homme fait partie) qui ne possèdent que 2 prémolaires (la PM 3 et la PM 4). La formule devient : I 2, C 1, P 2, M 3.

D'autres caractères témoignent de tendances évolutives dans les Primates.

Dans l'ancien groupe des Prosimiens les formules dentaires sont très variables, comme par exemple les Indriidés qui n'ont que deux prémolaires et pas de canine inférieure : I $\frac{2}{2}$, C $\frac{1}{0}$, P $\frac{2}{2}$, M $\frac{3}{3}$ ou surtout le Aye Aye ou *Daubentonia*, qui est très original par plusieurs de ses caractères anatomiques et éthologiques, qui n'a qu'une seule incisive par demi-mâchoire, qui n'a pas de canine et qui n'a qu'une seule prémolaire au maxillaire : I $\frac{1}{1}$, C $\frac{0}{0}$, P $\frac{1}{0}$, M $\frac{3}{3}$

Il faut noter que les tendances évolutives dentaires dans les Primates en général, et les Catarrhiniens en particulier, sont différentes selon les lignées.

Les caractères nouveaux apparaissant au cours de l'évolution sont souvent appelés *spécialisés** par rapport à un état antérieur d'où ils proviennent et que l'on dit *généralisé** (ou primitif dans le sens étymologique du terme, c'est-à-dire plus proche du début, du premier de la lignée évolutive. Le terme primitif n'a rien de péjoratif !). Or, au cours de l'évolution de l'ordre des Primates, par rapport à l'Insectivore primitif qui serait l'ancêtre commun des membres de l'ordre, on observe une disparition de certaines dents, le développement de certaines autres, par exemple les canines qui deviennent volumineuses, l'apparition d'intervalle entre incisives et canines que l'on appelle *diastème**, les différences morphologiques entre les prémolaires selon leur siège, etc. Curieusement, ces caractères spécialisés par rapport à l'état généralisé de l'Insectivore primitif n'existent pas dans la lignée humaine qui, de ce point de vue, présente une denture de type généralisé.

Beaucoup d'autres caractères sur la forme des dents expriment des tendances évolutives au niveau des racines, de la forme de la couronne* et de ses dimensions, des tubercules, des crêtes et des dépressions (bassin ou *fovea*) de la face triturante, de l'articulé dentaire, etc.

Appareil auditif

L'appareil auditif, os et parties molles, se modifie tant au niveau de la forme du pavillon de l'oreille que des structures plus profondes. Pour celles-ci, on note une *série morphologique*, constituée de formes de plus en plus complexes, mais qui n'expriment pas nécessairement une phylogenèse, c'est-à-dire des phases évolutives naturelles descendant les unes des autres.

Chez les Lémures, on constate une bulle tympanique osseuse, cavité osseuse qui fait une saillie arrondie à la face inférieure de la base du crâne. L'anneau tympanique qui porte la membrane tympanale est dans la bulle. Dans les Loris, et les Platyrhiniens, l'anneau tympanique limite l'ouverture externe de la bulle tympanique qui est réduite de volume.

Dans les Catarrhiniens, et aussi les Tarsiers, un conduit auditif externe osseux. Cet allongement de la communication entre la caisse du tympan et l'extérieur peut être lié au mouvement d'externation crânienne, qui refoule la paroi crânienne vers l'extérieur sous la poussée télencéphalique.

L'oreille externe, notamment le pavillon de l'oreille, se modifie, diminuant de taille par rapport à celle de la tête, et devenu de moins en moins mobile. En

Papio papio *Babouin. Bien qu'arboricoles, les Babouins sont aussi des marcheurs quadrupèdes terrestres. Photo Denis-Huot, Jacana.*

Hylobates. *Gibbon. Le Gibbon, arboricole, se sert beaucoup de ses longs membres pectoraux, on le dit hyperbrachiateur. Photo J.-P. Varin.*

1956, Schultz numérise ce mouvement par un indice qui montre que, chez les « Prosimiens », l'oreille est très grande par rapport aux dimensions de la tête, notamment chez le *Tarsius*, *Indri*, *Galago*. Ici encore l'Aye Aye se montre différent des autres avec un indice à 89, donc très élevé.

Ces indices sont beaucoup plus faibles pour les Simiens et parmi les Grands Singes c'est l'Orang-outan qui a les plus petits (indice à 3), indice à 4 dans le Gorille, et 5 chez l'Homme. Le Chimpanzé a de loin les plus grandes oreilles parmi les Grands Singes (indice à 20).

Membres et locomotion

D'autres tendances évolutives se manifestent chez les Primates, que l'on attribue à l'adaptation au milieu forestier. Il en est ainsi de l'évolution des membres.

Les modes de locomotion dans les Primates sont multiples. On y distingue, selon la prédominance d'une fonction locomotrice, des marcheurs, des sauteurs, des grimpeurs, des brachiateurs. Ces derniers usant davantage des membres pectoraux pour la suspension.

Il y a par exemple une grande différence dans la forme et dans la fonction entre les Babouins, marcheurs, et les Gibbons, « hyperbrachiateurs », avec leurs membres pectoraux extrêmement allongés par rapport à la hauteur du corps, et à leurs membres pelviens. Par contre, les Gorilles, surtout les mâles adultes, grimpent moins aux arbres, car leur poids risque de faire casser les branches et une ou deux chutes suffisent à les distraire des joies de l'arboricolisme.

Certains Primates adoptent au sol un comportement érigé transitoire. Les Gorilles, les Chimpanzés, les Gibbons, certains Macaques, par exemple, peuvent non seulement se tenir debout sur leurs pattes de derrière, mais marcher pendant un certain temps. Kortlandt rapporte des cas où le Chimpanzé, les bras chargés de victuailles, ne se sert que de ses membres postérieurs pour marcher.

On a étudié la marche quadrupède des Grands Singes et on a constaté qu'ils s'appuient parfois sur la face dorsale des deuxièmes phalanges de l'extrémité des membres antérieurs. Certains ont voulu « expliquer » la rareté des poils sur le dos de la deuxième phalange des doigts de la main humaine actuelle comme un caractère hérité de cette démarche.

Encore une fois il faut insister sur le fait qu'on ignore l'ancêtre commun aux Hominidés et aux Grands Singes. On montre parfois une série qui représente un Quadrupède, un Grand Singe que l'on qualifie de semi-érigé, et un Homme érigé. Il ne s'agit là que d'une série morphologique, les Grands Singes actuels ne sont pas des ancêtres semi-érigés, mais probablement des parents proches, cousins tout au plus, très bien adaptés à leur milieu, et quadrupèdes lorsqu'ils sont à terre.

Leur attitude en position quadrupède est liée à l'allongement des membres antérieurs par rapport aux membres postérieurs. Ils ne sont pas plus semi-érigés que semi-quadrupèdes ! Quant à la dé-

Hylobates. *Gibbon. Au sol, les Gibbons adoptent volontiers un comportement bipède. Photo Varin-Visage, Jacana.*

marche « phalangienne », il faut bien voir que dans les Chimpanzés, l'extension des doigts, si le poignet est étendu, est impossible. Ils ne peuvent donc pas reposer sur la paume lors de la locomotion quadrupède terrestre.

L'extension de la main, d'ailleurs limitée, entraîne mécaniquement une flexion des doigts. Dans les arbres, en position suspendue, quand l'appui se fait par l'intermédiaire d'un seul des deux membres antérieurs, les doigts agrippés à la branche se fléchissent mécaniquement en forme de crochet, lorsque le balancement amène la main en extension. Ce caractère anatomo-fonctionnel avantageux dans les arbres, rend la marche quadrupède palmigrade difficile (la paume des mains reposant sur le sol).

Au total, l'expression « semi-érigé » évoquant une série fonctionnelle phylogénique me semble devoir être actuellement abandonnée. Le seul bipède permanent marchant allègrement sur ses pattes de derrière, ayant adopté ce que j'appelle le *comportement érigé*, est l'Homme [1].

1. On dit habituellement *station* érigée ce qui nie le mouvement.

Locomotion et évolution musculo-squelettique

Si l'on considère que les Grands Singes africains et l'Homme ont un ancêtre commun, on voit par l'étude du squelette et des muscles que deux mouvements schématiquement opposés se sont produits. Deux voies de spécialisation très différentes ont été suivies par ces deux lignées.

1. L'une, celle des Hominidés, c'est-à-dire des ancêtres les plus lointains de l'Homme actuel, est constituée de l'acquisition d'un comportement érigé, par la pratique de la bipédie, c'est-à-dire par la prédominance locomotrice du bipède postérieur avec spécialisation nouvelle du membre antérieur.

Les membres postérieurs sont puissants et allongés, ils ont une grande taille relative. Les membres antérieurs, libérés de leur activité locomotrice principale, sont devenus aptes aux relations transformatrices de celui-ci (processus social), c'est-à-dire au travail productif.

2. L'autre voie de spécialisation est celle empruntée par les ancêtres des Grands Singes africains. La fonction locomotrice s'est portée principalement sur les membres antérieurs.

Ce qu'attestent la grande taille relative de ces membres et la puissance des muscles du train antérieur. La brachiation est en partie responsable du volume impressionnant des muscles du membre pectoral et des muscles de la nuque.

De gauche à droite. Hylobates. *Gibbon. Les brachiateurs ont une attitude réflexe, en crochet, au niveau de la main. Lorsque le poignet est en extension, les doigts mécaniquement se fléchissent. Cette vue de profil de l'avant-bras et de la main d'un Gibbon montre cette position naturelle. Photo M. Sakka.*

Pongo pygmaeus. *H. Orang-outan. Démarche palmigrade d'un Orang-outan.*

Pan troglodytes. *Chimpanzé. Démarche phalangienne d'un Chimpanzé en quadrupédie. Photo Mérot, Jacana.*

Dissociation relative des processus

Quelles que soient les causes qui ont amené un Hominidé ou son ancêtre à adopter la marche sur les pattes de derrière, cette nouvelle fonction ne pouvait être acquise que si aucune contrainte anatomique ne la rendait impossible.

Il fallait à l'ancêtre une structure anatomique ne *s'opposant pas* à la marche bipède, et les contraintes créées par la bipédie ont probablement siégé au niveau de l'*ensemble morpho-fonctionnel* lombo-pelvien. Il fallait, pour que le comportement érigé soit adopté, une colonne vertébrale souple dans sa portion lombaire, c'est le *rubicon lombaire*.[1]

1. Je me suis inspiré du vieux concept de Rubicon cérébral. C'était la limite de la capacité cérébrale à partir de laquelle on pouvait parler d'Homme. Fixée à 800 cm^3 au minimum, cette notion est abandonnée.

Une fois acquise et seulement après elle, cette transformation fonctionnelle s'est accompagnée de phénomènes adaptatifs morphologiques. En outre, il dut y avoir chevauchement entre la locomotion bipède nouvelle et l'ancienne, probablement arboricole et quadrupède. Autrement dit, les premiers érigés ont dû conserver pendant un temps *à la fois* la faculté nouvelle de marcher debout sur les membres postérieurs et une certaine fonction locomotrice arboricole. Ceci a sans doute été le cas de l'Australopithèque le plus ancien.

La nouvelle fonction n'imprime pas immédiatement son sceau sur les structures anatomiques. J'ai appelé cet important phénomène « Loi de dissociation relative des processus de la forme et des processus de la fonction au cours de l'évolution » (1977).

Un organisme, en général, n'utilise pas toutes ses possibilités et a un potentiel relativement important qui lui permet de se modifier et de changer en fonction des circonstances. Ce qui permet l'évolution.

Si une nouvelle fonction s'installe au sein d'une espèce animale donnée, il est bien évident que les structures anatomiques ne se modifient pas instantanément. Si l'on traduit par une courbe les processus fonctionnels et par une autre les processus de la forme, la courbe de la fonction s'éloigne de la courbe de la forme lorsqu'une nouvelle fonction s'installe, puis la courbe de la forme se rapproche de celle de la fonction. L'intervalle entre les deux courbes représente *l'adaptation**. Cette relative dissociation des processus liés au cours de l'Évolution, comme je l'ai écrit il y a bien longtemps, s'applique aussi à l'évolution humaine (forme) par rapport à l'évolution socioculturelle (fonction).

Si tant est que *Homo erectus* ou *Homo sapiens* soient des espèces différentes au sens biologique du terme, mais même s'il s'agit, comme l'on dit, d'un *continuum*, il n'y a aucune raison de penser qu'un type de culture (par exemple le Moustérien) soit lié à une allure anatomique (par exemple le Néandertal). Il s'agit d'une loi tendancielle qui dépasse nettement le cadre morpho-fonctionnel habituellement connu des paléontologues. Elle doit inciter à la prudence dans l'interprétation en termes d'anatomie fonctionnelle des ensembles anatomiques fossiles (Sakka 1977, 1983, 1987).

Il est clair que les processus anatomiques et les processus socio-culturels sont liés ; ils forment un ensemble propre à l'homme et qui, dans une certaine mesure, le définit. Cependant, dès 1973, je crois, en publiant le concept d'*ensembles anatomiques*, la théorie biorhéologique de l'évolution crânienne et l'évolution par phases, j'avais remarqué qu'au sein d'un ensemble anatomique donné, il existe une relative indépendance d'évolution des éléments qui le composent.

La main

Chez les Primates, on observe au niveau des membres des caractères que l'on identifie, par l'étude de l'anatomie comparée et de la paléontologie, comme *pri-*

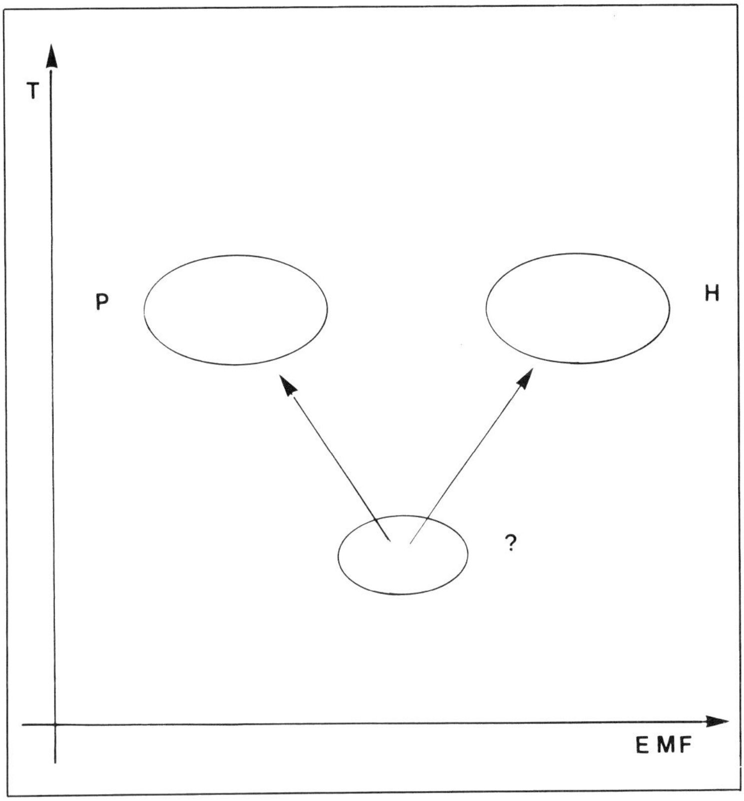

Phylogenèse des Hommes et des Grands Singes africains. Graphe M. Sakka.
T, temps ; EMF, ensemble morphogénique fondamental. La population humaine : H ne descend pas d'une population de Grands Singes africains actuels P, Panidés, mais d'une population ancestrale commune ayant donné naissance aux actuelles.

mitifs. Il s'agit par exemple de la présence d'une clavicule, de deux os au niveau de la jambe et de l'avant-bras. Le squelette des membres est appelé squelette *appendiculaire* par opposition au squelette dit *axial*. On distingue également la nageoire, ou *pterygium*, du membre pentadactyle (c'est-à-dire à cinq doigts) ou membre chiridien, ou encore *chiridium*, caractéristique des Vertébrés tétrapodes ou Vertébrés supérieurs terrestres. L'extrémité du membre ou *autopode* présente sept rayons primitfs dont cinq persisteront dans de nombreux Mammifères et Primates.

L'*Ichthyostega*, cet Amphibien retrouvé dans des couches datant du Dévonien supérieur (— 400 MA) au Groenland oriental, était déjà doté de membres trapus munis de cinq doigts bien formés et puissants. Véritable poisson à quatre pattes, c'est un des acteurs de la « sortie des eaux ».

La possession d'une main est considérée comme un des caractères diagnostiques de l'ordre des Primates. Simplement, pas plus qu'on ne trouve facilement de définition du mot *Singe*, on ne trouve de définition satisfaisante du mot *main*. Preuve en est que Blumenbach avait remplacé le terme de Primates par ceux de Bimanes et de Quadrumanes pour éviter à l'Homme la compagnie des Singes dans la classification zoologique.

Si la définition de la main était : cinq rayons (doigts + métacarpiens) et une première commissure interdigitale séparant un doigt qui est situé en dehors lorsque la paume est dirigée en avant, et une préhension possible qui *oppose* ce doigt aux autres, les Primates non humains pourraient être considérés en effet comme des quadrumanes.

En fait des différences anatomiques et fonctionnelles importantes séparent le pied de la main. Au niveau du tarse postérieur, il existe un véritable talon. L'astragale et le calcaneum ont un aspect très différent des os du carpe, dans leur forme, leur position et leur fonction. Le terme de Quadrumane ne me semble pas convenir, malgré l'existence d'une fonction de préhension au niveau du pied des Primates.

L'anatomie humaine sert dans de nombreux cas de référence. C'est-à-dire que l'on part de l'homme actuel pour s'étendre vers les animaux actuels ou remonter dans le temps, donc à contre-courant de l'évolution. Par exemple, le deuxième doigt de la main ne pourrait s'appeler index, alors qu'aucun Primate n'est capable d'*indiquer* avec ce doigt une direction.

La main humaine

Si l'on pratique de même, la main peut être caractérisée par le fait qu'elle siège à l'extrémité distale du membre supérieur ou pectoral, qui est le membre antérieur dans les Quadrupèdes, alors que l'extrémité du membre inférieur ou pelvien se nomme le pied.

La main humaine serait donc caractérisée par son siège et par ce que l'on appelle sa « libération ». Ce qui signifie qu'elle a été *libérée* de ses fonctions locomotrices classiquement par l'acquisition du comportement érigé. Peut-être est-ce la production des moyens de subsistance, qui a libéré la main, et conduit à la permanence du comportement érigé ? La main humaine actuelle a des dimensions relatives caractéristiques, et une place à part est toujours faite au pouce par sa taille, sa position, sa direction, ses dispositifs neuro-musculaires, et sa fonction d'opposition aux autres doigts.

Le rôle qu'a joué la main dans l'anthropogenèse, l'interaction main-cerveau, est attesté par les projections motrices et sensorielles sur le cortex cérébral de part et d'autre de la scissure centrale, ou scissure de Rolando (voir p. 55-56). Dans ces projections, les Singes diffèrent énormément de l'Homme. Le Chimpanzé, par exemple, possède une représentation plus ou moins proportionnelle à la taille des parties du corps représentées.

On peut dire que le *rôle décisif de la main et du langage* (témoin de fonctions socio-culturelles) *dans l'anthropogenèse et l'hominisation sont inscrits sur l'écorce cérébrale humaine*. La différenciation du pouce au cours de l'anthropogenèse est aussi attestée par ses dispositifs neuro-musculaires. La vascularisation des doigts, que j'ai particulièrement étudiée chez l'Homme et les Grands Singes, rend aussi compte de l'activité musculaire, par son développement plus important chez l'Homme que chez les Grands Singes.

Les proportions relatives des différentes phalanges qui composent le squelette de chaque doigt, sont très différentes de celles des Grands Singes. Chez l'Homme, la présence d'ongles plats, la taille relativement grande des dernières phalanges et de la pulpe jouent un rôle dans la sensibilité tactile.

Un certain nombre de caractères, communs à tous les hommes, rendent donc la main humaine actuelle différente de celle de tous les autres Primates. Néanmoins, malgré cette spécificité, on considère habituellement que la main (antérieure) est une caractéristique anatomo-fonctionnelle de l'ordre des Primates dans son ensemble.

La main de Singe

La « main » des Primates non humains est extrêmement variable dans sa forme selon les espèces. Elle présente des caractères diagnostiques, tels que la présence d'ongles plats à au moins un doigt. On pense que ces ongles plats jouent un rôle mécanique dans le sens tactile.

Ceci est important car, au cours de leur vie arboricole, les Primates n'ont pas de griffes capables de s'implanter dans l'écorce ou le bois des arbres. Ce sont les doigts fléchis qui s'enroulent autour des branches et le pouce agit souvent alors comme les mâchoires d'une pince.

D'autres tendances évolutives se manifestent chez les Primates. L'adaptation au milieu arboricole développe une bonne coordination sensorielle, sensitive et motrice, un accroissement non seulement quantitatif mais aussi qualitatif du système nerveux central, des systèmes de relation, conscient et inconscient.

La dépendance néo-natale et infantile est plus importante, elle est liée à la prolongation de la maturation neurobiologique pré et post-natale. La phase post-natale est décisive chez l'Homme, car c'est au cours de cette phase, allant jusqu'à cinq ans, que se réalisent les principaux processus de l'apprentissage locomoteur, culturel et social. Ici aussi s'observe le rôle de l'environnement social dans l'avenir du petit d'homme, de l'individu. Tout cela, impliquant des besoins métaboliques particuliers, retentit sur l'ensemble de l'organisme et sur le comportement. Ces processus, lors de l'anthropogenèse, développent un système sensoriel de communication entre l'organisme et son environnement, base de la connaissance, et préparent l'avènement de la conscience réfléchie chez l'Homme.

Le système sensoriel continue d'ailleurs de notre temps, et quels que soient les progrès techniques, à constituer la base de la connaissance scientifique.

Éléments d'une classification sommaire des Primates

Les immenses progrès des connaissances biologiques amènent à rediscuter certaines notions qui sont à la base d'une conception évolutive du monde.

Récemment, mon ami Jan Tattersall, anthropologue, professeur au Museum de New York, posait la question de la caractérisation de l'espèce, et du degré de nos connaissances actuelles sur la spéciation. La définition de l'espèce, que j'ai donnée ci-dessus (p. 87) coïncide dans sa conception avec celle de Tattersall. C'est important puisqu'il s'agit de l'unité de base du processus naturel de l'Évolution.

Le mécanisme de l'apparition de nouvelles espèces à partir d'une espèce ancestrale n'est pas clair. Il est souvent associé à la question de l'isolement reproductif et de ses conditions d'apparition.

La classification proposée ici est inspirée des travaux sur la phylogenèse des Primates élaborés par le paléontologue français, Robert Hoffstetter. Ce chercheur associe dans sa recherche taxinomique les caractères morphologiques et paléontologiques, d'une part, et, d'autre part, les données de la biologie contemporaine dite évolutive, immunologie, séquences d'acides aminés et de nucléotides, caryologie, etc., celles de la paléogéographie, de l'écologie, de la physiologie, etc.

La tectonique* des plaques et la paléoclimatologie sont à même, avec l'étude des pollens ou *palynologie*, de reconstruire l'histoire du milieu dans lequel vivaient les Primates ancestraux et d'expliquer des différenciations géographiques, des passages d'un continent à l'autre, l'influence du milieu environnant sur la spéciation.

Dans sa recherche, R. Hoffstetter applique la méthode cladistique, qui est basée, pour diagnostiquer des lignées, des groupes naturels apparentés et les relations ascendants-descendants, sur le partage récent de caractères apomorphes*, c'est-à-dire nouvellement apparus au cours de l'évolution.

Etienne Geoffroy Saint-Hilaire (1772-1844). Agé de 21 ans, il fut nommé professeur de zoologie au Muséum d'Histoire naturelle lors de sa création en 1793. On lui doit la ménagerie du Jardin des Plantes et surtout, sur le plan théorique, la fondation du principe de l'homologie *des structures anatomiques sur lequel furent ensuite bâties les classifications basées sur l'évolutionnisme. En août 1830, Goethe dit à son secrétaire Eckermann : « Eh bien que pensez-vous de ce grand événement ? Le volcan est entré en éruption. Tout est en flamme ! » Eckermann pense qu'il s'agit des Trois Glorieuses, des journées de 1830. Pas du tout, Goethe fait allusion au débat qui vient d'éclater à l'Académie des Sciences entre E. Geoffroy Saint-Hilaire, l'évolutionniste, et G. Cuvier, le fixiste... Photo Roger-Viollet.*

La cladistique

Delson, de New York, a utilisé le terme de cladogenèse pour exprimer la tentative de déterminer parmi trois taxons* connus, quels sont ceux qui sont rapprochés l'un de l'autre (par une récente ancestrialité commune) et plus que chacun d'entre eux ne l'est d'un troisième. Par exemple, l'ancestrialité commune et récente du Chimpanzé et de l'Homme les rapproche davantage l'un de l'autre qu'ils ne le sont chacun de l'Orang-outan. La « distance » qui les sépare est plus petite que celle qui existe entre chacun d'eux et l'Orang-outan. Ceci implique que l'on évalue les caractères morphologiques de chacun des trois taxons en présence.

Dans cette évaluation, on peut très schématiquement considérer trois ordres de méthodes. Celle des *phénéticiens* qui comparent de nombreux caractères entre eux et qui concluent sur le plus grand nombre de caractères en commun ; celle des *systématiciens évolutionnistes* qui, pour les diagnostics de parenté, incluent aussi bien des caractères primitifs que les caractères avancés* ; celle des *cladistes* enfin, ou *phylogénéticiens*.

J'ai déjà cité Henning ci-dessus (p. 92). Cet entomologiste allemand, promoteur de la méthode, s'appuie sur des notions connues de caractères primitifs ou avancés. Les caractères *plésiomorphes** sont des caractères anciennement apparus dans une lignée, on dit encore caractères primitifs ou généralisés. Les caractères *apomorphes* sont des caractères nouveaux, on dit encore avancés ou spécialisés (la « spécialisation » s'oppose à la généralisation).

Le diagnostic d'un caractère exige donc que l'on connaisse le *sens* de son évolution. Il faut aussi que l'on distingue les caractères *homologues* des évolutions convergentes ou parallèles. Ce concept d'homologie* est né des recherches novatrices d'Étienne Geoffroy Saint-Hilaire (du Muséum d'histoire naturelle) dont les travaux qui impliquaient l'évolution l'opposèrent bien évidemment à Georges Cuvier, notamment en un débat sans merci à l'Académie des Sciences en 1830 à Paris. [1]

1. Un de mes élèves le docteur Fessy, de Lyon, a rédigé son mémoire de DEA sur ce thème, à ma demande...

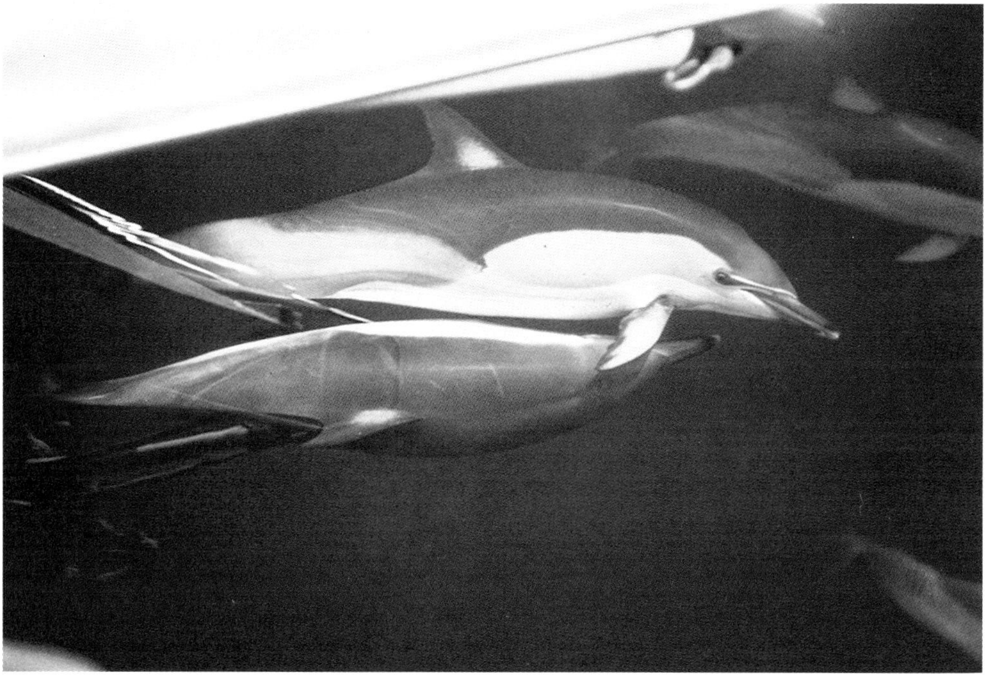

La forme du Dauphin rappelle celle du Poisson, mais il s'agit d'une convergence liée à l'adaptation de ce Mammifère marin à son retour à la vie aquatique. Photo V. Simplot, Jacana et B. Josedupont, Jacana.

Étienne Geoffroy Saint-Hilaire utilisait le nom d'analogues pour qualifier ces caractères. Le terme d'homologie fut utilisé plus tard, mais le concept fondamental d'homologie sur lequel est basé toute la systématique a été décrit et âprement défendu par E. Geoffroy Saint-Hilaire.

Un caractère homologue au cours de l'évolution peut changer de fonction et même de forme, ce qui compte c'est son *origine commune* (au fond E. Geoffroy Saint-Hilaire est un précurseur de la cladistique !). Par exemple, les deux osselets de l'oreille moyenne, le *malleus* ou marteau et l'*incus* ou enclume sont homologues de deux os qui composent l'articulation entre le crâne et la mâchoire inférieure (articulation crânio-mandibulaire) des Reptiles... (voir ci-dessus, p. 63).

L'analogie est une ressemblance sans valeur phylogénique. Par exemple la forme du corps des Mammifères aquatiques, tels que le dauphin, est une *convergence** par rapport aux Poissons. Lorsque les deux lignées sont très proches l'une de l'autre, et acquièrent une morphologie qui se ressemble, on parle de *parallélisme**. L'une et l'autre sont probablement liées à une adaptation commune mais non à une *origine* commune récente.

En cladistique on ne tient compte, pour la recherche des parentés, pour le diagnostic de groupes monophylétiques*, que des caractères apomorphes. Seul, pour les cladistes, compte le partage de caractères nouveaux par les taxons en présence, ce qu'on appelle la *synapomorphie**. Le partage de caractères primitifs ou *symplesiomorphie** ne compte pas.

La constatation d'un seul caractère nouveau, apomorphe, peut suffire pour exclure un taxon qui le possède de la position d'ancêtre (un taxon seul à posséder un caractère avancé : autapomorphie*). Le seul inconvénient de la méthode, à mon sens, c'est que dans la recherche de groupes réellement et directement apparentés, groupes frères qui ont un ancêtre commun et qu'on appelle *monophylétiques*, on avance par dichotomies* successives. Les groupes qui ont acquis, par une évolution parallèle ou convergente, une ressemblance de caractère nouveau sont des groupes *polyphylétiques* et donc sans valeur pour reconstruire l'arbre phylogénique.

Le résultat de la méthode cladistique est figuré sous la forme d'un ou de plusieurs graphes : les *cladogrammes* qui schématisent les hypothèses de rapport de parenté. La recherche de l'état du ou des caractères, apomorphe ou plésiomorphe, nécessite la connaissance du *sens* de l'évolution pour le ou les caractères donnés, ce qui n'est pas toujours simple.

Il faut insister sur le fait que la méthode indique des liens phylétiques mais que le cladogramme n'est pas un arbre généalogique.

Irréversibilité de l'évolution

La recherche, en paléontologie, des liens ancêtres-descendants est basée sur une loi dite de l'Irréversibilité* de l'évolution de Dollo. Un fossile « engagé » dans une voie spécialisée ne peut être l'ancêtre d'un fossile parent mais généralisé. Ces caractères trop engagés, trop spécialisés, peuvent être osseux ou dentaires. Une telle conception a fait exclure l'Oréopithèque de l'ascendance humaine. Ce n'est pas ici le lieu de discuter de cette loi. Cependant si l'on considère une évolution en spirale, avec des retours, mais pas au même niveau, si l'on tient compte du principe de la « relative indépendance d'évolution de certains éléments au sein d'un ensemble qu'ils composent » (Sakka, 1974, 1983, 1985), peut-être peut-on ne pas appliquer trop dogmatiquement l'énoncé de Dollo.

Les méthodes biochimiques ont amené à reconsidérer les classifications primatologiques, mais sans les bouleverser. Elles ont permis, en comparant les données de toutes les disciplines intéressées, soit de

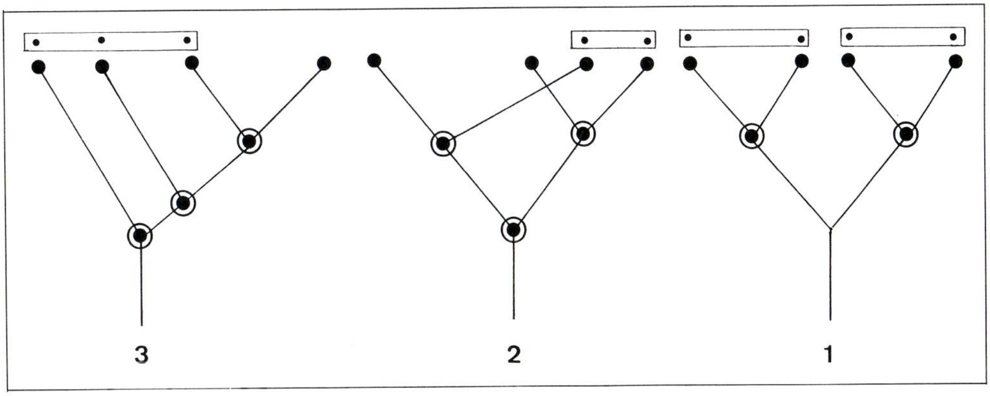

Différents modes de liens de parenté entre quatre groupes animaux actuels présentant des ressemblances. (M. Sakka d'après Hennig.)
1. Chacun des groupes encadrés a un ancêtre commun récent, attesté par la possession en commun de caractères nouvellement apparus : synapomorphie. *Dans chacun de ces deux groupes encadrés, les constituants appartiennent à une même lignée, ils forment un groupe monophylétique. Ils seront donc classés dans la même catégorie famille ou genre par exemple.*
2. Les deux groupes animaux à droite (encadrés) ont une ressemblance mais pas une ancestrialité commune récente. C'est une convergence. Ils constituent un groupe polyphylétique.
3. Les trois groupes de gauche se ressemblent parce qu'ils ont en commun des caractères primitifs : symplesiomorphie, mais ils n'ont pas d'ancêtres communs. Ils forment tous les trois un groupe paraphylétique.

confirmer les résultats obtenus par l'anatomie, soit de ressusciter d'anciennes hypothèses. Cependant bien des incertitudes subsistent.

Les Primates

On s'accorde à considérer le groupe des Primates comme un groupe naturel*, c'est-à-dire monophylétique. L'origine des Primates pour pouvoir, comme on dit, *caler* le cladograme est fixée à — 70 MA. Les cladogrammes obtenus par les méthodes biochimiques indiquent des distances entre les différents taxons mais n'indiquent pas d'âge absolu. Il faut donc fixer une date de départ qui est fournie par la paléontologie. Je ne donne dans ce chapitre que des indications systématiques sur les espèces ou les genres contemporains.

Ernst Haeckel distinguait deux groupes parmi les Primates : les Prosimiens et les Simiens. Actuellement, le groupe classique des Prosiminiens n'apparaît pas comme un groupe naturel. Les Primates se seraient divisés en deux lignées, les *Strepsirhini** et les *Haplorhini** qui apparaissent comme deux groupes frères, donc issus d'un taxon-ancêtre commun. Cette dichotomie se situerait à la limite du Tertiaire et du Crétacé, c'est-à-dire à — 65 MA (début du Paléocène).

Ainsi donc le groupe des Prosimiens est démembré, car les Tarsiers, qui appartenaient aux Prosimiens, forment avec les Simiens le sous-ordre des Haplorhiniens. Par contre, les autres Prosimiens restent réunis dans le sous-ordre des Strepsirhiniens. Ici les méthodes biochimiques réha-

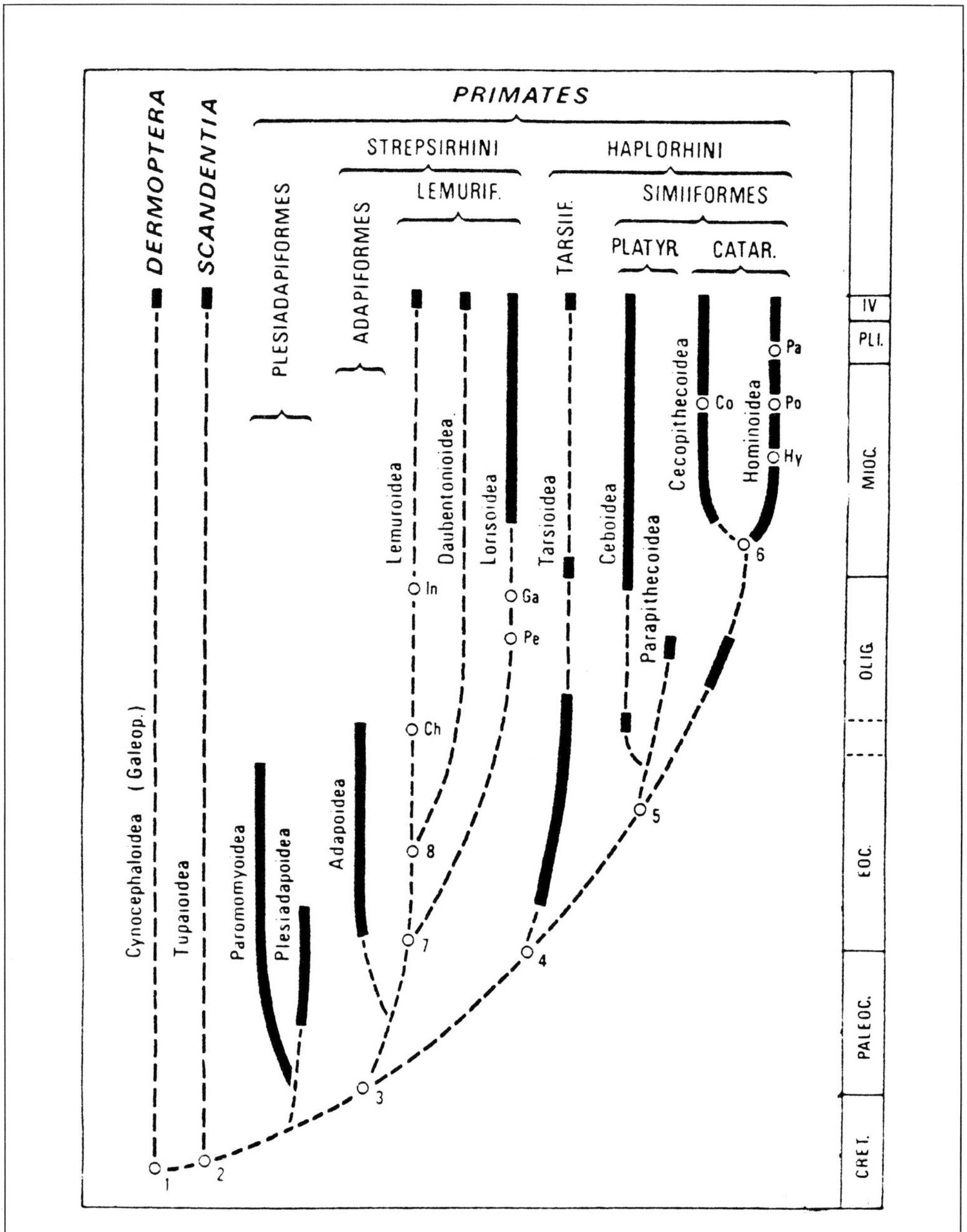

Phylogenèse des Primates (d'après R. Hoffstetter, 1977, in Bull. et Mém. Soc. Anthrop., Paris*). Le superordre des Archontes est composé des Galéopithèques, puis des Toupayes et ensuite à — 70 MA apparaît l'ordre des Primates. Ceux-ci donnent naissance à deux lignées, les Strepsirhiniens et les Haplorhiniens au début du Paléocène (— 65 MA).*

Tupaia. *L'ordre des Scandentia (Toupayes) et l'ordre des Dermoptera (Galeopithèques) forment, avec l'ordre des Primates, le superordre des Archontes. Toupaye, d'Asie méridionale, est un Insectivore arboricole de la taille d'un écureuil. Il possède au niveau du museau un* rhinarium *caractéristique. Photo Y. Lanceau, Jacana.*

bilitent une division que l'étude morphologique avait réalisée il y a fort longtemps, au début du XIXe siècle (Étienne Geoffroy Saint-Hilaire 1812).

Strepsirhiniens

Les Strepsirhiniens tirent leur nom de l'aspect de leurs organes olfactifs, notamment de la présence d'un *rhinarium* de type mammalien primitif, caractérisé par une peau humide, lisse, glandulaire et dénuée de poils, entourant les narines : « la truffe des chiens », par des vibrisses ou poils sensitifs, et par une structure particulière de la lèvre supérieure. D'autres caractères au niveau des membranes fœtales, de la placentation les distinguent aussi des Haplorhiniens. Ils sont tous nocturnes, ou secondairement diurnes pour quelques-uns. Curieusement, dans ces derniers, l'œil présente un caractère particulier qui est propre à la vision nocturne et qui, par sa présence, atteste l'origine primitivement nocturne de ces Strepsirhiniens.

Outre des formes fossiles, rangées dans l'infra-ordre des Adapiformes, les formes vivantes constituent l'infra-ordre des Lemuriformes.

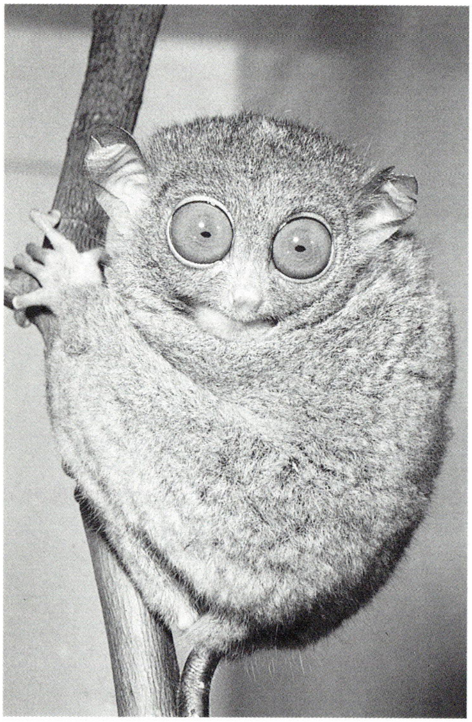

Ci-dessus. Lemur mongoz *L. le Maki mongoz est très répandu à Madagascar. Il vit en bandes. Arboricole, il se nourrit de fruits. Son museau pointu rappelle celui des chiens. Il possède un* rhinarium. *C'est un Strepsirhinien. Photo Varin-Visage, Jacana.*

A gauche, Tarsius. *Les Tarsius possèdent des caractères primitifs qui les avaient placés à la base des Primates. Par d'autres traits, ils se distinguent des Primates primitifs, notamment par l'absence de* rhinarium *qui fait de leur groupe un Haplorhinien. Photo Varin-Visage, Jacana.*

Il faut souligner que le cladogramme fournit des hypothèses phylogéniques mais non pas un arbre généalogique. Il ne tient pas compte de la chronologie.

Les Haplorhiniens

Dès la fin du XIXe siècle (Gadow 1898, et avant lui Hübrecht) et le début du XXe (Pocock 1918), une distinction fut faite entre les Lemurs et les Tarsiers, sur la base de plusieurs caractères dont la structure de la lèvre supérieure et du nez, notamment l'absence de *rhinarium* chez les Tarsiers.

Le museau et notamment le *rhinarium* des Lémurs rappellent la disposition mammalienne de type primitif alors que le museau de *Tarsius* est semblable à celui des Primates, de type spécialisé. Et Pocock propose le terme d'*Haplorhini* (Haplorhiniens), pour les Tarsiers et les Simiens. En fait *Tarsius* possède une mosaïque de caractères dont certains faisaient de lui le plus primitif des Primates, et qui expliquent les difficultés de sa position en systématique. Petit animal aux grands yeux, tête courte, oreilles arrondies, aux membres grêles terminés par cinq doigts munis de disques élargis. Arboricole observé aux Philippines et en Malaisie, il serait *secondairement* nocturne. Ce caractère est attesté par les modifications rétiniennes. L'œil, en effet, a perdu ses cellules en cônes, mais conserve une *fovea centralis* qui est un caractère de vision diurne.

Une remarque générale : si l'on rapproche cette adaptation de celle que l'on observe chez les Strepsirhiniens secondairement diurnes, il y a là des mécanismes adaptatifs qui, de même que l'aspect de l'appareil de la vision, dans les Poissons des grandes profondeurs ou dans les animaux cavernicoles, pourraient faire penser à l'hérédité des caractères acquis, si les grands progrès de la génétique des populations n'étaient pas là pour donner une explication plus sécurisante et plus scientifique. Les liens entre le milieu et l'adaptation sont réels mais les mécanismes profonds des changements morpho-fonctionnels dus aux changement du milieu ne sont pas encore élucidés. On avait parlé, un moment, de l'héritabilité cytoplasmique...

Les Haplorhiniens s'étant différenciés en deux infra-ordres, les Tarsiiformes constituant l'un d'entre eux, l'autre est fait des Simiiformes, qui se seraient différenciés en Afrique.

Saimiri sciureus. *Le Singe écureuil, commun sur les deux rives de l'Amazone, en Guyane et en Colombie. C'est un Platyrhinien. Photo Axel, Jacana.*

Les Simiiformes

Les Simiiformes ont comme synonymes les *Simii* de Haeckel, les *Anthropoidea* de Mivart (1864) et Romer (1949), ou encore les *Pithecoidea* de Pocock (1918). Ce sont les Singes *stricto sensu*.

On a vu que dans les classifications actuelles, ou tout au moins dans certaines d'entre elles, les Prosimiens disparaissent en tant que catégorie systématique. Il en est de même pour les Simiiformes. Certains chercheurs, tels Szalay et Delson, différencient en trois infra-ordres les Haplorhiniens : les Tarsiiformes, les Platyrhiniens et les Catarrhiniens.

1. Les Platyrhiniens sont les Singes du Nouveau-Monde, ou Singes d'Amérique. Ils ont une formule dentaire en général de type $I\,\frac{2}{2}\,C\,\frac{1}{1}\,P\,\frac{3}{3}\,M\,\frac{3}{3}$, soit trente-six dents (sauf les Callithricidés à trente-deux dents). On considère que, par rapport aux formes primitives qui auraient quatre prémolaires, c'est la perte de la première (PM1) qui réduirait à trois leur nombre dans les Platyrhiniens. La PM2 (l'infé-

Le Callitriche. Cercopithèque africain, Cercopithecus aethiops sabaeus *L. Son squelette servit à Blainville, du Museum, pour sa description du squelette des Primates. Gratiolet, élève de Blainville, se servit du cerveau du Callitriche pour décrire, à la suite de Leuret, le cerveau des Primates non humains et de l'Homme. Photo Denis-Huot, Jacana.*

rieure) « sert » d'« aiguisoir » à la canine supérieure. Elle présente une facette antéro-externe. En fait, la facette est une trace d'usure liée à l'articulé dentaire, et à un espace où s'insinue la canine supérieure, entre l'inférieure et la PM. Il n'y a, bien entendu, aucune finalité.

Autre caractère des Platyrhiniens, ils ont un conduit auditif externe cartilagineux. Ils tirent leur nom de la forme de leur nez, ils ont un cartilage de la cloison large, et les orifices narinaires distants l'un de l'autre regardent en dehors. La queue se voit dans toutes les espèces, elle est souvent préhensile et parfois munie de corpuscules tactiles. Pas de callosités fessières.

2. Les Catarrhiniens sont les Singes de l'Ancien Monde. Ils se distinguent des précédents par plusieurs caractères parmi lesquels la forme de leur nez. Ils ont une mince cloison nasale cartilagineuse, si bien que les orifices narinaires sont rapprochés l'un de l'autre. De plus ceux-ci s'ouvrent directement en bas.

Ils ont tous trente-deux dents par « disparition » de la PM2, la formule dentaire étant $I\,\frac{2}{2}\,C\,\frac{1}{1}\,P\,\frac{2}{2}\,M\,\frac{3}{3}$.

La facette d'usure de la PM3 (inférieure) par la canine supérieure C est aussi située sur la face antéro-externe de la dent. Ils possèdent un conduit auditif externe *osseux*. La queue, présente dans plusieurs epèces, n'est jamais préhensile. Elle est parfois courte. Elle est absente dans les *Hominoidea*. Les doigts sont généralement au nombre de cinq, bien que le pouce soit absent dans certaines espèces. Ongles plats convexes : en tuile. Il existe en outre des différences dans la placentation.

Pour Robert Hoffstetter, le groupe des Simiiformes persiste, c'est un groupe *monophylétique*, ce qui n'est pas sans importance pour la phylogenèse. Car cela signifie, selon lui, que les caractères communs aux Platyrhiniens et aux Catarrhiniens n'ont pas été acquis par parallélisme ou convergence.

Les Catarrhiniens peuplent l'Afrique, l'Asie, une partie de l'Europe.

Singes de l'ancien continent, ils sont

	SUPERFAMILLE DES HOMINOIDEA			
Hominoidea	Hominidae	*Homo*	*H. sapiens* *H. erectus* (+) *H. habilis* (+)	Homme
		Australopithecus	*A. boisei* (+) *A. robustus* (+) *A. africanus* (+) *A. afarensis* (+)	Australopithèque
	Panidae	*Pan*	*P. troglodytes* *P. gorilla*	Chimpanzé Gorille
	Pongidae	*Pongo*	*P. pygmaeus*	Orang-outan
	Hylobatidae	*Hylobates* *Symphalangus*	*H. concolor* *S. syndactylus*	Gibbon Siamang.
Superfamille (-oidea)	Famille (-idae)	Genre substantif latin	Espèce nomenclature binominale genre + adjectif latin (+) = Fossiles.	Nom usuel

L'Homme zoologique, Classe : Mammifère. Ordre : Primate. Superfamille : Hominoidea.

constitués de deux groupes nés en Afrique et qui se seraient séparés il y a plus de 22 MA. Ce sont les *Cercopithecoidea* et les *Hominoidea*.

Parmi les Cercopithèques africains il faut citer les Singes verts... tels que le Tantale, le Vervet, avec une mention particulière pour le Callitriche qui fut appelé *Pithecus sabaeus*. Il a joué un rôle historique important dans le développement des connaissances sur le cerveau.

A la suite de Leuret, qui est le premier à avoir donné une description scientifiquement fondée des hémisphères cérébraux grâce à l'anatomie comparée, Gratiolet choisit pour type de description de son étude du cerveau des Primates le Callitriche (1854), qui avait servi à Blainville (maître de Gratiolet) pour sa description du squelette des Primates. C'est ce qui a motivé le choix de Gratiolet par considération pour son « patron ».

Et l'on en arrive ainsi aux *Hominoidea.*

Les Hominoidea

Cette superfamille des Hominoides* est particulièrement intéressante, parce qu'elle comprend l'Homme, ses parents zoologiques actuels, et ses ancêtres. Les *Hominoidea* se seraient différenciés des *Cercopithecoidea* vers — 28 MA, il y a 280 000 siècles ! Ils comprennent les ancêtres des Gibbons, qui se seraient détachés les premiers du groupe des *Hominoidea*, il y a 16,5 MA. Puis les Orangs-outans qui seraient apparus entre — 12 et — 15 MA. Et enfin l'ensemble Chimpanzés-Gorilles qui se serait différencié des ancêtres du genre *Homo* entre — 5 à — 2 MA selon les biochimistes. Il y a sans doute plus de 6 MA selon les paléontologues.

Les formes actuelles d'*Hominoidea* ou *Hominoidea au sens strict* comprennent cinq groupes :

— deux sont asiatiques, il s'agit du Gibbon et de l'Orang-outan,

— deux sont africains, il s'agit du Chimpanzé et du Gorille,

— un a envahi tous les continents, il s'agit de l'Homme.

En systématique, ces groupes font partie de quatre familles : *Hylobatidae*, *Pongidae*, *Panidae* et *Hominidae*.

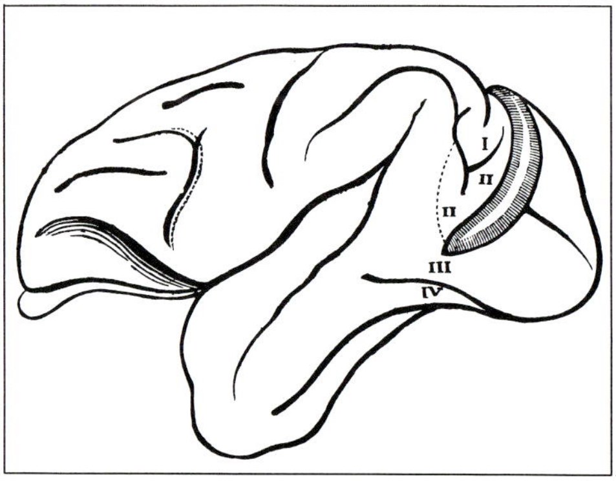

Le cerveau d'un Callitriche (d'après P. Gratiolet). Pierre Gratiolet, du Muséum d'Histoire naturelle, utilisa le cerveau du Callitriche comme type de description de celui des Primates. Ici un dessin original de la face externe de l'hémisphère gauche illustrant le Mémoire de Gratiolet publié en 1854. Il a notamment découvert les circonvolutions ou plis de passage *qui portent son nom (I, II, III et IV sur la figure).*

1. Les Hylobatidés. Ce sont les Gibbons. Ils sont caractérisés par leur absence de queue comme tous les Hominoides. Ils adoptent fréquemment une démarche bipède, parfois on les range dans les Anthropoïdes*, au sens étroit du terme, car pour les auteurs de langue anglaise, anthropoïde est synonyme de *Simii.* En fait, ils constituent une lignée très particulière. Ils sont localisés dans le Sud-Est de l'Asie. On distingue deux genres.

— *Hylobates* ou Gibbons proprement dits.

— *Symphalangus* ou Siamang. Les deuxième et troisième orteils sont réunis, d'où le nom de Symphalangus (Sumatra).

Habitants des forêts, agiles, hyperbrachiateurs, leurs membres pectoraux sont extrêmement longs. Certains Hylobates ont les membres antérieurs qui touchent le sol lorsque l'animal se tient debout. Ils vivent en forêt où ils se déplacent très rapidement de branche en branche.

Le groupe suivant, que l'on appelait autrefois les Anthropoïdes, est composé d'une famille asiatique et d'une famille africaine.

2. La famille asiatique des Pongidés comprend le genre *Pongo* avec une seule espèce *Pongo pygmaeus* Hoppius, l'Orang-outan.

Les Orangs-outans vivent à Bornéo et à Sumatra. De grande taille, de 1,20 m à 1,50 m. Adultes, ils pèsent de 60 à 80 kg. Ils se déplacent lentement dans les arbres, mais ne descendent que rarement à terre. Ils sont recouverts de poils particulièrement longs et de couleur rouge acajou. Ils vivent en petits groupes, dorment la nuit dans les arbres où ils font des nids de branchages et de feuilles. Ils mangent des végétaux, surtout des fruits. Il existe un important dimorphisme sexuel*.

Relativement calmes, ils s'apprivoisent facilcment. On pense que, dans la nature, ils peuvent atteindre plusieurs dizaines d'années. Ils sont peu nombreux, et, comme leurs cousins d'Afrique, menacés de disparition.

3. La famille africaine des Panidés comprend le genre Pan avec trois espèces : *Pan gorilla*, le Gorille, *Pan troglodytes*, le Chimpanzé ; une troisième espèce est discutée dans sa réalité biologique par certains primatologues, il s'agit du Bonobo, le Chimpanzé nain ou Chimpanzé pygmée, *Pan paniscus*.

Gibbon, famille des Hyloatidae. *Asie. Photo Mc Hugh, Jacana. PHR.*

Orang-outan, Pongo pygmaeus Hoppius. *Asie. Photo Varin-Visage, Jacana.*

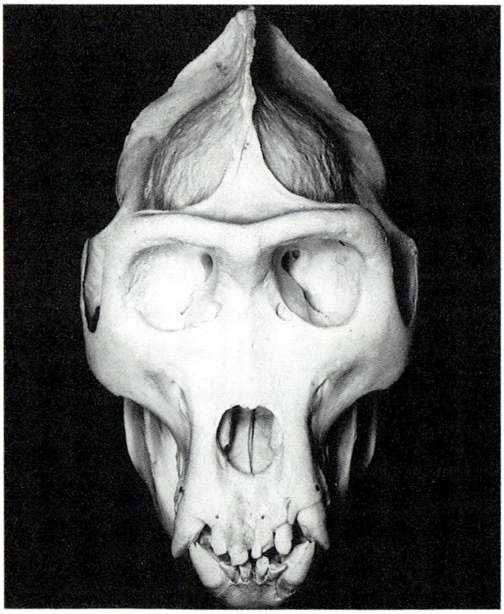

Crâne de Gorille. Le crâne de Gorille adulte présente des crêtes formant autant de cloisons osseuses entre les énormes masses musculaires qui recouvrent totalement la boîte crânienne. En arrière et transversale, la crête occipitale. Au milieu au sommet de la voûte, la crête sagittale *qui, très développée, apparaît dans le mâle de Gorille à la puberté. C'est un caractère sexuel secondaire. (Photo M. Sakka).*

Gorille des montagnes. Gorilla berengei, *ou* Pan gorilla berengei. *C'est un Panidé africain. Photo Arthus-Bertrand, Jacana.*

Le Gorille

Le Gorille est le plus puissant, le plus grand et le plus gros de tous les Singes. Il peut atteindre 1,80 m et peser jusqu'à 150 ou 200 kg. Sa tête est volumineuse de même que ses épaules. La longueur des membres pectoraux contraste avec la relative brièveté des membres pelviens. Ces caractères sont d'ailleurs communs aux Orangs-outans, aux Chimpanzés et aux Gorilles. La forme de la tête est conditionnée par les parties molles. Il y a une grande différence entre le squelette céphalique et l'aspect de la tête dans l'animal vivant.

Le crâne du mâle adulte présente de volumineuses crêtes qui forment autant de cloisons osseuses, d'une part, entre les muscles masticateurs droits et gauches, au sommet du crâne, c'est la *crête sagittale**, en cimier de casque, et, d'autre part, entre les muscles masticateurs et les muscles de la nuque, c'est la *crête occipitale*.

La crête sagittale n'apparaît qu'à la puberté et chez le mâle, c'est un caractère sexuel secondaire. D'un point de vue finaliste et mécaniciste, on l'avait présentée comme une nécessité liée à la contradiction entre des muscles trop grands pour une boîte crânienne trop petite, les crêtes agrandissant la surface d'insertion. Cependant, la femelle de Gorille, aux muscles masticateurs puissants, n'a pas de crête sagittale, ou s'il en existe une, elle est infiniment moins développée que celle des mâles. J'ai pu constater ces faits lors de mes travaux de recherche sur les muscles de la tête et de la nuque des Grands Singes et de l'Homme (Sakka 1972, 1974, 1977, 1985).

L'épaisse couche de tissus (le pannicule fibro-adipeux) qui recouvre les muscles de la tête et de la nuque peut atteindre 5 à 6 cm d'épaisseur. La tête osseuse est entièrement noyée dans les muscles, les aponévroses et les tissus fibro-graisseux. De plus, l'absence de cou, liée à l'ascension des épaules, achève de donner un aspect très caractéristique au Gorille. Il est recouvert d'une peau et de poils noirs, la face est nue, la face antérieure du thorax est moins velue.

J'ai remarqué, au cours de mes dissections que la peau la plus épaisse siège au niveau des régions les plus exposées, la tête sauf la face, la face postérieure ou dorsale du cou et du thorax.

Les mâles âgés ont le dos de couleur gris argenté. Les Gorilles vivent en Afrique équatoriale, mais on distingue deux groupes, ou sous-espèces.

Le Gorille des plaines, *Pan gorilla gorilla* (Savage et Wyman 1847), et le Gorille des montagnes, *Pan gorilla beringei* (Matschie 1903). Le premier, Gorille du Gabon, séjourne dans la forêt dense. Le second serait plus grand, plus fort et plus velu que le précédent, ses crêtes sagittales seraient plus hautes. Il vit dans les régions montagneuses et boisées du Congo, à la limite de l'Ouganda et de la Tanzanie, il peut être rencontré jusqu'à 4 000 mètres d'altitude. Il vit par petits groupes, passant la plus grande partie de sa journée au sol à chercher de la nourriture uniquement végétale. Seuls les jeunes et les femelles montent aux arbres. Il y a en effet un très grand dimorphisme sexuel entre les mâles et les femelles. Les mâles plus lourds risquent par leur poids de briser les branches sur lesquelles ils s'appuient. Une ou deux chutes, dit-on, leur suffisent pour ne plus recommencer.

En 1947, on pouvait encore trouver dans la littérature une forme dite pygmée de Gorille, décrite en 1877 par Alix et Bouvier sous le nom de *Pseudogorilla mayema* et que l'on pourrait appeler, selon des chercheurs relativement récents (1972) : *Gorilla gorilla mayema*. Il s'agirait d'une espèce de Gorilles de petite taille.

L'histoire de cette découverte mérite d'être contée car elle est riche en enseignements.

En fait, il s'agit vraisemblablement d'une femelle de Gorille, tuée par le Docteur Lucan et par Petit, près d'un village congolais dont le chef s'appelait Manyema. Il faudrait donc écrire *Gorilla manyema*, avec un « n ».

La description d'Alix et Bouvier fut faite sur une seule peau et un seul squelette.

Cette prétendue espèce pygmée de Gorille est probablement une méprise née de

Chimpanzé. Pan troglodytes, *Panidé africain.*
Photo Varin-Visage, Jacana.

l'importante différence de taille entre les mâles et les femelles.

Autrement dit, des chercheurs expérimentés peuvent confondre à l'examen d'un squelette deux sexes différents de la même espèce avec deux genres ou deux espèces différentes. Ce qui doit inciter à une grande prudence dans les diagnostics de squelettes fossiles fragmentaires.

Le Chimpanzé

Les Chimpanzés sont des proches parents, ils sont, phylogéniquement et biologiquement parlant, des cousins de l'Homme. Sur la base des ressemblances anatomiques, ce fait était connu depuis longtemps. Au XVIIIe siècle et au début du XIXe, on les a confondus avec l'Homme.

Linné avait utilisé le terme d'*Homo troglodytes*, alors que Blumenbach parle de *Simia troglodytes*. Étienne Geoffroy Saint-Hilaire, en 1812, crée le genre *Troglodytes*, par exemple *Troglodytes niger*. Oken, en 1816, parle du genre *Pan*. Et Blainville, en 1838, d'*Anthropopithecus*.

Qu'il s'agisse d'*Homo* (Homme) ou d'*Anthropopithecus* (Homme-Singe), il apparaît bien que ces Singes, comme d'ailleurs l'Orang-outan, avaient été pris pour des humains.

Dans les collections des muséums, les étiquettes des pièces, comme d'ailleurs les catalogues, sont un reflet historique de la multiplicité des espèces décrites au siècle dernier et de la confusion des classifications. Il faut bien dire, d'ailleurs, qu'à ces époques relativement récentes, on considérait les sociétés dites primitives plus proches des bandes de Grands Singes contemporains que des sociétés technologiquement plus avancées. Dans un livre paru il y a une vingtaine d'années seulement, une figure porte en légende : « Squelette du tronc de quatre Singes Catarrhiniens adultes, vus de face et à la même échelle », un nom est placé sous chaque squelette. On lit de gauche à droite, Macaque, Gibbon, Noir, Chimpanzé !... On croit rêver. L'édition française date de 1972 !

On s'étonne qu'il y a deux siècles, considérant certains groupes d'Hommes plus proches des Singes que des humains, on ait pu prendre des Grands Singes pour des Hommes ! De notre temps on s'indigne !

Donc le Chimpanzé est un Grand Singe africain, de l'espèce *Pan troglodytes* (L.). En exceptant la forme dite pygmée, sa taille est de 1,70 m pour le mâle (mesure du corps étendu), de 1,30 m pour les femelles. Le mâle pèse de 45 à 75 kg. Les Chimpanzés sont donc moins lourds que leurs cousins germains les Gorilles. Le dimorphisme sexuel* est important. Leur pelage est moins développé que celui de l'Orang, et est de couleur noire. La face est nue, de couleur noire, parfois claire.

Habitants des forêts tropicales et équatoriales et des savanes boisées africaines, les Chimpanzés peuvent monter jusqu'à 3 000 m d'altitude. Ils vivent en petits groupes de huit à dix individus. Leur régime est principalement végétarien, cependant ils ne dédaignent pas la viande crue. On en a vu chasser des jeunes Babouins, dont ils sont friands. Parfois,

comme les Gorilles, ils amassent des feuilles et des branches pour le repos nocturne. On appelle cela des nids. Ces structures ne sont jamais permanentes. Ils sont plus arboricoles que les Gorilles. Les jeunes s'apprivoisent et se dressent assez facilement.

Les Chimpanzés, comme d'ailleurs les Gorilles, ont été particulièrement étudiés dans leur habitat naturel. Jane van Lawick Goodall, qui a observé dans la nature les Chimpanzés de la réserve Gombe Stream, en est un exemple récent.

Tous les spécialistes sont d'accord pour considérer le Gorille et le Chimpanzé comme les plus proches parents de l'Homme dans le règne animal. Une série de travaux a tenté d'aller plus loin encore dans la recherche des ressemblances entre Hommes et Grands Singes.

J'ai déjà insisté sur ces tendances à animaliser l'Homme et à humaniser les animaux. Le choix n'est pas entre, d'une part, une conception héritée du passé et qui viserait à rétablir un règne humain dans la classification du monde vivant, et, d'autre part, une volonté de confondre l'Homme dans l'animalité. Ces deux attitudes sont aussi erronées l'une que l'autre.

Le concept de règne humain, que l'on tentait de défendre au siècle dernier sur la base des valeurs spirituelles, morales ou religieuses, tendait à constituer pour l'Homme une catégorie à part, à côté du règne animal et du règne végétal.

Il est bien clair que je ne défends pas cette conception. L'Homme est un Primate, sa famille est celle des Hominidés qui, à côté des Hylobatidés, des Pongidés et des Panidés, constitue la superfamille des *Hominoidea*. Donc, du point de vue de la classification, il n'est pas question de vouloir séparer l'Homme de ses origines en le considérant *biologiquement* comme un être unique.

Cependant, il n'est pas non plus question, sous couvert des origines naturelles de l'Homme, de le confiner dans l'animalité.

Au cours de son évolution, c'est-à-dire de l'hominisation, les facteurs biologiques prennent de moins en moins d'importance par rapport aux facteurs socio-culturels.

Dans un groupe animal, un individu résume toute son espèce, dans les sociétés humaines, la somme des connaissances, des expériences, des cultures, des avancées scientifiques accumulées sont telles qu'il est impossible à un seul individu de résumer les acquis de l'espèce humaine. La culture, les sociétés humaines, les phénomènes sociaux prennent une telle importance que l'évolution humaine n'est pas dominée par son aspect biologique.

L'Homme, qui n'est qu'à l'aurore de son savoir et de sa maîtrise de la nature, a fait des progrès immenses dans la connaissance de sa propre biologie. Il a modifié les processus de la sélection naturelle, en ce qui le concerne. Il a déjà envahi l'espace extra-terrestre et il est capable d'emporter avec lui, dans le cosmos, son propre environnement. Ce qu'aucun animal n'est capable de faire.

Bien sûr, du point de vue biologique, les Grands Singes, notamment les Chimpanzés, sont capables de performances extraordinaires. Ce sont nos parents, et l'Homme n'est, bien entendu, pas sorti de rien. Le passage de l'animal à l'Homme

Chimpanzé et langage. Les tentatives expérimentales faites dans le but d'enseigner le langage à un Singe ont révélé les capacités de dressage du Chimpanzé et du Gorille. Elles ont approfondi les connaissances de la linguistiques humaine. Photo Enrico Ferorelli/Cosmos.

exigeait, de la part de l'ancêtre commun, un certain nombre de qualités, notamment au niveau du cerveau et de ses relations avec le milieu. Il n'est donc pas étonnant que ses parents « biologiques » soient très performants. Mais cela ne doit pas conduire à dire que les Chimpanzés ont une *culture*, un comportement *social*, des rituels, qu'ils peuvent apprendre à parler, que l'on connaît ainsi ce qu'ils *pensent*, qu'ils utiliseraient des outils, etc.

Encore une fois, leurs qualités actuelles, qui sont en effet grandes, leur permettraient peut-être d'atteindre les propriétés qu'on leur prête et qui sont proprement et uniquement humaines. Seulement ils n'ont pas eu de chance, puisque nous sommes, nous les Hommes, arrivés avant eux... et que, en plus, nous les détruisons. Bientôt, si l'on n'y prend garde, aucun Grand Singe n'existera plus...

Cela dit, je répète que pour connaître les pensées d'un Chimpanzé, il faudrait qu'il pense, qu'il ait une conscience réfléchie. Pour qu'il transmette sa culture (ce qui n'a rien à voir avec l'hérédité biologique), il faudrait qu'il ait une culture. Pour avoir des comportements sociaux, il faudrait qu'il ait une organisation sociale, qu'il travaille et qu'il produise. Pour utiliser des outils, il faudrait qu'il en ait le besoin et qu'il en fabrique, ce qui n'a rien à voir avec le fait de ramasser une brindille sur le sol et de l'enfoncer dans une termitière pour se régaler des larves d'insectes qui s'y sont agrippées...

J'ai déjà dit qu'il n'y a pas de *sociétés* animales, les deux termes ainsi artificiellement associés sont antinomiques. Le jour où les fourmis organiseront un colloque et où elles inviteront les paléontologues pour discuter des origines de la Fourmi, on pourra parler de sociétés de fourmis.

Il y a plus de deux siècles, Buffon avait écrit dans l'*Histoire naturelle* un important chapitre qu'il avait intitulé « Contre la société des mouches » ! Dès 1753 pour Buffon, les animaux étaient en troupe et les hommes en société !

Toute la pensée éthologique contemporaine serait-elle en retard sur Buffon ?

En ce qui concerne le langage, il ne faut pas confondre langage et communication. Le terme même de communication animale mériterait d'être clairement défini. G. Mounin (1971) insiste sur l'intention de communiquer, j'ajouterai le besoin social de communiquer.

Les études et les expériences faites aux États-Unis ou en Union soviétique sur l'apprentissage du système de communication des sourds-muets pour faire « parler » les Grands Singes ont permis d'avancer beaucoup dans la connaissance des langues humaines et de leur acquisition. Elles ont conduit à affûter des définitions, et elles ont approfondi et étendu les connaissances linguistiques.

En réalité, elles tiennent plus du dressage que de l'apprentissage. Elles n'ont jamais appris à un Singe à *parler*. Non pour des raisons anatomiques mais pour des questions sociales. Le langage est né de besoins sociaux chez des êtres conscients. Je me pose d'ailleurs la question de savoir s'il peut exister des pensées sans langage. Par contre, un langage sans pensée semble improbable. Ces questions s'entendent dans une perspective évolutive.

Hominidae

La famille planétaire est celle des Hominidés avec une espèce *Homo sapiens* et une sous-espèce actuelle qui est constituée des Hommes contemporains, c'est-à-dire *Homo sapiens sapiens*.

Homo reste au niveau du genre dans la hiérarchie naturelle, au même titre que le genre *Pongo* pour l'Orang-outan. La famille des *Hominidae* est une famille au même titre que celle des *Hylobatidae*, des *Pongidae* et des *Panidae* qui, avec les *Hominidae*, constituent la superfamille des Hominoidea.

Il est donc hors de question du point de vue biologique d'isoler l'Homme du règne animal, comme ont tenté de le faire, non pas les philosophes du XVIIIe siècle, mais des naturalistes du XIXe.

Ceci dit, confiner l'étude des origines de ce Primate bipède, de la famille des *Hominidae*, et du genre *Homo*, dans la description de ses signes anatomiques caractéristiques, c'est être, je pèse mes mots, complètement réducteur.

C'est pourquoi, que cela chagrine ou non, aussi bien les tenants de l'histoire naturelle de l'Homme, que ceux qui observent avec beaucoup de talent les animaux pour y rechercher les racines sociales de l'Homme, que cela étonne ou rende nerveux ceux qui, en somme, semblent avoir honte de leurs ancêtres sortis de l'animalité, un saut irréversible a été accompli par une ou plusieurs espèces d'Hominidés, qui, tout en restant « à part entière » des organismes biologiques d'origine naturelle, ont fabriqué des outils, ont produit par eux-mêmes ce que la nature ne pouvait leur apporter, se sont peu à peu rendus maîtres de cette nature qu'ils ont transformée, toutes choses qui impliquent une conscience réfléchie, qui ont inventé le travail productif, le langage, l'apprentissage, l'enseignement, la transmission de la culture en dehors de la biologie, culture et technologie qui avancent à un rythme progressivement accéléré.

Le moindre outil (outil réel, fabriqué consciemment, manufacturé, comme disent certains) suppose un projet, une intention, le choix d'un matériau parmi d'autres que l'on transforme à l'aide d'un autre objet pour un usage déterminé.

Vivre en grand nombre ne signifie pas vivre en société, sinon pourquoi ne pas parler de sociétés des microbes, voire de sociétés sanguines ou de sociétés hépatiques ?

Que l'on me pardonne de me citer moi-même et de mettre les points sur les « i ». Les 24-27 juin 1980, à Paris, j'ai pu, grâce au CNRS, organiser une Table ronde internationale intitulée « Morphologie évolutive, morphogenèse du crâne et origine de l'Homme » qui a été publiée par le CNRS (1983). Je terminais la conclusion par ces lignes : « Au total, l'évolution humaine se distingue de l'évolution animale, car elle constitue dans l'histoire de la vie une phase nouvelle, révolutionnaire, dont la conscience réfléchie est un des principaux éléments, dont les témoins matériels sont extérieurs à l'homme en tant qu'individu biologique, dont les éléments moteurs sont les activités productrices, collectives et sociales.

« Par delà les individus, s'accumulent, dans l'outil fabriqué, un savoir transmis, un patrimoine légué sous forme d'une somme d'expériences historiques et sociales.

« Les hommes, issus de la nature, peu à peu s'en rendent maîtres et la transforment ; avec l'avènement des premières sociétés humaines, *la nature devient consciente d'elle-même.* »

Cette importante notion a été récemment reprise sous une forme un peu différente, à un mot près. Avec l'homme, l'*évolution* deviendrait consciente d'elle-même. Il est évident que l'Évolution est un reflet du mouvement qui anime la nature, et je préfère la formule la *nature* dont l'Homme fait partie, que le mouvement qui l'anime. Une autre expression utilisée a été : lorsque l'homme sait qu'il sait. Me plaignant, un jour, de l'utilisation, sans citation d'origine, d'un certain nombre d'emprunts aux résultats de mes recherches, mon ami Yves Coppens me répondit que cela prouvait que mes idées avançaient...

Le plus amusant, en ce qui concerne la conscience de la nature, c'est que l'idée vient de Engels dans la *Dialectique de la nature*...

3

LES PREMIERS HOMINIDES

LES FOSSILES ET LES SITES

Photo Science Photo Library/Cosmos.

Les premiers Hominidés

Les Australopithèques et l'enfant de Taungs

Dans la classification des Primates actuels, l'Homme fait partie de la famille des Hominidés, qui constituent avec les Hylobatidés, les Pongidés et les Panidés, la superfamille des *Hominoidea*. Hominoides et Hominidés intéressent particulièrement les paléontologues et les anthropologues parce qu'ils contiennent les ancêtres de l'Homme.

Ces ancêtres se trouveraient parmi les premiers Hominidés, dont on pense aujourd'hui qu'ils se trouvent en Afrique, « berceau de l'humanité » et qu'ils sont représentés par les Australopithèques, vieux de plusieurs millions d'années (peut-être 6 MA). Les plus anciens Australopithèques constituent une (paléo) espèce appelée *Australopithecus afarensis*, Australopithèque des Afars, dont l'un des membres les plus célèbres et aussi des plus médiatiques est le fameux squelette de Lucie.

On ne discute plus, actuellement, de l'appartenance des Australopithèques à la grande famille des ancêtres humains. Pour en arriver là, il fallut beaucoup de courage, d'obstination et de luttes qui constituent une longue histoire...

Dès le début, on a appelé les Australopithèques Hommes-Singes (Ape-Men), ce qui montrait leur caractère intermédiaire entre les Grands Singes (Apes*) et les Hommes. Cependant, leur statut paléontologique, systématique, et la place dans l'arbre généalogique de leurs différentes espèces, sont semés d'incertitudes depuis leur découverte jusqu'à nos jours.

Ces hésitations sont liées aux différences d'interprétation, par les paléontologues, des traits anatomiques, c'est-à-dire des caractères directs.

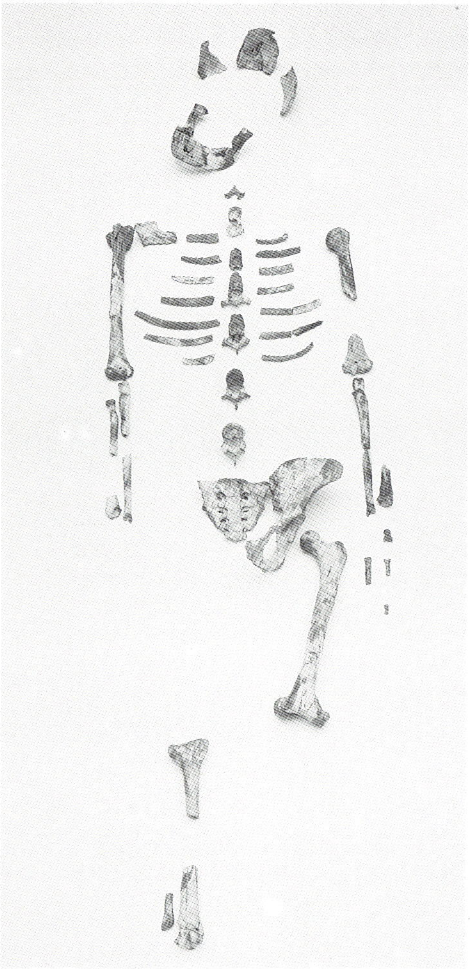

*Squelette d'*Australopithecus afarensis *(Australopithèque des Afars). Le squelette Al 288-1 fut trouvé en 1974 aux Afars (Ethiopie) par une équipe franco-américaine co-dirigée par le géologue M. Taïeb qui avait trouvé le site et par les paléontologues français Y. Coppens et américain D. Johanson. Dans son livre, Johanson souligne la part de Gray dans la découverte du squelette. Appelé Lucie, ce squelette, dont le sexe est en fait discutable, est d'un intérêt considérable car il présente 40 % des os appartenant au même individu ayant vécu il y a 36 000 siècles. Photo John Reader, Science Photo Library/Cosmos.*

L'enfant de Taungs ou une révolution dans l'histoire des Hominidés

La première description des Australopithèques remonte à 1925. L'auteur en était Raymond A. Dart, alors jeune médecin, professeur d'anatomie humaine à la faculté de médecine de l'université de Witwatersrand (Johannesbourg).

Il faut souligner le rôle déterminant qu'ont joué dans le monde entier, et que continuent à jouer dans la plupart des pays, les médecins et plus spécialement parmi eux, les enseignants d'anatomie humaine, dans les progrès et les découvertes des origines paléontologiques de l'Homme.

C'est donc au professeur Dart que l'on doit la description et le nom des plus anciens Hominidés. Il avait intitulé en 1925 son article *princeps*, *Australopithecus africanus* : *The Man-Ape of South Africa*, c'est-à-dire *A. africanus*, le Singe-Homme d'Afrique du Sud.

Dès le début, Dart considéra le genre nouveau qu'il avait créé et décrit comme un ancêtre de l'Homme. Ce qui, selon lui, confirmait l'hypothèse de Darwin concernant l'origine africaine de l'humanité. Il avait en quelque sorte décrit un des classiques chaînons manquants (*the missing link*).

Cependant, Dart se heurta de longues années à l'incrédulité de la grande majorité des paléontoloques. Cette histoire mérite d'être contée.

Un jour du mois de novembre 1924, on apporta au professeur Raymond A.

Dart un petit crâne fossile, découvert au cours de l'exploitation d'une carrière calcaire du protectorat du Bechuanaland, l'État indépendant actuel du Botswana.

Les dépôts constituant un plateau calcaire dolomitique situés sur les bords ouest d'une large vallée datant du Carbonifère supérieur attirèrent l'attention des géologues et des industriels. Le long de ce plateau se trouvent en effet de grandes masses de travertin* dont certaines sont composées de calcaire particulièrement pur, qui, de ce fait, ont été exploitées pendant des dizaines d'années depuis le début de ce siècle. Les plus importants de ces dépôts étaient situés au sud-ouest de la station de chemin de fer de Taungs, localité située au nord de Kimberley. Dans ce travertin, il y avait bon nombre de fissures et de multiples grottes dans lesquelles s'accumulèrent des dépôts sableux et calcaires.

Le professeur Raymond Dart (1893-1988). Médecin, professeur d'Anatomie humaine à Johannesbourg, il fit la première description de l'enfant de Taungs et créa ainsi l'espèce Australopithèque africain (Australopithecus africanus). *Photo John Reader, Science Photo Library.*

Au cours de l'exploitation de la carrière, surtout lors des opérations de minage, des os fossiles furent trouvés dans ces dépôts. Dès 1920, l'étude de petits crânes fossiles de Primates permit au docteur S.H. Haughton de décrire une nouvelle espèce fossile de Babouins, *Papio antiquus*, plus petite que celle des Babouins actuels.

Un de ces crânes fut montré à Dart. Particulièrement intéressé, il demanda au professeur Young, géologue de l'université, qui devait aller étudier les dépôts de Taungs, de lui rapporter d'autres pièces de Babouins fossiles.

Les membres du personnel de la carrière de Taungs étaient au courant de la richesse fossile des dépôts. L'un d'entre eux, M. de Bruyn, au cours d'une opération de minage, mit au jour la plus grande partie d'un crâne fossile. S'apercevant que cette pièce était plus grande que celles des Babouins habituellement découvertes, il pensa qu'il s'agissait d'un Bushman fossile. Il le confia au gérant de la mine, A.E. Spiers, sur le bureau duquel le professeur Young l'aperçut par hasard lors de son voyage d'étude.

Il se fit remettre cet étrange fossile et le confia à Dart en novembre 1924.

Cette pièce extraordinaire devait bouleverser l'histoire paléontologique des Hominidés.

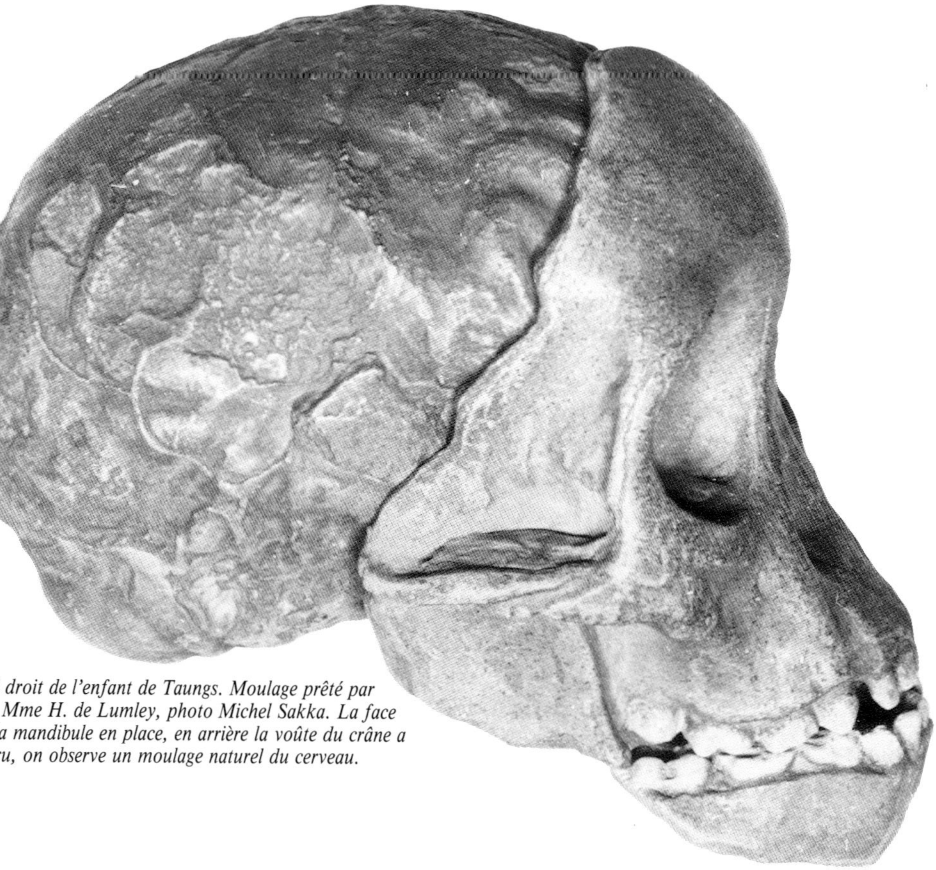

Profil droit de l'enfant de Taungs. Moulage prêté par M. et Mme H. de Lumley, photo Michel Sakka. La face avec la mandibule en place, en arrière la voûte du crâne a disparu, on observe un moulage naturel du cerveau.

Anatomie

Il s'agissait d'un crâne très partiel et d'un moulage naturel du cerveau. La dentition est en bon état, ce qui permet l'étude phylogénique et le diagnostic taxinomique. Cette pièce est constituée d'une face complète avec sa mandibule, pièce que Dart, avec beaucoup de soins, mit plusieurs semaines à dégager, millimètres par millimètres, de sa gangue fossile. La voûte crânienne est très partielle, il n'en reste que la partie tout antérieure. Ces pièces osseuses sont remarquablement bien conservées. La dentition put être parfaitement étudiée, surtout lorsque Dart sépara la mandibule de la face en 1929, permettant ainsi de voir les faces occlusales des dents.

Un autre aspect extraordinaire de cette pièce est le moulage naturel du cerveau, constitué d'un peu plus de l'hémisphère droit et de la partie droite du cervelet. Il ne manque que la partie antérieure des lobes frontal et temporal.

La denture livre des incisives de lait, très usées, mais les canines et les molaires déciduales, bien que leur face occlusale ne soit pas détériorée, sont, elles, peu usées. La M1, la première molaire définitive, se présente complètement préservée et non usée, ce qui témoigne de sa récente apparition.

La denture

La denture donne de précieuses informations sur au moins deux questions, celle de l'âge et celle de la position phylétique. Les dents constituent un caractère diagnostic très sûr. On se rappellera, par exemple, que lorsque Davidson Black découvrit une dent à Pékin, elle lui suffit pour décrire une nouvelle espèce d'humains qu'il appela *Sinanthropus pekinensis*. Or les découvertes ultérieures montrèrent combien son diagnostic était fondé.

En ce qui concerne l'âge du fossile de Taungs, il est bien évident qu'il s'agit d'un jeune spécimen, c'est pourquoi on l'a appelé « l'enfant de Taungs ». Il est, comme on dit, au stade de la M1. Il possède en effet sa dentition de lait, sa première dentition dite déciduale au complet mais usée. Par contre, le premier élément de sa deuxième dentition, définitive, la première molaire est présente des deux côtés et sur les deux mâchoires, depuis fort peu de temps car elle ne montre pas la moindre trace d'usure.

S'il s'agissait d'un enfant d'Homme actuel de nos régions, on le situerait entre six et sept ans d'âge. En fait, la variabilité des dates d'apparition dentaire est grande, et on peut se demander si celles-ci et le rythme de croissance des deux dentitions sont analogues pour les hommes préhistoriques à celles que l'on connaît à notre époque. On ne peut l'affirmer. D'autant que, pour Néandertal, la chronologie d'éruption des dents permanentes ne serait peut-être pas la même qu'actuellement. S'agissant d'un Primate primitif, d'un Hominidé datant de plusieurs centaines de milliers d'années, ce qui est le cas de l'enfant de Taungs, il est encore plus difficile de fixer un âge, d'après une chronologie dentaire qui peut aussi bien tenir du Chimpanzé actuel que de l'Homme contemporain...

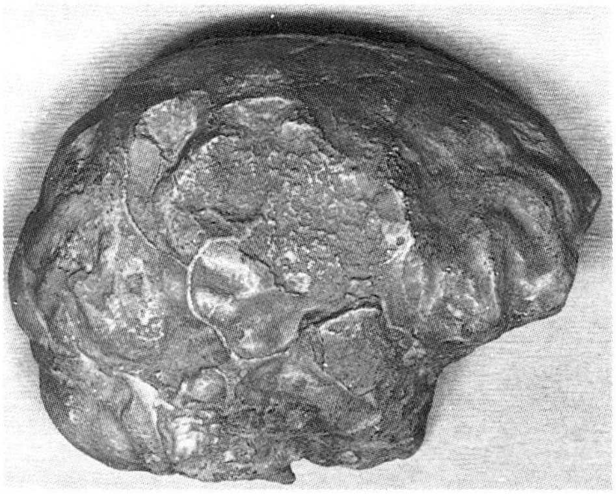

Moulage naturel du cerveau de l'enfant de Taungs. Moulage prêté par M. et Mme H. de Lumley, photo Michel Sakka.

Il semble, compte tenu des différences de chronologie entre l'Homme et les Grands Singes africains actuels, que l'ontogenèse dentaire devait être plus rapide que celle de l'Homme d'aujourd'hui.

D'ailleurs l'ontogenèse humaine est marquée en général par des phases plus longues que celles des Grands Singes. Des études anciennes, mais sérieuses, ont été faites sur l'ontogenèse des Chimpanzés, plus spécialement sur la chronologie et la datation des éruptions dentaires.

Le délai, pour que les quatre premières molaires définitives soient présentes, est de trois ans chez les Chimpanzés étudiés par Schultz.

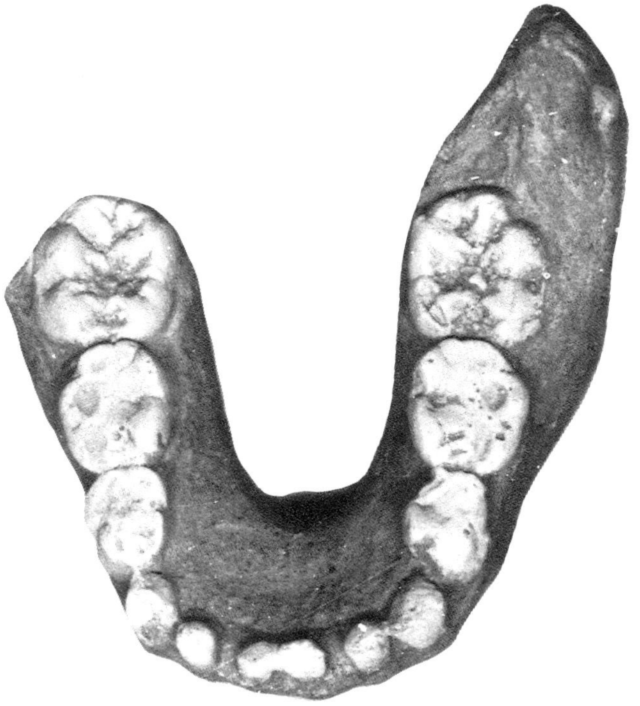

Mandibule de l'enfant de Taungs. Cette vue supérieure de la mandibule montre la forme de l'arcade dentaire et les structures des dents parfaitement bien conservées. Même moulage que précédemment, photo Michel Sakka.

La même chronologie, c'est-à-dire toutes les dents de lait présentes et les quatre M1 définitives présentes, se retrouve dans le Gorille.

Au total, je pense que l'âge de l'enfant de Taungs devrait se placer entre trois et six ans. Probablement plus près de trois ans que de six ans...

Au cours de l'ontogenèse dentaire, les différentes phases d'éruption dentaire humaines sont d'autant plus éloignées par rapport au Chimpanzé que l'on est plus éloigné de la naissance. Il en est de même, d'ailleurs, pour le Chimpanzé comparé au Macaque.

Position phylétique

Lorsque Dart, en quelques semaines d'un travail laborieux, dégagea la face de Taungs qui était enserrée dans une matrice fossile particulièrement dure, il pensa qu'il avait là une des principales découvertes que l'on n'ait jamais faite dans l'histoire et il publia dans le numéro de *Nature* du 7 février 1925 un article préliminaire.

Il interpréta le spécimen comme une forme éteinte de Grand Singe, ayant quelques ressemblances avec le Gorille et le Chimpanzé. Cependant, dans son ensemble, cette tête présentait des caractères plus humanoïdes que simiesques, notamment la réduction de la face par rapport à la longueur du crâne, si l'on compare avec des pièces appartenant à des Gorilles et des Chimpanzés juvéniles. On a vu que le développement de la boîte crânienne avec réduction faciale est en effet une tendance évolutive humaine.

De même la denture présente des caractères de type humain, par exemple la forme parabolique de l'arcade dentaire (en U dans les Grands Singes) et l'absence de diastème (espace entre les canines et les molaires).

Et Dart cite d'autres traits ostéologiques ou cérébraux qui le conduisent à affirmer l'existence d'un groupe fossile pré-humain qui n'est ni un Chimpanzé ni un Gorille. Ce groupe, écrit-il, est *avancé** par rapport aux anthropoïdes vivants, par la régression des caractères dentaires et faciaux, et par le perfectionnement de la qualité du cerveau. Il considère qu'il s'agit d'un lien actuellement disparu, entre l'Homme et son ancêtre simien, mais qu'il ne s'agit pas d'un Homme véritable.

C'est pourquoi il propose le nom de *Homo simiadae* pour désigner la famille nouvellement découverte, dont il nomme la première espèce connue, représentée par l'enfant de Taungs, *Australopithecus africanus*. *Austral*, car c'est à l'extrême Sud qu'il a été trouvé, et *africain* pour commémorer le continent dont Darwin lui-même faisait le berceau de l'humanité.

Cette publication faisait suite à une longue histoire marquée de scepticisme, de moqueries, d'hostilité et de réactions.

On se souviendra que la conception d'une histoire humaine, d'une origine naturelle de l'Homme à partir d'un Grand Singe remonte à Lamarck. Un mur de silence fut opposé à ce génial précurseur. Il faut attendre 1859, *l'Origine des espèces*, puis 1871, *The ascent of man* (Darwin), pour que la discussion (on devrait dire la bataille) des origines de l'Homme prenne un caractère public.

Pourtant dès 1866, Haeckel prévoit l'existence d'un intermédiaire entre les anthropoïdes et les Hommes, et crée le genre *Pithecanthropus* (Singe-Homme) dans la *Morphologie générale*. C'est dans l'indifférence quasi universelle que cette hypothèse fut accueillie.

En France, une hypothèse audacieuse est soulevée par G. de Mortillet et Abel Hovelacque, en 1873, au Congrès de l'Association française pour l'avancement des sciences. On avait découvert quelques années auparavant des silex taillés dont certains chercheurs considéraient qu'il s'agissait d'outils que l'homme seul avait pu fabriquer. Mortillet et Hovelacque supposent qu'un être intermédiaire entre l'Homme et le Singe supérieur est l'auteur de cette industrie. Ils lui donnent le nom d'Anthropopithèque, puis d'*Homo simius* (dans les deux cas ce nom signifie Homme-Singe).

En France aussi, cette hypothèse fut considérée comme convenable pour une

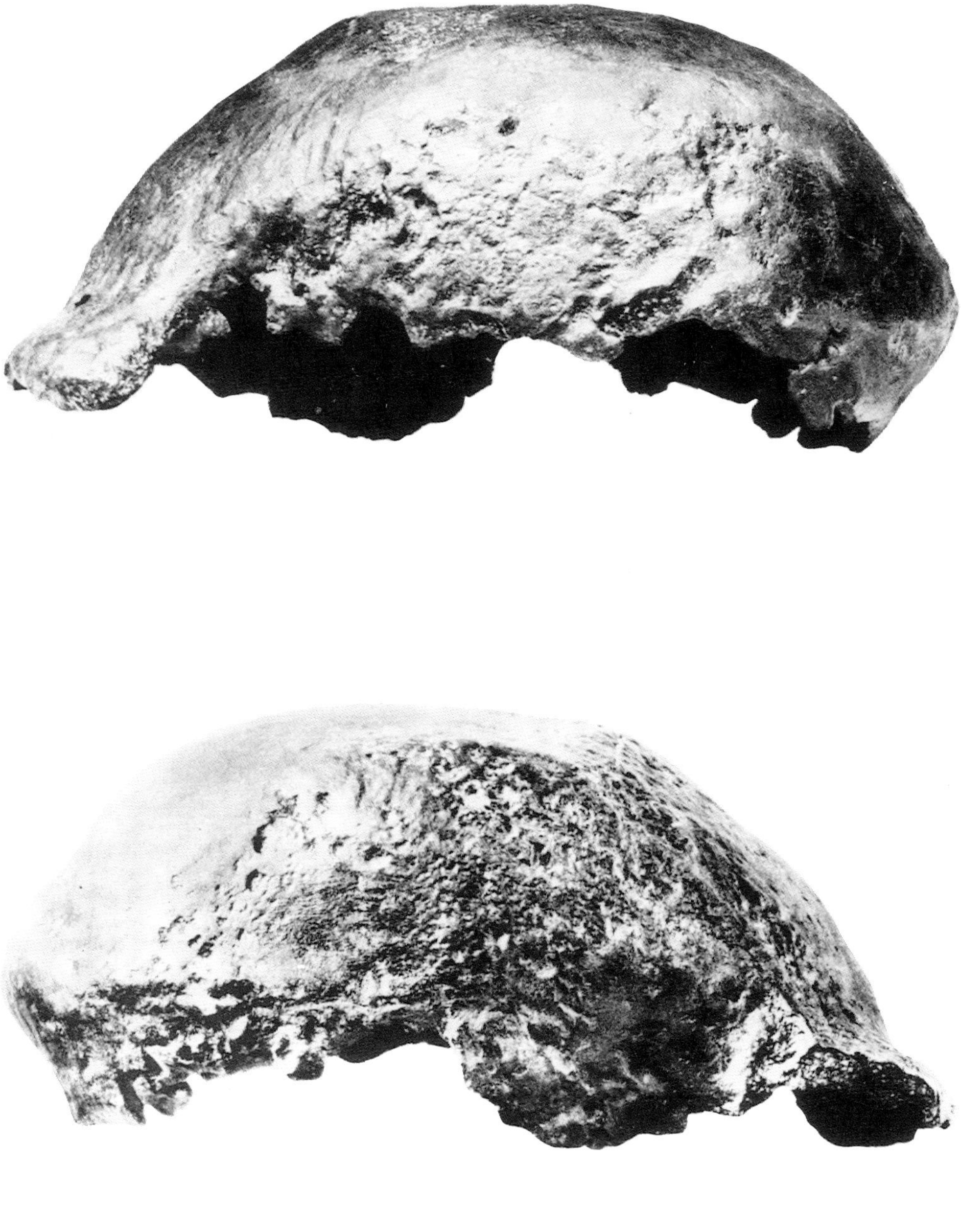

Calotte crânienne du Pithécanthrope (Java). En haut : face latérale gauche. En bas : face latérale droite. Photothèque du Musée de l'Homme.

histoire romancée de la préhistoire, mais inadmissible scientifiquement car non fondée sur des preuves concrètes. Cette preuve devait être apportée vingt ans plus tard. Elle entraîna des discussions d'autant plus vives que son caractère était plus exceptionnel. Elle s'opposait à tous les préjugés religieux, philosophiques et idéologiques, et aussi aux problèmes étroits du carriérisme. Ces freins de tous ordres qui ralentissent les progrès scientifiques sont observés tout au long de l'histoire de la recherche des origines humaines.

La découverte du Pithécantrope érigé

Cet Homme-Singe hypothétique, qui déclenchait les quolibets ou l'hostilité, certains y croyaient fermement. C'est ainsi que le docteur Eugène Dubois, médecin militaire hollandais, acquis aux thèses de Darwin et de Haeckel, partit pour l'Indonésie, persuadé d'aller à la rencontre de notre "lointain ancêtre".

Arrivé en 1890 en l'île de Java, il fouilla près de la localité de Trinil dans des couches formant la berge de la rivière Solo. En septembre 1891, il découvrit une dent, le mois suivant, une calotte crânienne, puis l'année suivante, un fémur.

Il était venu chercher le chaînon manquant et il l'avait trouvé... Il s'agissait d'un ancêtre humain que l'on appellera plus tard l'*Homo erectus*, qu'on a découvert un peu partout, notamment en Europe, en Chine, en Afrique et en Indonésie.

Ce qui semble évident à notre époque ne l'était guère du temps d'Eugène Dubois. En 1894 il publie un mémoire relatant le fruit de ses fouilles. Il y déclare qu'il s'agit de la forme *intermédiaire* entre les Anthropoïdes et l'Homme. Il donne à son fossile le nom de genre proposé par Haeckel : Pithécanthrope, auquel il ajoute *erectus*, car il diagnostique la bipédie à l'examen du fémur. Il s'agit donc du *Pithecanthropus erectus*, prévu par Haeckel, Mortillet, Hovelacque... et Lamarck.

Ces hypothèses, malgré la preuve sensationnelle apportée par Dubois, ne sont pourtant pas encore acceptées. Dans les années vingt, certains paléontologues considèrent que si le fémur indique un être capable de se tenir debout et a une forme humaine, l'examen du crâne et des dents oriente vers un Grand Singe. Ils arrivent à la conclusion d'un Singe anthropomorphe* arrivé à un degré d'évolution supérieure mais pas à l'humanité.

Eugène Dubois lui-même effectue un certain recul. En 1924, il présente à l'Académie d'Amsterdam une nouvelle étude des pièces du Pithécanthrope auxquelles il ajoute une prémolaire inférieure et un morceau de mandibule. La dent lui apparaît presque parfaitement humaine, mais il conclut son étude en faisant du Pithécanthrope non plus un ancêtre direct de l'homme, mais un parent descendant d'un ancêtre qui leur est commun.

1924 ! C'est l'année de la découverte de l'enfant de Taungs !

L'homme de Piltdown ou la supercherie scientifique

Au sud de l'Angleterre, dans le Sussex, des ouvriers travaillant dans une carrière de graviers trouvent un fragment osseux qu'ils apportent à un « amateur éclairé », Charles Dawson. Celui-ci reconnaît un fragment de pariétal humain, et exploite le gisement de 1911 à 1916.

De nombreux fragments crâniens permirent à sir Arthur Keith, un des piliers de l'anthropologie anglaise et internationale, président de l'Institut d'anthropologie, de reconstituer le crâne. Au même niveau géologique que celui occupé par le crâne, on retrouva une hémi-mandibule droite à laquelle manquait le condyle mandibulaire, c'est-à-dire la partie articulaire de la mandibule avec le crâne. Cette partie est caractéristique car elle s'emboîte dans la partie correspondante de la base du crâne, la cavité glénoïde du temporal. Elle a une valeur diagnostique importante.

Keith identifia l'ensemble crâne-mandibule comme appartenant à un ancêtre de l'Homme et Woodward le baptisa *Eoanthropus dawsoni* en l'honneur de son « inventeur ». Le crâne était de type humain, mais la mandibule ressemblait à celle d'un singe...

Cet ensemble représentait exactement l'opposé de ce que suggéraient les fossiles humains trouvés jusqu'alors, à savoir une mandibule et des dents de type humain, mais une face différente, et surtout une boîte crânienne plus petite, aplatie, au rebord orbitaire saillant de type simiesque.

Un autre grand paléontologue, sir Arthur Smith Woodward, conservateur du département de géologie au British Museum, soutint le diagnostic porté par Keith. Il avait d'ailleurs lui-même assisté à la découverte d'un fragment de crâne par Dawson ; un prêtre français était également présent, paléontologue de talent : Pierre Teilhard de Chardin...

Charles Dawson et Arthur Smith Woodward publièrent leurs résultats en 1913 et en 1914. Cependant, la coexistence d'un crâne de type humain actuel et d'une mandibule de Grand Singe étonnèrent, et les conclusions auxquelles parvinrent les auteurs furent combattues.

Curieusement, ce n'est qu'au bout d'une quarantaine d'années que l'on considéra l'homme de Piltdown comme une supercherie : un crâne d'Homme actuel aurait été associé à la mandibule d'un Grand Singe juvénile (Chimpanzé ou Orang-outan) dont on aurait limé les molaires pour leur donner un aspect plus « humain ». L'ensemble des ossements aurait été artificiellement coloré en brun pour simuler la patine du temps.

Il paraît curieux que l'on ait mis tant de temps à découvrir la vérité, alors qu'en France, dès les années vingt, des voix s'élevaient pour discuter l'interprétation de cette pièce et pour affirmer qu'on se trouvait en présence d'un crâne d'*Homo sapiens* dont l'adaptation que l'on prétendait lui faire d'une mandibule simiesque paraissait inadmissible... (Goury 1927).

Par contre, en Angleterre on y tenait dur, puisque Piltdown ne fut abandonné définitivement et officiellement qu'en 1953 par la publication d'un rapport écrit par Weiner, Oakley et Le Gros Clark

Charles Dawson (1864-1916). Charles Dawson, au travail sur le chantier de fouille près de Piltdown, au sud de l'Angleterre, dans le Sussex. Victime ou acteur dans l'affaire de Piltdown ? Photo John Reader, Science Photo Library.

dans le Bulletin du British Museum.

Il faut rappeler que l'on hésitait sur la provenance de la mandibule et des dents. Un examen effectué dans les années quatre-vingt utilise le dosage radio-immunologique permettant de détecter des protéines fossiles : le RIA. Appliqué à Piltdown, il a permis à Jerold M. Lowenstein de diagnostiquer *Pongo pygmaeus*. La mandibule de Piltdown est donc bien celle d'un Grand Singe, l'Orang-outan.

Le crâne de l'homme de Piltdown. Reconstruit en 1912 à partir des fragments osseux retrouvés, le crâne de Piltdown était curieux. Une boîte crânienne humaine avec une mandibule de singe... Cependant, cet assemblage était plus admissible à cette époque qu'un crâne de type simiesque avec une mandibule de type humain. Il fallut attendre plus de quarante ans pour que la supercherie fût officiellement reconnue, en 1953, par le British Museum. Photo John Reader, Science Photo Library/Cosmos.

L'enfant de Taungs et l'incrédulité scientifique. 1925

1925 : c'est dans une atmosphère marquée par des découvertes déconcertantes pour les uns, enthousiasmantes pour les autres, par des discussions souvent très vives que survint en Europe l'annonce de la découverte de Dart.

Les esprits étaient préoccupés par des problèmes diagnostiques délicats, par des questions de datation difficiles à résoudre, par les découvertes d'Europe, d'Indonésie, de Chine... On ne s'attendait ni à une révolution venant d'Afrique du Sud, ni à un « recul » morphologique aussi grand, ni à une ancienneté chronologique aussi importante, Dart faisant remonter *A. africanus* à un million d'années. En 1925 cela paraissait choquant ! Ce jeune professeur d'anatomie se permettait avec beaucoup d'audace de bouleverser la phylogenèse humaine et les idées reçues.

De plus, le soi-disant homme de Piltdown, avec son crâne « normal » (peu importe sa mâchoire), donnait de l'homme primitif ou de son ancêtre immédiat, une image plus rassurante et plus conforme aux préjugés.

Depuis que Broca en 1861 avait démontré sur la base de l'étude anatomo-clinique la possibilité de focalisation ou de localisation d'une fonction intellectuelle supérieure, en l'occurrence celle du langage, la conception du cerveau organe de la pensée et de l'intelligence avait fait son chemin. Sans doute même un peu trop, car l'on considérait que plus le volume du cerveau de l'Homme actuel était important, plus l'intelligence était grande. L'expression « il a une grosse tête » était, il y a peu, encore utilisée. Un ancêtre à grosse tête et à mandibule simiesque était bien plus acceptable qu'un ancêtre à petit cerveau, à face simiesque et à denture humaine.

Le concept d'évolution et celui de l'origine naturelle et animale de l'Homme étaient encore débattus au début du siècle, ils le sont encore dans certains milieux actuellement. Avoir un Homme-Singe ou un Singe-Homme comme ancêtre, surtout tellement Singe ! C'en était trop.

D'ailleurs, le Pithécanthrope de Java *(Pithecanthropus erectus)*, pourtant d'allure beaucoup moins simiesque que l'Australopithèque de Dart, et découvert depuis près de trente-cinq ans à cette époque, posait encore problème, puisqu'il était considéré comme un grand Singe d'un type supérieur.

L'« Homme de Pékin » n'était pas encore découvert, qui allait relancer le débat dans les années trente, et qui s'appellerait *Sinanthropus pekinensis*, avant que l'on ne réunisse ces fossiles vieux de 500 000 ans sous le terme d'*Homo erectus*.

Dans ces conditions, on s'explique mieux les positions prises par les quatre grands de la paléontologie anglaise en 1925. L'éditeur de la revue *Nature* leur avait demandé de publier leurs impressions en réponse à l'article de Dart paru le 7 février 1925.

Dans le numéro du 14 février parurent les critiques de sir Arthur Keit, de sir Arthur Smith Woodward, tous deux impliqués dans l'étude de l'homme de Piltdown, de sir Grafton Elliot Smith et du

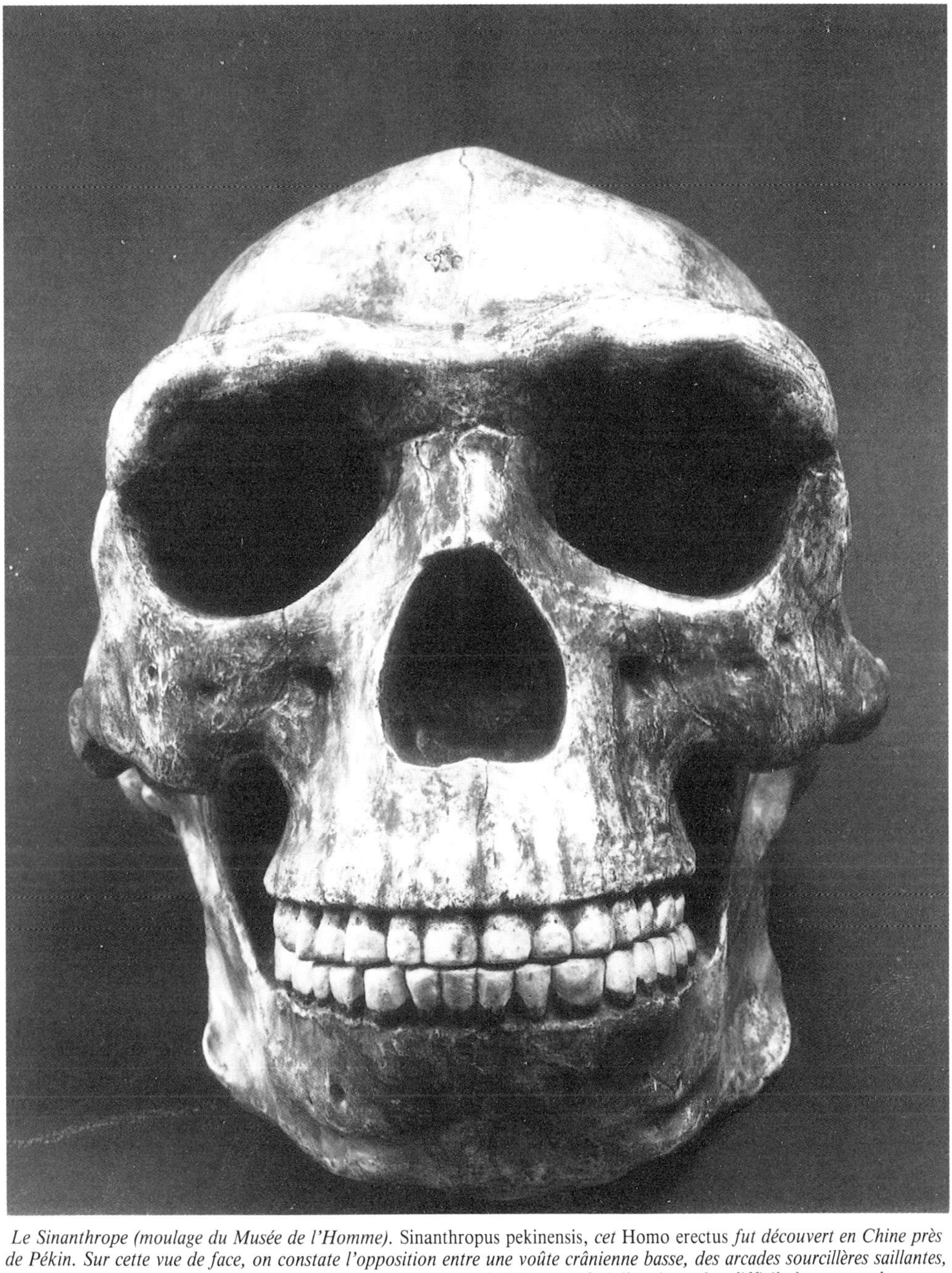

Le Sinanthrope (moulage du Musée de l'Homme). Sinanthropus pekinensis, *cet* Homo erectus *fut découvert en Chine près de Pékin. Sur cette vue de face, on constate l'opposition entre une voûte crânienne basse, des arcades sourcillères saillantes, et des dents de type humain. Jugeant sur le faciès, cet aspect de l'Homme de Pékin était plus difficile à accepter du temps de sa découverte que celui du ... soi-disant Homme de Piltdown. Photothèque du Musée de l'Homme.*

docteur D.L. Duckworth. Aucune d'entre elles n'approuvait l'hypothèse de Dart sur le statut de la nouvelle espèce, *A. africanus*. Ils reconnaissaient les différences anatomiques entre Taungs et les Grands Singes africains actuels. Ils pensaient qu'elles justifiaient la description d'un nouveau genre et d'une nouvelle espèce. Cependant ils mettaient l'accent sur la parenté vraisemblable avec le Gorille et le Chimpanzé et niaient la parenté avec l'Homme. *That is the question* !

Le seul et le premier acquis dès le début à l'opinion de Dart fut le docteur Robert Broom, médecin pour gagner sa vie et prestigieux paléontologue par vocation. Il vint examiner le crâne chez Dart quelques semaines après la découverte de Taungs et lui demanda l'autorisation de publier ses impressions. Il envoya un article à *Nature* et à l'*American Museum Journal* qui parut en mai de la même année.

Broom appuyait Dart qui considérait l'*A. africanus* comme très différent des Chimpanzés et des Gorilles actuels. Dart pensait que l'*A. africanus* était un anthropoïde parent de celui dont est issue la lignée humaine.

Plusieurs années passèrent. En 1929, Dart se résolut à nettoyer la mandibule avec d'infinies précautions pour ne pas altérer les dents et à séparer la mandibule du maxillaire. Cette opération délicate permit de mieux étudier les couronnes* dentaires et spécialement les faces occlusales. Leur observation confirma pleinement le statut d'*A. africanus*.

En 1931, Dart fut invité à Londres où il présenta son fossile et défendit son point de vue, lors d'un congrès d'anthropologie. 1931, c'était l'époque de la découverte des spécimens fossiles que recelait la grotte de Chou-K'ou-Tien en Chine (le Sinanthrope), fouillée depuis 1928 après la mise à jour en 1927 de deux dents humaines associées à une faune pleistocène ancienne.

La présentation de l'Homme de Pékin eut un caractère sensationnel, qui effaça complètement celle de l'enfant de Taungs, d'autant que Dart, décontenancé, défendit trop timidement son fossile, et qu'il ne put que répéter ce qu'il avait écrit six ans plus tôt. Il repartit sans avoir convaincu et fort déçu. Dès lors, il se dévoua à son enseignement d'anatomie et à ses études de neurologie. On dit que, pendant vingt ans, il abandonna la recherche des fossiles...

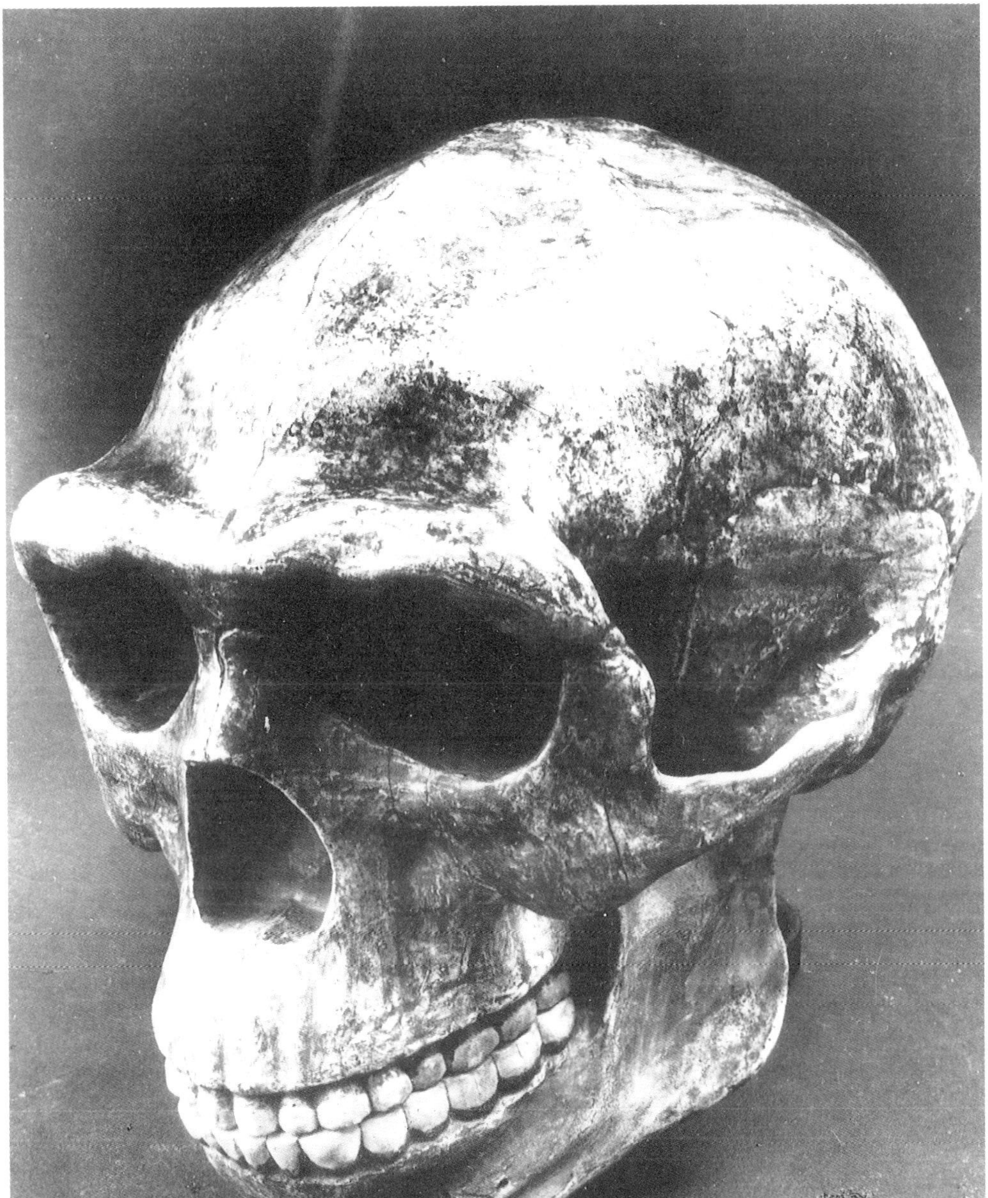

Le Sinanthrope (moulage du Musée de l'Homme). Photothèque du Musée de l'Homme.

Les Australopithèques d'Afrique méridionale

Si le père de l'enfant de Taungs s'était éloigné des fossiles, le docteur Broom, son allié de la première heure, avait persévéré. Dans des conditions de vie pécuniairement difficiles, il continuait ses études des fossiles sud-africains.

Entré au Transvaal Museum en 1934, Broom avait en charge la collection de Reptiles fossiles du désert de Karoo. Il décrivit et découvrit vingt-trois genres nouveaux et quarante-trois nouvelles espèces dont la publication le rendit rapidement célèbre.

En 1936, il voulut reprendre ses fouilles dans les grottes du Transvaal. Il était à la recherche d'un Australopithèque si possible adulte, ou d'autres restes d'Hominidés. Il voulait confirmer concrètement les découvertes et les hypothèses de Dart.

Sterkfontein, « Missis Ples » et la preuve. 1936

En été 1936 la preuve tant attendue de la présence d'un Hominidé adulte est enfin là. Le 17 août à Sterkfontein, Broom découvre un moulage naturel du cerveau et d'importants fragments crâniens qui, reconstitués, se révélèrent au premier abord être le crâne d'un Homme-Singe adulte.

En comparant les deux moulages crâniens, celui de Taungs et celui de Sterkfontein, il considéra qu'il s'agissait d'une nouvelle espèce du même genre, qu'il publia en 1936 dans *Nature*. En 1937, il se reprit et appela son fossile *Plesianthropus transvaalensis*, ce qui est très important parce qu'étymologiquement le nouveau genre signifie Homme primitif du Transvaal. Il venait de découvrir le fragment d'une mandibule qui lui semblait différen-

Le docteur Robert Broom et Missis Ples. Le 17 août 1936, R. Broom, dans une grotte du Transvaal, à Sterkfontein, découvre et extrait le crâne d'un Australopithèque, STS 5, le Plesianthropus transvaalensis, *encore appelé « Missis Ples ». C'était la preuve que Dart avait raison... Photothèque du Musée de l'Homme.*

te de celle de l'enfant de Taungs et plus proche de l'Homme. Il publie en 1938. En 1939, il avait de nouveau trouvé quatre autres pièces appartenant à quatre individus différents.

Le premier Plésianthrope découvert est appelé Missis Ples, son code est Sts 5. Sa capacité crânienne semblait petite, estimée à 450, 500 cc, mais ses dents essentiellement humaines semblaient différentes de celles d'un Chimpanzé. Pour Broom, Missis Ples est parente de Taungs mais différente.

Actuellement, on pense que Taungs serait l'enfant d'une espèce dite robuste d'Australopithèque, alors que Sts 5 serait un *A. africanus.* La position exacte du premier décrit des Australopithèques dans la famille est très discutée. Philipp Tobias en 1980 a appelé cette question : l'énigme de Taung. On discute même de la datation de cette pièce, probablement plus récente que 0,9 MA.

Après une période d'inactivité due en partie à la guerre, les fouilles furent reprises en 1947 à Sterkfontein. Un crâne presque complet fut retrouvé, et une demi-douzaine de crânes plus fragmentaires, une mandibule adulte, un os iliaque presque intact. Ces nouveaux spécimens et plus particulièrement le pelvis (os du bassin) finirent par convaincre les scientifiques en Angleterre et en Amérique.

On est en 1947, Dart avait publié en 1925, Broom avait travaillé avec ardeur depuis cette époque...

Robert Broom (1866-1951). Le docteur Broom avec le crâne original de Sts5, le Plésianthrope. Photo John Reader, Science Photo Library/Cosmos.

Kromdraai 1938, le Paranthrope

En juin 1938, on amena à Broom un fragment crânien qui provenait d'une autre grotte. Il avait été découvert par un écolier de quinze ans. Le site, peu éloigné de Sterkfontein, était situé à Kromdraai. Le crâne permit de décrire un autre genre : *Paranthropus* ; l'espèce fut appelée *Paranthropus robustus*.

Broom avait remarqué que la face était plate, que les incisives et les canines étaient petites et que les dents jugales* (postérieures à la canine) avaient une morphologie différente et une plus grande taille que celles des spécimens de Sterkfontein.

C'est pourquoi, le premier Hominidé découvert à Kromdraai fut considéré par Broom comme l'holotype* d'un nouveau taxon et d'une nouvelle espèce. Il le publia dans un numéro de *Nature* daté de 1938.

Il faut ajouter qu'à Kromdraai, comme d'ailleurs à Sterkfontein, des éléments du squelette post-crânien étaient étroitement associés au crâne. A Kromdraai une mandibule d'enfant a été retrouvée, tandis qu'à Sterkfontein des dents d'enfants ont été recueillies permettant des comparaisons avec celles de l'enfant de Taungs.

Selon les auteurs, les dents de lait de Sterkfontein ressemblent à celles de Taungs mais diffèrent suffisamment pour justifier une séparation spécifique (au niveau de l'espèce), tandis que celles de Kromdraai sont beaucoup plus éloignées des deux autres. Enfin aucune de ces dents de lait ne peut être rapprochée de celles des Grands Singes africains.

L'aveu et le triomphe. 1947

Les preuves qu'exigeaient et qu'attendaient les paléontologues furent apportées par le docteur Robert Broom. Dart pouvait enfin prouver qu'il avait eu raison. Il lui avait fallu onze ans d'attente. Onze ans encore le séparaient de l'aveu de Keith.

En 1947, Sir Arthur Keith, qui achevait sa carrière et bientôt sa vie, fit une sorte d'autocritique : « [...] je fus de ceux qui prétendirent que la forme adulte trouvée, on s'apercevrait qu'elle serait plus proche des anthropoïdes africains actuels, Gorille et Chimpanzé... Je suis certain aujourd'hui que le professeur Dart avait raison et que j'avais tort ! »

Cependant il n'admettait pas encore que les Australopithèques puissent appartenir à la famille des Hominidés. *Il ne disait toujours rien de l'homme de Piltdown* et de la supercherie qui durait depuis trente-cinq ans... On se demande encore qui a pu être ou qui ont pu être les auteurs de cette affaire. Plusieurs noms ont été suggérés. Quel a été le but poursuivi ? Ce qui est sûr, c'est qu'il fallait bien connaître la paléontologie humaine et la primatologie pour réaliser un tel canulard. Dans un numéro récent, la revue *Science* suggère que Conan Doyle, le père de Sherlock Holmes et du docteur Watson, qui habitait très près du lieu de la « découverte », aurait pu monter l'affaire...

1947 fut une année faste, non seulement Keith faisait amende honorable, mais ce furent les découvertes de Sterkfontein, celles des Hominidés de Swartkrans, et celles de Makapansgat par Dart qui venait, vingt-cinq ans après la description de Taungs, de reprendre la chasse aux fossiles.

A partir de cette date les découvertes se multiplièrent, toujours sous l'influence du docteur Broom, l'infatigable. Ces fossiles furent réunis plus tard en un seul *ensemble paléontologique*, celui des Australopithèques, premier nom que leur avait donné Raymond A. Dart.

Swartkrans. 1948 Paranthropus crassidens et Telanthropus capensis

Un nouveau site fournit encore des spécimens d'Hominidés à Broom et à son jeune collègue J.T. Robinson. Ils créèrent *Paranthropus crassidens* qui constituait une deuxième espèce du genre *Paranthopus* décrit à Kromdraai.

En août 1948, Wendell Phillips, qui était le responsable de l'expédition africaine de l'université de Californie, proposa à Broom de l'aider. Il souhaitait rapporter un Homme-Singe à son université tout en fournissant un soutien aux travaux de recherche de Broom. Il lui proposa de financer la recherche. Les spécimens recueillis seraient partagés.

Broom travaillait dans la principale grotte de Sterkfontein mais il connaissait depuis une bonne dizaine d'années le site de Swartkrans, situé à moins de deux kilomètres de Sterkfontein. Et, avec Robinson, il s'était promis de l'explorer dès qu'une bonne occasion se présenterait.

Comme ailleurs en Afrique du Sud, il s'agissait d'une carrière où la matière première était extraite à coups d'explosif.

Les chercheurs pouvaient s'estimer heureux qu'on leur permette de découvrir des fossiles. A propos d'un spécimen actuellement classé Sk 48, Broom et Robinson écrivent : « Ce spécimen, comme plusieurs autres, fut extrait par un mineur qui faisait exploser la calcite dans notre fouille. Les dommages subis par les pièces étaient dus à de trop grandes charges d'explosif. Bien que nous n'ayons pas terminé notre travail sur le site, nous n'avions aucun pouvoir pour faire quoi que ce soit, car la loi qui gouverne la situation apporte une protection à l'entreprise commerciale, et non pas au travail scientifique » (1952).

Il est vrai qu'en pensant aux crânes et aux squelettes disparus de la sorte, on aurait tendance à s'insurger, mais ces contradictions, hélas, ne sont pas seulement le fait de l'Afrique du Sud en 1948.

Paranthropus crassidens

Dès la première semaine de travail à Swartkrans, Broom se rendit compte de la richesse du site. Celui-ci contenait un nouveau type d'Hominidé. En 1948, Broom et Robinson travaillèrent, cinq mois durant, à recueillir de nombreux spécimens d'Hominidés et d'une faune associée, semblable à celle de Sterkfontein et de Kromdraai.

Ils trouvèrent une hémi-mandibule gauche partielle avec ses molaires et ses

*Sir Arthur Conan Doyle (1859-1930). Docteur en médecine, collectionneur de fossiles, grand voyageur, le père de Sherlock Holmes, Conan Doyle, aurait été l'auteur de la supercherie de Piltdown. C'est ce que J.H. Winslow et A. Meyer ne sont pas loin de penser (*Science *83, Am. Ass. Adv. of Sc.) Photo Harlingue-Viollet.*

prémolaires. Ils en firent l'holotype d'une nouvelle espèce : *Paranthropus crassidens*.

Ils retrouvèrent de nombreux autres fragments dentaires, mandibulaires, dont une mandibule complète avec ses dents, une face et une mandibule appartenant au même individu, deux crânes adultes (Sk 48 et Sk 46). Un os iliaque presque entier, deux crânes juvéniles, l'un estimé à six ou sept ans, l'autre, trouvé en avril 1950, estimé à onze ans (la séquence d'irruption dentaire est chez lui différente de celle des enfants d'hommes actuels).

Dans leur description de Sk 48 et Sk 46, ou tout au moins de l'Homme-Singe de

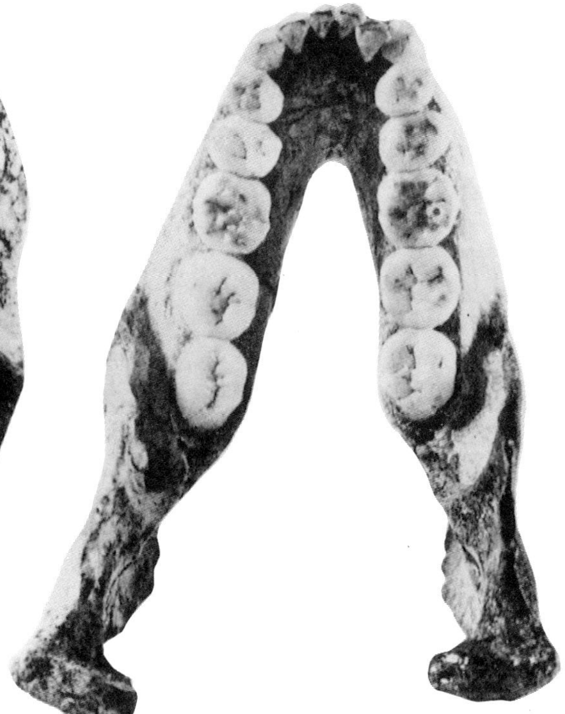

Mandibule de Paranthropus crassidens. *Les restes osseux de mandibule découverts en 1948 permirent à R. Broom qui fouillait avec un jeune collègue : J.T. Robinson, de décrire à Swartkrans, en Afrique du Sud, une nouvelle espèce :* Paranthropus crassidens, *1949. Il s'agissait d'un Australopithèque robuste. Photothèque du Musée de l'Homme.*

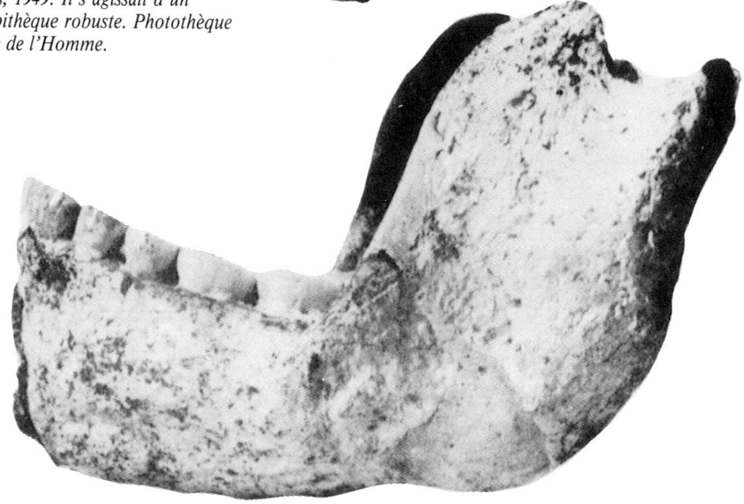

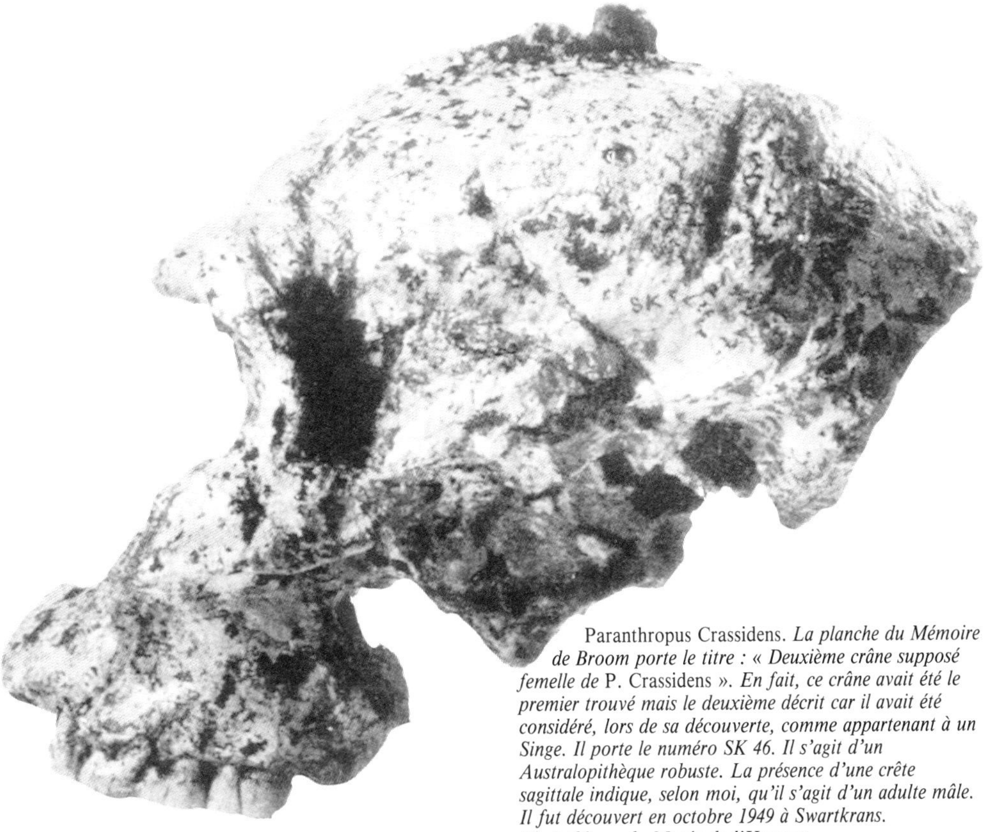

Paranthropus Crassidens. *La planche du Mémoire de Broom porte le titre : « Deuxième crâne supposé femelle de* P. Crassidens ». *En fait, ce crâne avait été le premier trouvé mais le deuxième décrit car il avait été considéré, lors de sa découverte, comme appartenant à un Singe. Il porte le numéro SK 46. Il s'agit d'un Australopithèque robuste. La présence d'une crête sagittale indique, selon moi, qu'il s'agit d'un adulte mâle. Il fut découvert en octobre 1949 à Swartkrans. Photothèque du Musée de l'Homme.*

Swartkrans, Broom et Robinson rapprochent la forme de ces crânes de celle du crâne du Gorille, car ces fossiles avaient une crête sagittale et pas de front. Avec, à mon avis, beaucoup de clairvoyance, ils disent que, bien que la femelle de Sterkfontein n'ait pas de crête sagittale, les mâles devaient probablement en avoir.

On comprend mal alors pourquoi les planches 3 et 4 de leur description portent en légende : « Le crâne supposé femelle de *P. crassidens* », alors que ces deux crânes portent une petite crête sagittale.

Dans mon travail sur le Gorille, le Chimpanzé, l'Orang-outan et sur l'Australopithèque du Kenya (KNM ER 406), j'ai considéré la présence d'une crête sagittale, ou crête en cimier de casque, comme un caractère sexuel secondaire masculin, et non pas comme un trait propre à une espèce ou à un genre (M. Sakka 1974). Autrement dit, si la crête sagittale est considérée comme propre à l'espèce Australopithèque robuste, seuls les mâles adultes la porteraient.

En octobre 1949, Broom et Robinson découvrirent, parmi les débris de brèche* explosée, une belle face avec un palais et ses dents. Une boîte crânienne et une face gauche furent également recueillies. La

*Grotte à Makapansgat. Makapansgat est une grotte creusée dans les terrains calcaires, au Transvaal septentrional. Raymond Dart, ayant repris ses fouilles, trouve en 1948 un fragment d'occipital qui lui servit à décrire l'*Australopitecus prometheus. *Photo John Reader, Science Photo Library/Cosmos.*

boîte crânienne, écrasée (Sk 46) ne ressemblait à rien de ce qu'ils avaient déjà trouvé. Lorsqu'elle fut nettoyée, ils s'aperçurent qu'elle n'avait pas de front et qu'elle était surmontée d'une longue crête sagittale comme on en verrait, selon eux, sur quelques Babouins géants.

Le 30 juin 1950, le minage mit à jour un beau crâne, qu'ils pensèrent être celui d'une femelle de *P. crassidens*. Il correspond à Sk 48.

Lorsqu'au début de juillet 1950, le nettoyage de Sk 48 eut révélé qu'il était porteur d'une crête sagittale, Broom et Robinson songèrent à cette voûte du crâne écrasée qu'ils avaient supposée être une boîte crânienne d'un Babouin géant. Ils pensèrent alors qu'il devait s'agir en réalité d'un autre « Homme-Singe ». Du même coup, ils s'aperçurent que la face et le palais qu'ils avaient trouvés collaient parfaitement avec la boîte crânienne. C'est pourquoi, bien que recueilli avant Sk 48, ils décrivirent Sk 46 sous le titre de « Second crâne apparemment femelle de *Paranthropus crassidens* ». Ils estimèrent sa capacité crânienne probablement au-dessus de 800 cc.

Je pense qu'il s'agit de deux individus de sexe masculin.

Au total, en 1952, l'Homme-Singe de Swartkrans est connu par plusieurs crânes et mandibules et par plus de deux cents dents magnifiques, permettant une bonne connaissance des dents de lait. Pour ses auteurs, il constitue réellement une espèce nouvelle, qui se rapproche davantage de Kromdraai que de Sterkfontein.

Telanthropus capensis

En avril 1949 fut découverte une mandibule que Broom et Robinson considérèrent différente des fossiles jusqu'ici décrits, et qui avait, selon eux, une apparence humaine. Elle ressemblerait par certains caractères, comme ceux de la région symphysaire, à la mâchoire de l'Homme de Heidelberg (mâchoire de Mauer). La symphyse de leur mandibule serait intermédiaire entre celle du genre *Paranthropus* et celle du genre *Homo*. Ils en font l'holotype du genre *Telanthropus*, espèce *Telanthropus transvaalensis*, qu'ils estiment bien plus récent que *P. crassidens*.

En septembre 1949 est retrouvée une deuxième mandibule. Elle paraît à Broom et Robinson morphologiquement plus proche de l'Homme actuel que celle de *Telanthropus*.

La mandibule holotype de *T. transvaalensis* est référencée au Transvaal Museum de Pretoria sous le numéro SK 15. La deuxième mandibule : SK 45.

Dans les années qui suivirent la mort du docteur Robert Broom, J.T. Robinson classa *Telanthropus* comme un *Homo erectus*. Plus récemment, trois individus d'*Homo* très anciens ont été découverts dans le membre I de Swartkrans, démontrant ainsi que *Homo et l'A. robuste étaient là contemporains* ! (Le terme de membre désigne une couche stratigraphique au sein d'un gisement.)

Makapansgat. 1947

C'est en 1947 que Raymond Dart, qui avait repris ses fouilles et la chasse aux fossiles, découvre à Makapansgat, une localité située à 200 km au nord de Pretoria, des pièces d'Hominidés.

Dans le centre du Transvaal, à une quinzaine de kilomètres au nord-est de Pogietersrust, se trouve la grotte de Hearths, située sur le flanc de coteau sud d'une vallée creusée par une rivière, Makapan.

En 1947, un fragment d'occipital était recueilli par Kitching, et de nombreux autres fragments d'Hominidés furent collectés. La grotte avait auparavant fourni des ossements d'animaux d'une couleur noire dont Dart pensa qu'elle indiquait l'usage du feu.

Alors que les « experts » anglais et américains commençaient à être convaincus par le docteur Robert Broom et par J.T. Robinson de la réalité découverte par Dart en 1925, celui-ci tenait au genre qu'il avait décrit et hésitait à en reconnaître d'autres tel que *Paranthropus*. Lorsqu'il eut à faire le diagnostic de l'Hominidé de Makapansgat, il ne créa pas de genre mais décrivit une nouvelle espèce. Pensant aux os d'animaux noircis et à l'usage possible du feu, il lui donna le nom d'*A. prometheus* (Dart 1948). Dans la première publication relative à cet Hominidé, il mit bien l'accent sur la parenté humaine, dès le titre « The Makapansgat proto-human, *Australopithecus prometheus* » (1948), ce qui se traduit par *Australopithecus prometheus*, le premier homme, car *prôtos* en grec... signifie premier.

Simplification de la classification des Australopithecinés. 1954

Aujourd'hui, les sites du Transvaal continuent de fournir des pièces fossiles extrêmement intéressantes pour l'étude de l'évolution paléontologique des Hominidés (Sterkfontein, Swartkrans, Makapansgat et Kromdraai). Par ailleurs, l'étude du terrain, de sa faune, les méthodes modernes de datation ont apporté de très utiles précisions à la chronologie des fossiles. Les études morphologiques ont montré que les Hommes-Singes d'Afrique du Sud étaient plus humains que simiesques (bien entendu toujours anatomiquement parlant).

A la fin de la première moitié du XXe siècle, le docteur Broom avait donc décrit trois genres et cinq espèces parmi les Hommes-Singes découverts. Trois genres : Australopithèque, Plésianthrope et Paranthrope, et cinq espèces : *Australopithecus africanus*, *Australopithecus prometheus*, *Plesianthropus transvaalensis*, *Plesianthropus robustus* et *Paranthropus crassidens*, qu'il réunissait tous sous la rubrique de la même sous-famille des *Australopithecinae*.

Quelques années après la mort de Broom, survenue le 6 avril 1951, son remplaçant, J.T. Robinson simplifia la classification de ces Hominidés.

En 1954, il divisa les fossiles en deux groupes. Ceux de Taungs, Sterkfontein et Makapansgat devinrent tous des Australopithèques, ceux de Kromdraai et Swartkrans restèrent des Paranthropes, mais robustes : *P. robustus*. Actuellement tous ces Hominidés sont réunis sous le terme d'Australopithèques.

Robinson avait distingué deux groupes morphologiques parmi ces Hominidés.

— L'un, que l'on a appelé « gracile » parce que son aspect semblait plus léger, la taille plus petite (aux alentours d'un mètre). En fait, ce terme n'est plus guère utilisé car, d'une part, il n'a rien éclairé et d'autre part, il ne correspond qu'à une apparence morphologique, les dents jugales des « graciles » sont parfois deux fois plus grosses que celles des Chimpanzés. Il s'agit des *A. africanus*.

— L'autre groupe, apparemment plus charpenté, plus robuste au niveau des dents comme au niveau de la face et de la mandibule a une plus grande taille (aux alentours d'1,20 m). Il est constitué de *Paranthropus robustus*.

Robinson attribua à ces deux formes un mode de vie différent, les robustes, au régime végétarien, et sans la moindre culture, alors qu'*A. africanus* était considéré par lui comme fabricant d'outils et omnivore. Concrètement, comme exemples, SK 23 et SK 48 sont des *P. robustus*, que l'on appelle actuellement *Australopi-*

thecus robustus. Par contre Sts 5 et Sts 52b sont des exemples d'*A. africanus.*

Pour Tim White et Johanson (1981), l'insistance de Robinson à classer en deux catégories, gracile et robuste, les Australopithèques l'aurait amené à ne pas voir les ressemblances, et à ignorer les traits « robustes » de l'*A. africanus.* De plus, Robinson pensait que le Paranthrope ressemblait beaucoup au Gorille actuel et que, par conséquent, il était plus primitif.

Par la suite (1965), Robinson, avec une certaine logique, supprima le terme d'Australopithèque et fit de tous les *A. africanus* une espèce du genre *Homo*. Je dis une certaine logique, puisqu'il attribuait aux *A. africanus* une industrie lithique (fabricant d'outils).

A la même époque les découvertes faites en Afrique de l'Est enrichissaient considérablement le nombre des nouveaux spécimens. Leur étude modifiait les conceptions des chercheurs sur les origines et l'évolution des Hominidés.

Homo habilis venait d'être décrit en Afrique de l'Est.

Parmi les compatriotes de Robinson, certains n'étaient pas d'accord avec ses conceptions unicistes. Le docteur Philipp Tobias, professeur d'anatomie à la faculté de médecine de Johannesburg, était un des fondateurs de l'espèce *Homo habilis* (1964) qu'il différenciait de l'Australopithèque. Il ne pouvait donc pas suivre l'opinion de J.T. Robinson. Dans une étude réellement magistrale, une des meilleures études anatomiques qui ait jamais été faite (1967) à propos du crâne d'un autre Australopithèque qui sera envisagé plus loin, le Zinjanthrope, il souleva l'hypothèse d'une *conspécificité* des deux taxons, Paranthrope et *A. africanus.* Il n'y aurait qu'une seule espèce d'Australopithèques. Ceci simplifierait la phylogenèse humaine qui serait alors faite d'une seule lignée. Les différences relevées par Robinson seraient alors liées à des modifications allométriques* et au dimorphisme sexuel.

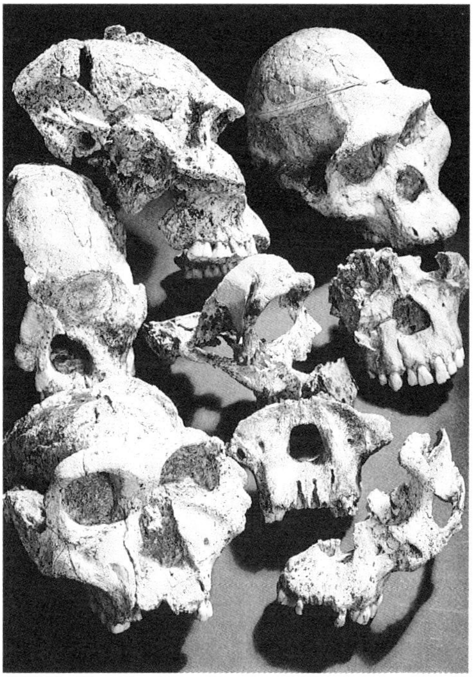

Collection de crânes fossiles d'Australopithèque trouvés dans les terrains calcaires de l'Afrique méridionale. Photo John Reader, Science Photo Library/Cosmos.

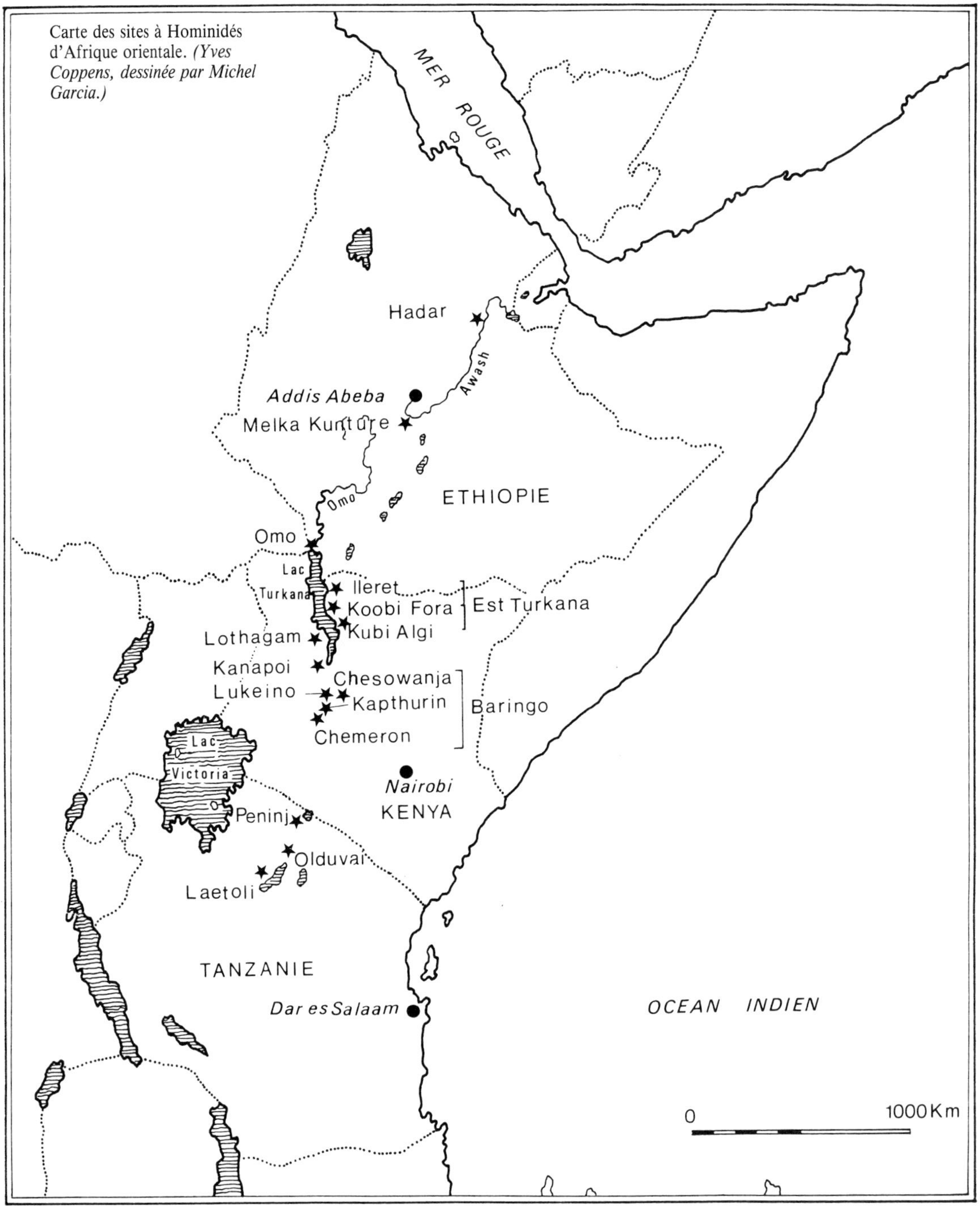

Carte des sites à Hominidés d'Afrique orientale. *(Yves Coppens, dessinée par Michel Garcia.)*

Et en Afrique orientale ? 1939-1964

L'histoire de la quête des Hominidés est marquée par un accroissement considérable du nombre des sites et de la quantité de fossiles découverts en Afrique.

En 1939, les plus anciens fossiles d'Hominidés avaient été découverts en Afrique australe, à Taungs, Sterkfontein et Kromdraai.

Prémices des succès paléontologiques Est-africains, à Laetoli, en Tanzanie près de la rivière Garusi, ont été découverts en 1939 des fragments crâniens et un maxillaire. Ces fragments constituent la *première découverte d'Australopithèque en Afrique orientale*.

1939. Laetoli

Le site, situé près du lac Eyasi, est daté de — 3 MA. La publication ne date que de 1943. Les restes fossiles, après avoir été attribués à un *Preanthropus* puis à un *Meganthropus*, ont été finalement estimés comme appartenant à un *Australopithecus africanus*, c'est-à-dire à l'espèce décrite par Dart.

On reviendra sur ce site qui a fourni les preuves concrètes de la marche bipède chez l'Australopithèque en révélant, dans les années soixante-dix, des traces de pas fossiles.

Les fouilles ont repris après la fin de la guerre, et vers 1949, deux nouveaux sites avaient été découverts en Afrique australe : Makapansgat et Swartkrans. Il faut remarquer que deux catégories d'Hominidés ont été ainsi découvertes, les *Australopithecus africanus* (le type décrit par Dart), à Taungs, Sterkfontein et Makapansgat, alors qu'à Kromdraai et Swartkrans, ce sont des Hominidés plus grands et aux os en principe plus forts : l'*Australopithecus robustus*.

Ce voyage historique à travers les sites fossilifères du continent africain, commencé par l'Afrique australe en 1924, va

Le site de Laetoli. Photo Y. Coppens.

se poursuivre par la traversée de l'Afrique orientale qui d'année en année verra s'étendre d'une manière spectaculaire le champ des recherches sur les premiers Hominidés et leur environnement.

La vallée de la Faille de l'Est africain (la Rift Valley)

Ce vaste champ de découvertes s'étend le long de la grande Faille de l'Est africain qui traverse l'Afrique orientale, dans le sens nord-sud de part en part. Curieusement *il existe un gradient spatio-temporel dans cette recherche qui, parti de l'Afrique australe, s'étend successivement par la Tanzanie, le Kenya et l'Éthiopie, jusqu'à la mer Rouge.*

Jamais dans l'histoire des sciences on avait assisté à une telle moisson de fossiles hominiens, à de tels progrès que ceux réalisés par les hommes de notre temps à la recherche de leur passé.

Le rôle de l'environnement, le rôle de l'évolution de l'écorce terrestre sur la morphogenèse des êtres vivants, c'est-à-dire sur l'évolution biologique, est illustré d'une manière exemplaire par l'histoire de la Vallée de la Faille africaine, appelée Rift Valley.

Au sud du lac Turkana au Kenya. Cette vue aérienne de la vallée de la Grande Faille africaine (Rift Valley) permet d'observer le résultat des mouvements de l'écorce terrestre, champs de fracture, soulèvements et effondrements de terrain. Photo Kraft, Explorer.

Cette région du continent Est-africain que l'on appelle parfois la corne de l'Afrique a été le siège d'événements tectoniques marqués par un ensemble de fissures de l'écorce terrestre, de soulèvements et de bascules mettant à nu des immenses tranches de sections terrestres permettant ainsi de voyager dans le temps en parcourant de la base au sommet les bords de ces failles successives. Dans ces régions on traverse un espace de temps qui va de plusieurs MA jusqu'à nos jours.

Soulèvements, effondrements et activités volcaniques se sont combinés pour offrir le paysage actuel, encore en mouvement, de cette grande Faille africaine qui parcourt l'Afrique orientale du nord au sud sur près de 5 000 km.

Large fossé d'effondrement, combiné à des bascules de pans d'écorce terrestre, suivis de comblements sédimentaires*, cet ensemble géologique comprend notamment la Gregory Rift Valley au Kenya ; le Rift éthiopien avec au nord la dépression de l'Afar rendue célèbre par la découverte de Lucie.

Les activités volcaniques successives grâce aux cendres, aux petites projections, aux coulées de lave, ont joué un rôle dans la préservation des fossiles et des sols, et permettent *a posteriori* de dater les couches riches en fossiles qui se sont succédé dans le temps. Il en est ainsi des bassins sédimentaires de Hadar, de Melka Kunturé et de l'Omo dans le territoire de l'Éthiopie ; du bassin du lac Turkana (ex-lac Rodolphe), de Lothagam et du bassin du lac Baringo au Kenya ; d'Olduvai, de Laetoli et de Peninj en Tanzanie.

La révolution paléontologique contemporaine

Du point de vue historique certains de ces sites étaient connus depuis le début du siècle mais n'avaient pas livré d'Hominidés, ce d'autant qu'*on n'était guère préparé à les reconnaître...*

L'histoire de la quête orientale de l'Afrique est un bel exemple de courage, de persévérance, de solidarité internationale et de pluridisciplinarité. Elle souligne la nécessité des recherches collectives où chacun a sa place, au cours desquelles les compétitions carriéristes ne font qu'entraver la recherche et freiner le progrès. Ce sont souvent « les petits, les obscurs », qui, ayant appris à distinguer les fossiles, ont rapporté les plus belles pièces... Ce sont des disciplines très diverses et des centaines d'hommes et de femmes qui ont amené la connaissance en paléontologie humaine à son stade actuel.

A la fin du XIXe siècle, les principales régions de la Vallée de la Faille africaine avaient été explorées.

Au Kenya, J.W. Gregory décrivit le système qui porte son nom, Gregory Rift Valley. Quelques années auparavant, avait été explorée la rive est du lac Turkana mais elle ne fut exploitée qu'à partir de la fin des années soixante. Dans la vallée de l'Omo, au début du siècle, E. Brumpt avait découvert les terrains fossilifères.

En Tanzanie, c'est aussi peu de temps avant la Première Guerre mondiale que la région d'Olduvai fut remarquée sur les plans géologique et paléontologique.

C'est à partir des années cinquante, et notamment 1959 à Olduvai, que débuta réellement cette énorme avancée qui caractérise la *révolution paléontologique contemporaine*. Elle avait été préparée de longue date par la lutte des médecins Raymond Dart et Robert Broom, poursuivie par Robinson et de nos jours par l'enseignant-médecin d'anatomie, Philipp Tobias, lutte pour le statut à part entière de l'Australopithèque...

Si, pour des raisons à la fois scientifiques et « médiatiques », le pôle d'attraction s'est déplacé du sud vers le nord-est de l'Afrique, il ne faut pas en conclure que l'activité paléontologique s'est ralentie en Afrique australe, bien au contraire !

Je vais continuer cette histoire en essayant de conserver la chronologie des découvertes et en fournissant des indications géographiques et des informations paléontologiques pour chacun des sites où ont été faites les découvertes les plus importantes concernant les origines du genre *Homo*.

Je souhaite que cette partie du livre donne une idée de l'ampleur du travail fait sur le terrain et en laboratoire par tous ceux qu'intéresse l'anthropogenèse.

1959. Le Zinjanthrope

Bien qu'un premier indice, une dent d'Hominidé attribuée à un Australopithèque eût été retrouvée en 1955 à Olduvai, j'ai choisi 1959 comme repère historique de cette nouvelle période car c'est l'année de la découverte du crâne de Zinjanthrope sur ce site.

Olduvai (ou Oldoway) Tanzanie

Olduvai est un haut lieu de la préhistoire de l'homme.

C'est une gorge profonde creusée dans la plaine de Sérengeti. Des éruptions volcaniques au début du Pliocène ont produit des séries de basaltes*, de tufs* volcaniques et de cendres. Un lac était situé dans la région d'Olduvai. Plus tard, une rivière creusa son lit à travers les dépôts accumulés et mit ainsi à jour une

Le site d'Olduvai. Photo Y. Coppens.

séquence stratigraphique dont la couche la plus profonde de basalte remonte à plus de 2 MA. Ainsi est expliquée la formation des gorges d'Olduvai. Le lac était bordé de plaines herbeuses, de prairies et de forêts ouvertes. Les Hominidés vivaient probablement sur les rives du lac qui leur servaient peut-être de bases saisonnières.

Les gisements actuels sont situés en Tanzanie (ex-Tanganyika) au nord-ouest près de la frontière avec le Kenya, à 36 km au nord-est d'un lac, le lac Eyasi, près de la branche Est de la Vallée de la Faille. Olduvai est situé à 30 km au nord d'un autre site célèbre, le site de Laetoli.

Les gorges, profondes de plus de cent mètres, et longues d'une cinquantaine de kilomètres, ont entaillé les dépôts lacustres accumulés durant le Quaternaire. Jusqu'à l'exploitation de la basse vallée de l'Omo et du bassin Omo-Turkana, elles constituaient la plus belle séquence mondiale pour le paléolithique ancien. Les séquences ont été étudiées pour la première fois par Louis Leakey en 1931.

Hans Reck, en 1951, classa les dépôts en un certain nombre de niveaux ou *Beds*. On y a distingué quatre niveaux principaux. Le plus profond et le plus

Le site d'Olduvai. Photo C. Farhi, Hao Qui.

ancien est le Bed I épais d'environ trente mètres. Il est fait de tufs volcaniques et de dépôts argileux lacustres. Le climat devait y être chaud et humide.

Au sein de ces niveaux principaux, la présence d'anciens sols a permis de distinguer plusieurs couches. Par exemple de la profondeur vers la superficie, au niveau du Bed I on trouve successivement le sol DK I, MK I, FLKNN I, FLK I, FLKN I, puis on passe au Bed II.

Il en est d'Olduvai comme d'autres lieux de fouilles africains célèbres. Il fut découvert au début de ce siècle.

C'est en 1911 que pour la première fois y furent trouvés des ossements fossiles par un Allemand, Kattwinkel, puis en 1913 Hans Reck y travailla à nouveau.

En 1931, les fouilles furent reprises par un couple d'Anglais : Mary et Louis Leakey, accompagnés de Reck. Dès la première année de fouille, furent trouvés des éléments lithiques qui constituèrent ce que l'on appelle l'*industrie oldowayenne**. Cependant il fallut attendre vingt-trois ans de fouilles et 1954, pour recueillir une preuve osseuse « directe » de la présence d'Hominidés, en l'occurrence deux dents de lait témoignant du deuxième Australopithèque découvert en Afrique orientale. Ces deux dents de lait ont été trouvées dans un site du Bed II supérieur

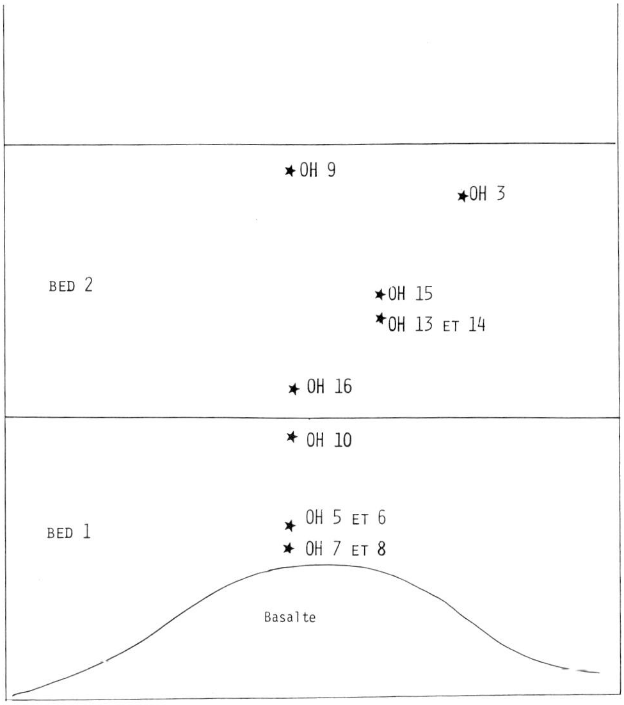

Coupe schématique des niveaux d'Olduvai. Sur ce schéma des sédiments fossilifères du site d'Olduvai, quelques fossiles d'Hominidés sont localisés par une étoile. Par exemple, OH5 est le Zinjanthrope, Australopithecus boisei *et 0H7* Homo habilis. *(M. Sakka d'après David Pilbeam.)*

et codées OH 3. Elles se révélèrent être des dents d'Australopithèque, situées au sein d'un niveau d'environ 1,5 MA ! Une telle datation en 1954 aurait dû paraître considérable mais, malgré la publication de Louis S.B. Leakey en 1958, cette découverte ne sembla pas avoir attiré l'attention.

1959. La « naissance » de Zinj

Quatre ans plus tard, en 1959, Mary Leakey découvrit le superbe crâne que Louis Leakey appela *Zinjanthropus boisei* (OH 5).

Le 17 juillet 1959, Mary Leakey, sans se douter de ce qui allait arriver, se trouve sur le chantier de fouille, au niveau appelé FLK I, celui-là même qui, au cours de la campagne 1931-1932, avait fourni les éléments de l'industrie oldowayenne... Son mari, Louis, malade, s'était retiré sous sa tente et se reposait au camp.

Il semble que la pluie ait joué un rôle dans ce qui va suivre. Soudain, dans les éboulis de la pente, Mary remarque un fragment osseux. Il s'agit d'un os du crâne, le temporal... Plus haut, elle observe des dents *in situ*... ces dents affleuraient et appartenaient à un crâne partiellement enfoui.

Louis Leakey (1903-1972). Avec Mary Leakey, son épouse, il rendit célèbre le gisement d'Oldoway en Tanzanie. Photo Roger-Viollet.

Il faut être chercheur et anatomiste ou paléontologue pour s'imaginer quelle joie et quelle fébrilité a dû ressentir ce couple. Louis, prévenu, oublie son état de santé et court à la découverte.

C'est ainsi que pendant plus d'un mois jusqu'au 6 août furent recueillis les fragments osseux qui allaient permettre de reconstituer un des plus beaux crânes presque complet (mais sans la mandibule) d'Australopithèque. Le premier en Afrique de l'Est...

Du point de vue scientifique, il faut insister sur le fait que le crâne du Zinjanthrope (OH5) reposait sur un *sol d'occupation* donc sur un niveau précis, datable, identifiable du point de vue « socioculturel », car on a trouvé à ses côtés des outils sur galets, de nombreux éclats et un *percuteur de pierre*. Des galets *non travaillés*, étrangers au site comme l'indique la nature de la roche, indiquaient qu'ils avaient été amenés sur place *intentionnellement* par l'occupant des lieux, parmi eux des os d'animaux.

Je me permets d'insister sur cette association, d'un être dont l'aspect extérieur était étonnamment simiesque, tout au moins en ce qui concerne le squelette de la tête, et d'une culture qui ne pouvait qu'indiquer travail, production et conscience réfléchie, c'est-à-dire des caractères proprement humains...

Il faut ajouter que dès sa première description, en 1959, après avoir démontré qu'à son avis, compte tenu de l'état fracturé des os de la faune, de l'aspect de cette industrie primitive oldowayenne (il la nomme « pré-Chelles-Acheul culture), il s'agit bien d'un sol d'habitat, Louis Leakey en arrive à la conclusion que les os sont des restes de repas, et que le crâne appartient au fabricant de cette industrie primitive.

Nous avons donc, écrit-il, en ce crâne, *un vrai représentant du type d'« homme » qui fabriqua la culture oldowayenne pré-chelléenne-acheuléenne*. Ceci dit, il fait aussi implicitement une différence entre ce terme d'« homme » qu'il met entre guillemets, et le genre biologique. Anatomiquement parlant, il trouve des caractères australopithèques à son fossile et le rapproche du Paranthrope pour certains traits, de l'Australopithèque pour d'au-

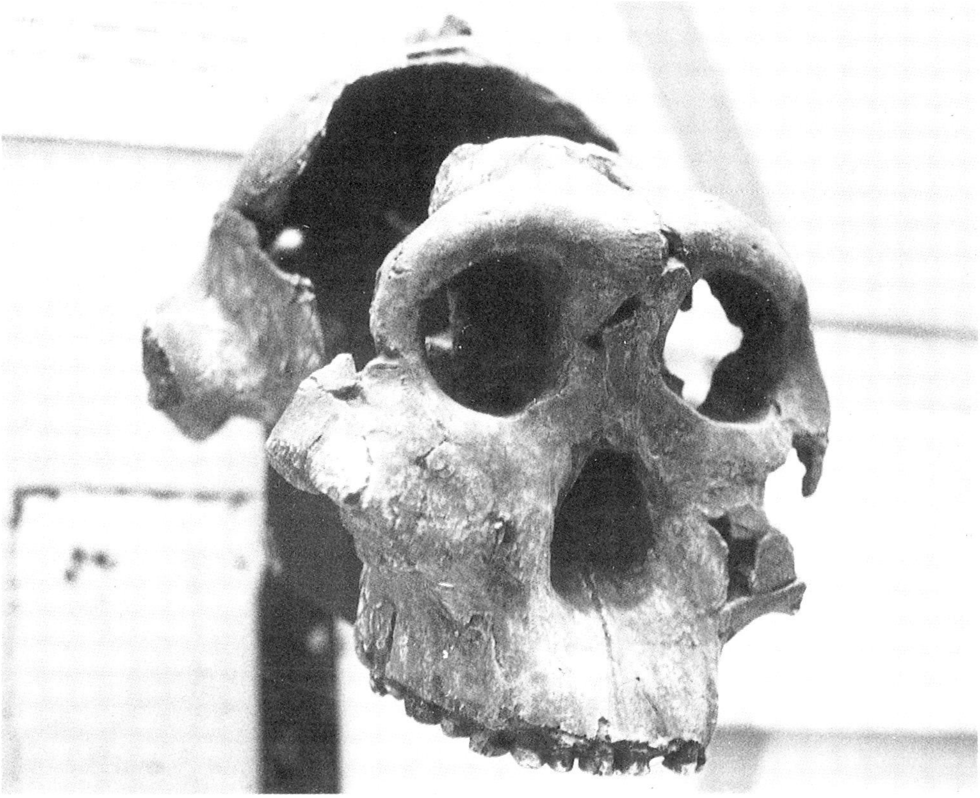

Le superbe crâne d'Australopithèque robuste, Australopithecus boisei. *Découvert par Mary Leakey, le 17 juillet 1959, OH5 est le premier crâne d'Australopithèque trouvé en Afrique de l'Est. Photo Roger-Viollet.*

En visite sur les lieux de la découverte. On voit ici le site au niveau duquel fut découvert OH5. Madame Françoise Coppens est au premier plan. Photo Y. Coppens.

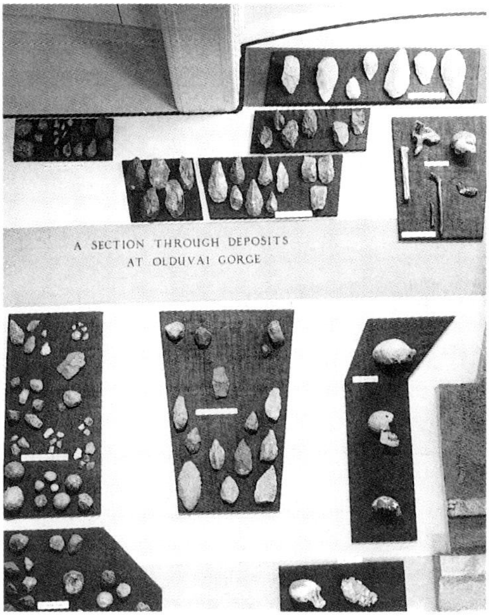

Résultats de fouilles dans les gorges d'Oldoway. Industrie oldowayenne. Photo Roger-Viollet.

tres, car il considère valable la distinction des Australopithécinés en deux genres « robustes », établie par Robinson en 1954 (voir ci-dessus, p. 162).

Néanmoins il considère que le nouveau crâne diffère des deux genres *Australopithecus* et *Paranthropus* dans une plus grande mesure que ces deux genres ne diffèrent l'un de l'autre. Bien que ne souhaitant pas qu'il y ait de trop nombreuses variétés parmi les Hominidés, il crée pour ce nouvel arrivant un nouveau genre.

A ce genre il ne donne pas le nom d'Homme-Singe. Il aurait pu lui donner le nom de Singe de l'Est à l'instar de Dart avec son Singe du Sud, non, il lui donne le nom d'« Homme d'Afrique de l'Est ». Zinj, dit-il, est le nom ancien donné à l'ensemble de l'Afrique orientale. Après avoir écrit qu'il s'agissait d'*un type d'homme* il lui donne le nom d'un paleo genre dans lequel figure le mot *anthrôpos* (en grec = homme), c'est le genre *Zinjanthropus*.

Il est intéressant de constater que quelque cinq années plus tard, il aura sensiblement changé d'opinion sur OH5.

Industrie oldowayenne

L'intérêt de ce site réside dans la culture lithique que l'on y a trouvée, connue sous le nom de *pebble culture** ou *pebble tool industry*, comprenant de petits outils appelés *choppers** et *chopping tools**. Ils étaient associés à d'autres outils encore plus petits et à de la faune fossile. On en a conclu qu'il pouvait s'agir de lieux d'habitats. La petite faune constituerait des restes de nourriture.

Pebble culture signifie culture sur galets. Les *choppers* sont des tranchoirs ou couperets *unifaces* : les éclats n'ont été retirés à l'un des pôles que sur une seule face ; les *chopping-tools* sont des tranchoirs sur galet ou couperets *bifaces* : les éclats ont été ôtés à l'un des pôles mais sur les deux côtés (ou faces) du galet.

L'association de cette culture oldowayenne (signes indirects) à des restes d'Hominidés (signes directs) est extrêmement importante pour retracer l'histoire des origines humaines.

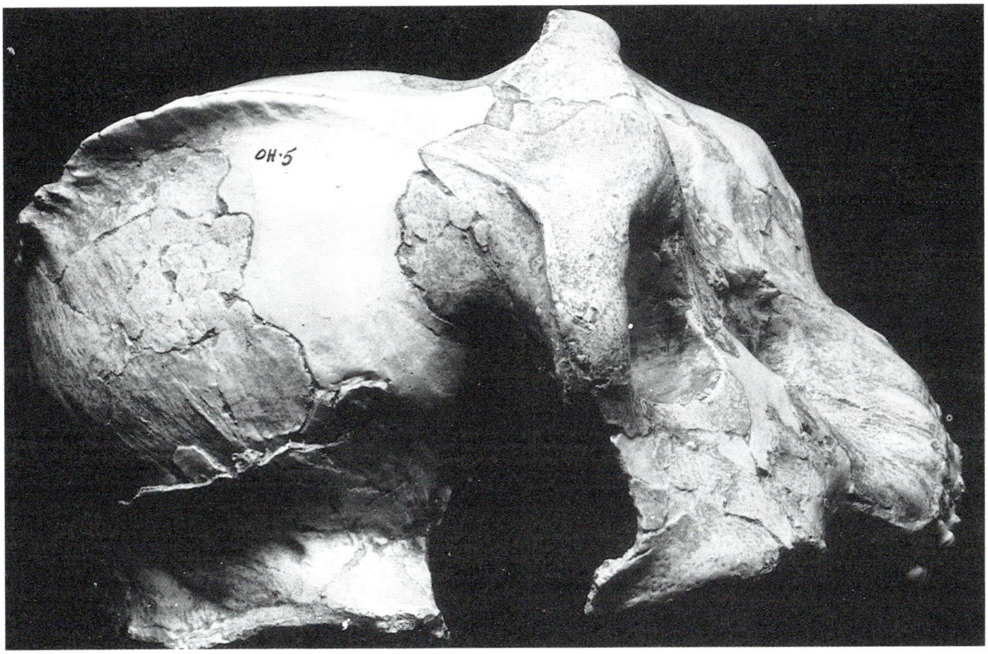

Zinjanthrope. La vue de profil met bien en évidence la présence d'une crête sagittale. Les dents sont toutes sorties. Il s'agit vraisemblablement d'un jeune mâle adulte. Les parties claires n'ont pas été retrouvées et sont une reconstitution. Moulage, photo Michel Sakka.

Zinjanthrope. Son visage lui interdit-il d'avoir fabriqué des outils ? Moulage, photo Michel Sakka.

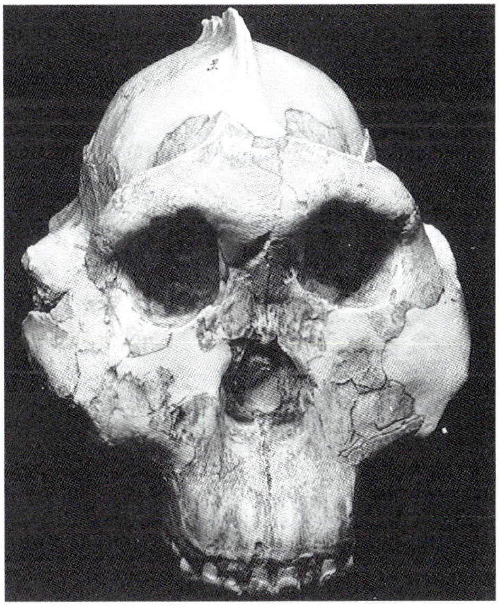

Un formidable bond en arrière dans le temps

Le crâne d'Hominidé fut donc appelé *Zinjanthropus boisei*. Zinj est un nom arabe ancien, *boisei* est un hommage à Charles Boise qui avait encouragé et financé les travaux des Leakey.

Et là ce fut une nouvelle étonnante, car deux ans plus tard, en 1961, les méthodes physiques de datation accordèrent au Zinjanthrope une ancienneté d'1 750 000 ans obtenue grâce à la datation du Bed I par la méthode K/Ar* (Potassium/Argon)* à Berkeley.

Ce fut donc non seulement le départ vers l'extension dans l'espace africain de l'aire des Australopithèques, mais aussi une extension dans le temps... 17 500 siècles en arrière. On était loin du million d'années qui représentait l'âge de l'enfant de Taungs selon Dart, estimation à laquelle le plus grand septicisme avait été opposé, trente ans plus tôt.

Il faut bien dire que de tous les sites connus, Taungs est un de ceux qui sont les plus difficiles à dater avec précision.

*Photographie de Louis Leakey et d'*Homo habilis. *L'holotype* est constitué d'une mandibule (OH7), le paratype* comprend OH13, un crâne, et OH8 : des os d'un pied presque complet, des os de la main, une clavicule. La première publication date de 1964, elle est signée Leakey, Tobias et Napier. Photo John Reader, Science Photo Library/Cosmos.*

1960. *Homo habilis* préféré à Zinj

Au début, les paléontologues eurent du mal à admettre que le *Zinjanthropus boisei* ou plutôt l'*Ausralopithecus boisei* (OH5) avec son crâne au front absent, ses arcades sourcilières saillantes en un *torus* sus-orbitaire et d'énormes molaires, puisse avoir été l'auteur de l'industrie oldowayenne. Aussi lorsque l'on découvrit dans le même niveau (Bed I d'Olduvai) un autre spécimen dont la morphologie semblait moins simienne, celui-ci fut aussitôt considéré comme l'auteur de l'industrie oldowayenne. Autrement dit, on jugeait de l'intelligence sur le faciès... et on l'appela *Homo habilis* (OH 7).

Peu importe d'ailleurs, ce qui compte, c'est que des outils lithiques aient été trouvés dans la séquence oldowayenne. Bien plus, les niveaux habités, les sols d'habitat contiennent des restes d'animaux qui portent des indices de boucherie, enfin, toujours dans le Bed I, à la partie inférieure, un cercle de pierres qui semble artificiel. Peut-être s'agit-il d'une structure ayant été intentionnellement établie comme protection contre le vent... Toutes choses indiquant un être doté d'une conscience réfléchie, il y a plusieurs dizaines de milliers de siècles.

L'aspect d'OH5 n'évoquait pas le degré d'intelligence supposé nécessaire à la réalisation d'une telle culture. Si bien que ce fut tout naturellement, que l'on changea d'opinion sur OH5 lorsque l'on découvrit *ce que l'on cherchait*, c'est-à-dire des fragments osseux d'une tête moins simiesque et plus digne de représenter l'artisan d'Olduvai.

En effet, en 1960, dans le même niveau (Bed I) que celui d'où provenait Zinjanthrope, cependant un peu plus bas (site FLKNN I), les Leakey purent extraire des fragments osseux, deux os du crâne, les os pariétaux, un pied gauche presque complet, des phalanges des doigts, des dents et une mandibule. Ces os furent rapportés à un Hominidé, plus ancien que OH5, et un peu différent. Il fut d'abord considéré comme un pré-Zinjanthrope.

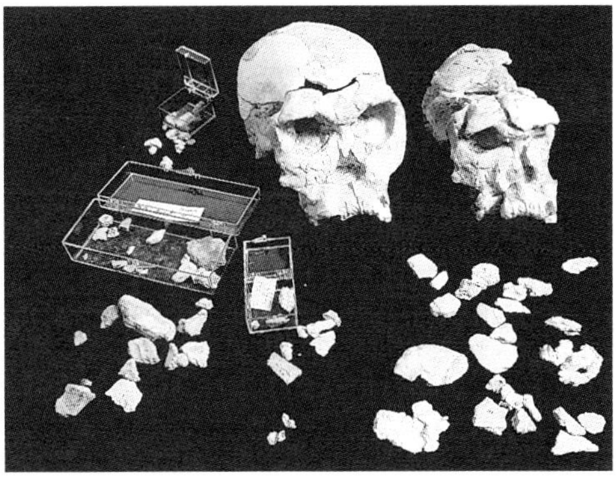

Photographie de la reconstitution du crâne d'un Homo habilis *(OH24) à gauche, et d'un moulage du crâne tel qu'il fut découvert en 1968 dans la gorge d'Oldoway en Tanzanie. Photo John Reader, Science Photo Library/Cosmos.*

Dès lors Olduvai et Zinj avaient donné le coup d'accélérateur à la recherche des origines de l'Homme. Le pôle d'attraction se déplaçait du sud vers l'est de l'Afrique.

D'ailleurs il semble y avoir un *gradient statio-temporel sud-nord, dans l'histoire des découvertes fossiles concernant les origines du genre Homo*.

Ainsi c'est au sud de l'Afrique que fut découvert le premier Australopithèque en 1924. Puis on passe en Afrique de l'Est, en Tanzanie en 1939, en 1959 et en 1960.

C'est au Kenya, donc encore plus au nord, que fut trouvé en 1971 un des plus beaux crânes *complet* d'Australopithèque (KNMER 406). Puis à Melka-Kunturé en Éthiopie les plus anciens outils.

Enfin Lucie, le seul squelette partiel appartenant au même individu, en 1974, en Éthiopie, aux Afars, au nord de l'Afrique de l'Est.

C'est très schématique mais curieux...

Dart, Broom, les Leakey, et tant d'autres qui participèrent à ces découvertes avaient fini par triompher et avaient réussi à intéresser les scientifiques de tous pays à leurs recherches.

Après Olduvai, l'échelle du temps était bouleversée. On ne comptait plus en dizaines ou centaines de milliers d'années, mais en millions d'années la durée qui séparait notre présent de l'époque des ancêtres directs de l'Homme.

L'anthropogenèse, l'histoire des origines de l'Homme, le passage de groupes animaux aux prémices de sociétés humaines devenait concret. On avait trouvé l'outil, celui qui l'avait fabriqué et utilisé pour produire sa subsistance.

Exactement cent cinquante ans après le scénario exposé par Lamarck, on avait trouvé avec « Zinj » et les outils les preuves matérielles qui lui rendaient justice.

L'élan était donné qui allait bouleverser l'histoire des origines de l'Homme, et qui allait inciter au niveau international de nombreuses équipes de chercheurs à venir en Afrique y défricher le passé de l'Humanité...

Les sites à Hominidés d'Afrique de l'Est 1964-1966

Pour caractériser cet élan des années soixante, j'ai classé les sites d'après la date, parfois approximative, de leur exploitation. Certains de ces lieux avaient été découverts antérieurement mais n'avaient pas été exploités à grande échelle. J'ai donc, comme pour Olduvai, pour la vallée de l'Omo, pour le lac Turkana ou pour Laetoli, pris la date du rebondissement des recherches comme repère chronologique de mon exposé.

Dans les pages qui suivent se trouve une description succincte des différents sites africains à Hominidés. Ils sont tous situés près d'une rivière ou à proximité d'un lac, ce qui n'est pas le fait du hasard. Le lecteur trouvera dans l'ordre le nom de l'étendue d'eau, le nom du ou des sites et le pays où ils se trouvent.

De 1964 à 1974, ils s'étagent ainsi :

1. Lac Natron ; rivière Péninj ; Tanzanie.
2. Rivière Kerio et Ouest du lac Turkana (ex-lac Rodolphe) ; Lothagam, Kanapoi ; Kenya.
3. Rivière Awash, haute vallée ; Melka-Kunturé ; Éthiopie.
4. Lac Baringo ; N'gorora, Chesowanja, Lukeino, Kapthurin, Chemeron ; Kenya.
5. Basse vallée de la rivière Omo, bassin du lac Turkana ; N'Kalabong, Mursi, Kibish, Usno, Shungura ; Éthiopie.
6. Est du lac Turkana ; Koobi-fora, Ileret, Kubi-algi ; Kenya.
7. Rivière Awash et son affluent le Kada Hadar ; Hadar, Bodo ; Éthiopie.
8. Rivière Garusi, lac Eyasi ; Laetoli ; Tanzanie.

Cette liste n'est pas exhaustive.

1 Lac Natron ; rivière Péninj ; Tanzanie

1964

En janvier 1964, Richard Leakey, le fils de Louis Leakey, entreprend la première expédition exploratrice du site. Il est bientôt rejoint par Glynn Isaac. Le site se trouve en Tanzanie à environ 80 km au nord-est de la gorge d'Olduvai près de la frontière avec le Kenya, à l'ouest du lac Natron.

Dans les gisements proches de la rivière Peninj, un Africain appelé Kamaya Kimeu qui travaillait pour la mission fit la découverte d'une magnifique mandibule fossile *in situ*.

Cette mandibule a une morphologie la classant, selon Louis et Mary Leakey, comme *Australopithecus boisei*, ce qui faisait d'elle la première mandibule d'Australopithèque trouvée en Afrique de l'Est... par un Africain. Elle était accompagnée d'une industrie acheuléenne ancienne et d'une faune semblable à celles d'Olduvai Bed II. Une datation physique ultérieure lui donnait 1,5 MA.

Le diagnostic taxinomique de cette mandibule fut discuté dans les années 1964 (Leakey) et 1967 (Tobias) entre les partisans d'*A. boisei* et ceux d'*A. robustus*. A présent, on se demande s'il s'agit réellement de deux espèces différentes.

L'intérêt de cette pièce, me semble-t-il, outre son parfait état de conservation et sa datation, est l'association d'une industrie lithique et d'un « Australopithèque ». Cela ne rappelle-t-il pas Zinj... et l'Homme ?

Paysage du lac Natron, Tanzanie, Photo Denis Huot.

2 Rivière Kerio ; Lothagam et Kanapoi ; Kenya

1964

En 1964 commence l'expédition américaine du bassin de la rivière Kerio (professeur Bryan Patterson de Harvard). Située au nord-ouest du Kenya, cette région borde la rive ouest du lac Turkana (ex-lac Rodolphe) dans lequel se jette la rivière Kerio (au sud-ouest du lac).

— *Lothagam*

Lothagam a fourni un fragment du corps de la mandibule du côté droit, porteur d'une première molaire, dont la surface d'attrition est usée, seules les racines des autres molaires ont été préservées.

La taille des dents, leurs proportions, le dessin de la couronne* de M_1, rappellent beaucoup les caractères de *l'A. africanus*, de Sterkfontein et de Makapansgat. Il s'agit ici d'une prodigieuse découverte, car si les datations sont valables et le diagnostic exact, cela fait remonter l'existence de l'Australopithèque entre — 5 et 5,5 MA ! Cette pièce fut publiée en 1970.

Il semble qu'en 1972 on ait trouvé quelques fragments crâniens de pariétal et d'occipital.

1965

— *Kanapoi*

Ce site est localisé dans le même bassin que Lothagam, près de l'extrémité sud du lac Turkana.

En 1965 l'extrémité distale de l'humérus d'un Hominidé est trouvée, publiée en 1967. La couche où a été découverte la pièce est surmontée d'une lave datée de 2,5 à 3 MA. Les couches fossilifères remontent à une époque située entre 4 et 4,5 MA.

Cet humérus est peut-être celui d'un *A. africanus*, mais on a hésité entre *A. africanus* et *A. boisei*. Quoiqu'il en soit, il constituait un indice supplémentaire de l'ancienneté des premiers Hominidés.

Dès sa découverte l'humérus fut rapproché de *A. africanus* par ses inventeurs, Pilbeam trouve raisonnable de l'intégrer aux *A. boisei* compte tenu de ses dimensions. Cependant il diffère par quelques caractères du fragment huméral de Kromdraai attribué à *A. robustus*.

En outre, à Kanapoi, a été trouvée une mandibule que Patterson a diagnostiquée comme ayant appartenu à *Parapapio jonesi*, qui est une variété petite d'un Babouin fossile, très répandue à Sterkfontein et à Makapansgat en Afrique australe, et qui est contemporaine d'*A. africanus*. Ces associations ont une valeur dianostique.

3 Rivière Awash ; Melka Kunturé ; Éthiopie

1965

Depuis 1965, les fouilles du gisement paléolithique* de Melka-Kunturé sont poursuivies par une mission franco-éthiopienne dirigée par Jean Chavaillon.

Le gisement de Melka-Kunturé est situé à 50 km environ au sud d'Addis-Abeba dans la haute vallée de l'Awash. L'Awash prend sa source à 60 km en amont du site, à 2 000 m d'altitude, près d'Addis-Abeba. Il remonte ensuite vers le nord, traverse les Afars et va se perdre dans un lac désertique près de la frontière entre l'Éthiopie et Djibouti.

Le gisement est aussi à 2 000 m d'altitude, son étendue dépasse 800 ha.

Il s'agit d'un plateau, creusé, coupé par la vallée de l'Awash et celles de ses affluents. Des lacs temporaires survenaient tout au long du parcours de la rivière. A l'horizon se profilent les cônes d'anciens cratères volcaniques, actuellement éteints.

Des formations sédimentaires ont été déposées, argiles, limons, sables, cailloutis. Creusements avec destruction de dépôts anciens, sédimentation, érosion, phénomènes volcaniques et tectoniques ont pour résultat le paysage actuel et sa complexité. Les vallées creusées par les cours d'eau mettent à nu les couches géologiques et en permettent l'étude stratigraphique.

En aval de Melka-Kunturé à la suite de grandes chutes d'eau, la vallée est faite de gorges profondes. En amont du gué de Melka-Kunturé, la vallée s'étage en gradins sur les deux rives du fleuve. De — 1,7 MA à nos jours, le site présente de nombreux sols d'occupation.

Caractères sociaux et culturels

Au lieu de se contenter de la récolte d'os et de pierres taillées (ce qui n'est déjà pas si mal), une conception sociale de l'homme permet d'interpréter les sols des différents niveaux archéologiques d'une manière nouvelle.

Pour l'étude de l'anthropogenèse, la recherche des comportements, des premiers pas d'une organisation sociale, est tout aussi importante que la recherche d'ossements fossiles. Il n'y a pas de compétition entre le paléontologue et le préhistorien, mais l'ensemble est décisif. La découverte d'objets ou de dispositions spatiales sur le sol, marquant avec certitude la conscience réfléchie, signe la présence de l'Homme.

L'importance des conceptions philosophiques et culturelles propres au chercheur, sa « sensibilité », comme l'on dit souvent, son éducation, son idéologie sont de nature à influencer son interprétation des événements, la conduite et les résultats de la fouille archéologique.

Au cours de la recherche anatomique, l'on ne trouve que ce que l'on est préparé *à voir* [1]. Il faut se présenter toujours neuf

1. Bien entendu je parle des anatomistes de métier, je ne fais pas allusion à certains amateurs non éclairés qui prétendent être anatomistes parce qu'ils ont fait quelque année d'études médicales... et disséqué quelques jours...

Ethiopie, Melka Kunturé. Le gué avec, au fond, la faille de basalte qui a favorisé la conservation des dépôts quaternaires. Photo Jean Chavaillon.

dans la recherche, tout voir, tout décrire et tout rapporter, même si cela va à l'encontre de ses propres hypothèses. Il faut se souvenir du crâne de Piltdown !

L'intérêt de Melka-Kunturé est précisément lié à toutes les informations qu'il fournit dans le domaine socio-culturel sur le passé des premières sociétés. Mais ces informations sont fournies aussi parce que celui qui dirige la recherche songe à les rechercher.

On peut ainsi saisir sur le vif la vie des premiers hommes et son évolution de — 1,7 MA à nos jours. C'est un des atouts majeurs de Melka Kunturé que de posséder plusieurs habitats d'époques différentes sur le même site, permettant d'imaginer les changements dans la technologie et dans les préoccupations principales de ses plus anciens hôtes.

L'association d'outils de près de 2 MA avec des ossements d'animaux font penser à des ateliers de boucherie ou à des restes de repas d'Hominidés.

Les anciens sols d'habitation laissent parfois percer une organisation avec des aires de *travail*, dépeçage d'animaux ou/et fabrication d'outils. Les sols de Melka-Kunturé siègent d'autant plus près de l'eau qu'ils sont plus anciens.

L'exemple de Gomboré I est caractéristique. C'est un des plus vieux de Melka

A Melka Kunturé. Gomboré I B. Un sol d'habitat oldowayen en cours de fouille. Datation : 1,6 à 1,7 MA. Photo Jean Chavaillon.

Melka Kunturé. Détail d'un sol d'habitat de Gomboré I B Oldowayen. On observe des outils et des cornes d'Antilope. Photo Jean Chavaillon.

Melka Kunturé. Sol d'habitat Gomboré I B. Nucleus et choppers. Photo Jean Chavaillon.

Kunturé : — 1,7 MA. La nature du terrain où sont les outils, les pierres et les os, et celle des couches qui recouvrent ce sol d'occupation indiquent qu'il était à proximité de l'eau, sur un rivage, et peut-être est-ce une crue qui a obligé ses occupants à quitter leur « campement ».

A cette époque les outils sont faits de galets, sans doute travaillés sur place et trouvés le long du rivage.

Au cours des temps, des centaines de milliers d'années, les camps s'éloignent de l'eau et l'on va chercher plus loin la matière première, *sorte d'indépendance progressive, très lente, de l'homme vis-à-vis de son environnement immédiat.*

La dernière période, plus récente, (— 800 000 ans) est marquée par une double évolution :

— d'une part, on continue à fabriquer les outils les plus grossiers à l'aide des galets du rivage ou de la plage trouvés *sur place*, *galets aménagés*,

— d'autre part, des outils mieux travaillés, des *bifaces*, et des *hachereaux**, viennent de l'*extérieur*. Ils sont faits de roches d'origine volcanique plus dures que les galets (Chavaillon). De « mini-carrières » primitives, situées à quelques centaines de mètres de l'habitat, fournissent la matière première.

Il est passionnant de constater une certaine organisation dans l'habitat et aux alentours. Sur un sol parsemé de cailloux et d'outils, les espaces vierges ont une grande signification. Parfois dès — 1,7 MA à Melka Kunturé (— 1,8 MA à Olduvai au niveau du Bed I), on retrouve une sorte de limite de pierres et d'outils entourant un espace à peu près vide. Parfois, au niveau de la limite lithique, quelques pierres plus importantes et plus lourdes peuvent être interprétées comme des cales pour maintenir les parois de l'habitat. A Gomboré I (1,7 MA) et à Garba XII (1 MA), elles étaient disposées par quatre ou cinq en petits cercles, avec un espace libre au centre.

Encore plus passionnant, certaines aires possèdent de grosses pierres, d'environ 60 cm de diamètre, entourées de débris lithiques ou de faune, indiquant un atelier de taille ou une aire culinaire.

Certains de ces blocs sont marqués de traces de choc et entourés de percuteurs et d'outils, ils ont pu servir d'enclumes. A mon sens, certains d'entre eux sont peut-être les premiers tabourets... L'acquisition du comportement érigé n'empêchait pas les premiers hommes de s'asseoir !

Au total, la richesse de Melka Kunturé est autant liée à ce que le site recèle qu'à la curiosité culturelle de ceux qui dirigent la mission archéologique.

Hominidés

En 1973, le niveau du gisement de Gomboré II, estimé acheuléen* moyen, fournit un fragment de voûte du crâne, un os pariétal, découvert par Claude Brahimi. L'habitat était situé au bord de la rivière Awash, entouré d'une savane à acacias, la forêt de montagne devait s'étendre plus près de l'Awash qu'actuellement, et le climat devait être aussi plus humide. La savane à graminées devait héberger de nombreux Herbivores. La faune était

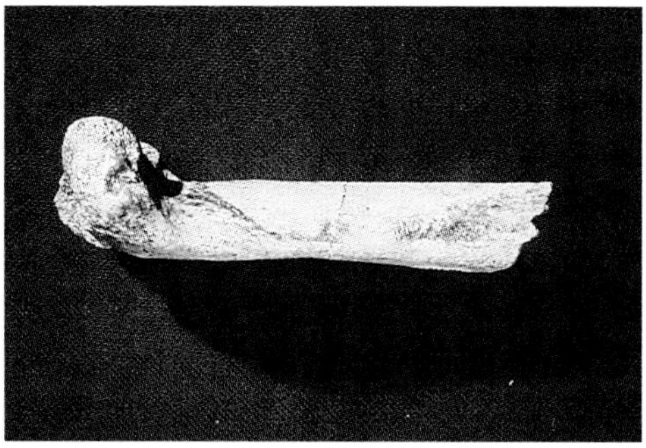

En haut. Melka Kunturé. Humérus humain en place lors de son dégagement au niveau du sol d'habitat. Photo Jean Chavaillon.

Ci-dessus : Melka Kunturé. Gamboré 1 B. Partie distale d'un humérus d'Hominidé dégagé, vue de profil. Photo Jean Chavaillon.

variée et souvent chassée par les Hommes. Il y avait des Bovidés, des Antilopes, des Équidés, des Hippopotames le long du fleuve, des Suidés, des Oiseaux et des Crocodiles.

Le fragment de pariétal de Gomboré serait celui d'un *Homo erectus*. Il est associé à une industrie faite de choppers, de polyèdres*, de hachereaux et de bifaces estimés acheuléens moyens.

En 1977, trouvé dans un niveau plus ancien et plus bas situé, est publiée la découverte d'un autre fragment squelettique d'Hominidé. Au site de Gomboré I, le plus ancien, une extrémité distale d'humérus a été découverte, que l'on a attribuée à un *Homo erectus*, de caractères archaïques. Ayant fait ce diagnostic, on constate avec surprise qu'*Homo erec-*

tus est bien plus ancien qu'on ne pouvait le penser, et qu'on ne s'attendait pas à ce qu'il soit associé avec le type d'industrie que l'on rencontre à ce niveau.

Cette observation n'est qu'une preuve supplémentaire de la dissociation relative des processus anatomiques (l'aspect de l'Homme fossile appelé *Homo erectus*) et des processus fonctionnels (ici la culture lithique).

4 Lac Baringo ; Kenya

1966

Bien au sud du lac Turkana, se trouve le lac Baringo, au Kenya.

Le bassin de ce lac attira une mission britannique (B.C. King et W.W. Bishop). Les premiers travaux dès 1966 permirent d'y reconnaître des couches sédimentaires s'étalant du Miocène supérieur au Pleistocène supérieur. C'est dire tout l'intérêt de cette portion de temps qui correspond au passage des Primates ancêtres des Hominidés, aux plus anciens Hominidés connus.

Plusieurs sites ont été exploités dans le bassin du lac Baringo : N'gorora, Chesowanja, Lukeino, Kapthurin, Chemeron.

N'gorora

Ce site a livré une seconde molaire supérieure (M^2) ; les sédiments y sont datés de — 9 MA (Bishop et Chapman 1970). On conçoit l'importance de l'étude de cette dent, qui aurait pu en apprendre sur les ancêtres des Hominidés mais qui est par trop fragmentaire.

En 1972, Pilbeam considérait qu'elle pouvait se trouver sur la lignée menant aux Australopithèques, par la forme et la distribution des tubercules, des crêtes et des sillons de la face triturante. Cependant, d'un autre côté, elle possède une couronne basse, comme *Ramapithecus*. Elle est donc *morphologiquement* intermédiaire à ces deux taxons, du point de vue temporel aussi...

Chesowanja

C'est une localité contenant des sédiments et des fossiles Pleistocène, qui a été découverte à l'est du lac Baringo. Elle est située à 1,5 km à l'ouest de la piste joignant Mukutan et Chemoigut. Ce bassin de Chemoigut s'étend sur près de 20 km sur 5 km, au pied d'un escarpement appelé Aruru, et a été découvert par J. Carney, un géologue londonien.

Situés à 1 100 mètres au-dessus du niveau de la mer, les sédiments fossilifères ont été datés de — 1,1 à — 1,2 MA.

Les découvertes

En 1970, on y a trouvé un crâne partiel d'Australopithèque (KNM-CH1). Pour les auteurs, Carney, Hill, Miller, géologues, et Alan Walker, anatomiste, il s'agirait d'un Australopithèque robuste, tardif, « évolué », descendant d'un *A. boisei*, avec une mosaïque de caractères, certains d'entre eux rappelant *A. africanus*, d'autres le genre *Homo*.

Pour d'autres, F. Szalay, il s'agirait d'une femelle d'*A. robustus*. Quoi qu'il en soit, ce qu'il faut retenir, c'est qu'il

Vallée de l'Omo. Le professeur Camille Arambourg avait fait venir Yves Coppens dans la vallée de l'Omo en Ethiopie. Yves Coppens devait lui succéder à la tête de la mission française. Ici, debout, Arambourg (84 ans, quatre mois avant sa mort) et Yves Coppens examinent un fossile à terre. Photo Yves Coppens.

vivait il y a — 1, 1 à 1, 2 MA, ce qui est très « récent » !

En 1978, un autre crâne d'Australopithèque (KNM CH-304) été découvert à Chesowanja, en deux parties distantes de 15 mètres, par Bernard Ngeneo et Wambua Mangao. Il fut publié en 1981 (Gowlett, Harris, Walton et Wood). Harris est anthropologue et Wood anatomiste du Middlesex Hospital Medical School à Londres.

Le crâne fut attribué à *Australopithecus boisei* et le site estimé à 1,42. ± 0,07 MA.

Il faut se rappeler que OH 5, le Zinjanthrope, holotype d'*A. boisei* est daté de 1,75 MA.

Autrement dit, les découvertes de Chesowanja rajeunissent sensiblement l'Australopithèque robuste tout en augmentant sa durée de vie.

Lukeino

On aurait trouvé une molaire, datant de — 5,5 à — 6,5 MA !

Chemeron

Dans l'une des couches de Chemeron (Fish Beds supérieurs) datée entre — 3,5 MA et — 3 MA, on a trouvé un os temporal droit (os du crâne), bien décrit par Tobias qui ne lui a pas donné de diagnostic. Il s'agit d'un Hominidé, vraisemblablement d'un Australopithèque.

5 Vallée de la rivière Omo, bassin du lac Turkana ; N'Kalabong, Mursi, Kibish, Usno, Shungura ; Éthiopie

1966

L'Omo est un fleuve qui prend sa source en Éthiopie au sud-ouest d'Addis-Abeba et qui se termine près de la frontière entre l'Éthiopie et le Kenya, au sud-ouest de l'Éthiopie, en se jetant dans l'extrémité nord du lac Turkana.

C'est au niveau du cours inférieur du fleuve, dans la basse vallée de l'Omo, que se trouvent les formations sédimentaires fouillées par les expéditions françaises et américaines. Dans cette région s'étagent sur près de 200 km^2 toute une série de formations, N'Kalabong, Mursi, les plus au nord, sur la rive gauche ; Kibish, près d'un affluent de l'Omo, enfin sur la rive droite Usno et surtout Shungura, qui est la formation la plus étendue et la plus célèbre.

Cet ensemble géologique fait partie de ce que l'on appelle le bassin du lac Turkana.

Il en est de l'histoire de l'Omo comme de celle d'Olduvai. Le site a été repéré dès la fin du XIXe siècle. Les couches fossilifères furent découvertes en 1902 (E. Brumpt). En 1933, le professeur Camille Arambourg en commença l'observation paléontologique.

Cependant, c'est en 1966 que fut créée une mission internationale franco-américano-éthiopienne. La partie américaine de l'expédition était dirigée par F.C. Howell, la partie française par Y. Coppens, après la disparition de C. Arambourg, en 1969.

L'intérêt de l'Omo outre la richesse en fossiles notamment d'Hominidés est la stratigraphie qui a pu être établie très précisément et qui s'étend de — 4 MA à — 1,5 MA. De ce point de vue le site du bassin de l'Omo précède dans le temps celui d'Olduvai. La partie supérieure d'Omo chevauche néanmoins la partie inférieure la plus ancienne d'Olduvai. Les deux stratigraphies éclairent le passé sur plus de 4 millions d'années...

La formation de Shungura est la plus étendue, constituée de dépôts de près de 900 m d'épaisseur, qui affleurent le long de la rive droite de l'Omo. Elle comprend

Vallée de l'Omo. Site de la fouille. On voit parfaitement les différentes couches du terrain que les mouvements de l'écorce terrestre ont mises à nu. Les couches les plus élevées correspondent aux sédiments les plus récents (photo Yves Coppens).

un certain nombre de couches que l'on appelle membres, et que l'on a nommés membre de base puis membres de A à L, des plus anciens aux plus jeunes. Il n'y pas de membre I.

Ce dispositif est constitué de couches d'origine volcanique, cinérites, qui sont intercalées entre les couches sédimentaires. Chaque cinérite donne son nom à la couche sédimentaire sus-jacente. La cinérite A est datée de plus de — 3 MA (aux environs de — 3,3 MA), alors que la cinérite L a une date inférieure à — 1 MA (— 0,8 MA).

L'ensemble des couches atteint parfois près de 1 000 mètres d'épaisseur et parcourt plus de 3 millions d'années. A Mursi, par exemple, la datation dépasse — 4,4 MA.

Au total, la continuité des séquences de l'Omo s'étend sur une durée de quelque 4 millions d'années, ce qui représente l'espace temporel qu'a traversé l'origine des hommes...

Ces gisements présentent dans leur continuité une échelle stratigraphique précise qui sert de référence pour les autres gisements du même âge où qu'ils se trouvent en Afrique. La synthèse des études de la paléofaune et de la paléoflore avec la stratigraphie et les mesures dites de datation absolue ont permis de déterminer des périodes *bio-climatologiques* intéressantes.

Intéressantes d'un point de vue méthodologique, car elles sont le fruit d'une synthèse, d'une pluridisciplinarité qui enrichit les connaissances. Cette pratique est le témoin d'une tendance à ne négliger aucun des aspects de la réalité et, bien plus, à tenter de rechercher les différents liens qui les unissent entre eux. Sorte de *paléoécologie*, qui étudie ce que j'avais appelé l'*Ensemble morphogénique fondamental**.

C'est ainsi qu'ont pu être définies quatre périodes bio-climatologiques :

— Omo 0, la plus reculée dans le temps, correspond à Mursi, et à la base de Shungura ;

— Omo 1 correspond aux couches A à D inclus de Shungura (— 3,2 MA à — 2,4 MA) ;

— Omo 2, aux couches C à H inclus (— 2,6 à — 1,5 MA) ;

— Omo 3, aux couches G à L inclus (— 2,05 à — 0,95 MA).

Durant ces périodes, des changements géologiques et climatiques importants ont eu lieu qui influencent la vie et le comportement des Hominidés, parce qu'ils sont liés à des modifications de l'humidité, de la flore et de la faune.

Par exemple, dans le bassin Omo-Turkana, on a repéré, grâce à l'étude des pollens fossiles (ou palynologie), plusieurs épisodes d'extension des espaces herbacés qui coïncident avec des phases arides et ceci aux environs de — 2,0 MA (R. Bonnefille et A. Vincens).

En ce qui concerne les informations apportées par les bois fossiles dans la basse vallée de l'Omo (Dechamps et Maes), on a montré que certains bois, par exemple *Ficus* et *Diospyros* vivant aussi bien en savane très sèche qu'en forêt très humide, apportent de ce point de vue peu d'informations alors qu'un arbre comme *Cryptosepalum pseudotaxus* qui n'existe actuellement que dans des forêts sèches en Afrique, en apporte beaucoup, notamment sur la température et sur la pluie (degré hygrométrique).

C'est ainsi que, selon les bois fossiles, il apparaît que le membre G de l'Omo avait une végétation extrêmement variée, de nombreux microclimats fournissant une faune diversifiée, que l'on dit propices au développement des Hominidés. On y rencontrerait un climat plus frais, des températures plus basses.

La palynologie confirme par l'identification de plantes subaquatiques (*Typha* et *Cyperacea*) la proximité de l'eau, lac ou rivière, dans l'environnement des Hominidés.

La palynologie seule dans la basse vallée de l'Omo ne peut attester la présence d'une forêt riveraine entre — 3 et — 1 MA. Par contre, l'étude des bois fossiles vient confirmer ou clarifier l'étude des pollens fossiles, montrant la coexistence de deux groupements végétaux : une savane de caractère soudano-zambézien, et une forêt riveraine. La comparaison avec le climat soudano-zambézien actuel est intéressante : 5 à 9 mois de saison sèche, 300 à 800 mm de pluviosité moyenne annuelle. En outre, R. Bonnefille met en corrélation froid et aridité.

Au total, dans la basse vallée de l'Omo on peut distinguer deux environnements paléoécologiques : l'un, local, de type savane et steppe boisée soudano-zambézienne, l'autre de type forêts de montagne, *régional*, plus lointain par rapport à l'habitat des Hominidés. Tout ceci en supposant qu'à l'époque à laquelle ces hypothèses s'adressent, l'écologie des plantes était la même que de nos jours.

Typha latifolia, *Typhacées actuelles. Plantes subaquatiques. La palynologie identifiant des pollens fossiles de ces plantes informe sur la flore et sur le climat. Ces plantes indiquent la proximité de l'eau, lac ou rivière. Photo J.-P. Champroux, Jacana.*

Cyperus Papyrus *du Kenya. Plantes subaquatiques dont on a également retrouvé des pollens fossilisés dans la basse vallée de l'Omo. Photo Roguenaut, Jacana.*

Deux autres formations ont livré des Hominidés : Usno et Kibish.

Usno

Cette formation est située au nord de la formation de Shungura, et comme celle-ci, elle est située près de l'Omo, à l'ouest du confluent d'un courant saisonnier avec l'Omo, l'Usno. Épaisse d'environ 190 m., elle est constituée d'une série d'affleurements, que l'on peut corréler avec le membre de base, le membre A et les dix premières unités du membre B de Shungura.

Usno a fourni des Hominidés qui proviennent de deux localités : White Sands et Brown Sands, correspondant à l'unité B 2 de Shungura. (A peu près 3 MA ?)

Fossiles d'Hominidés

Ces gisements de l'Omo ont livré des dizaines de tonnes de fossiles et d'industries lithiques. Ils ont fourni de nombreux restes d'Hominidés, parmi lesquels en 1973 on comptait plus de 200 dents, 7 mandibules et des fragments crâniens ou post-crâniens.

Les mandibules sont celles d'Australopithèques de type robuste. L'une d'entre elles Omo 18 (1967, 18) a été attribuée par Arambourg et Coppens à *Paraustralopithecus aethiopitecus*. Elle provient du membre C.

En outre, un nouveau spécimen a été découvert par Claude Guillemot pendant la campagne 1976 de la mission de l'Omo, dans la base du membre G de la formation de Shungura, c'est-à-dire à près de — 2 MA. C'est un magnifique crâne adulte

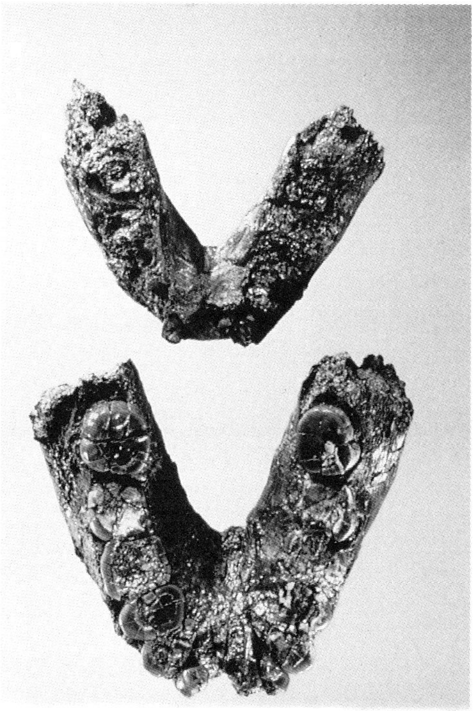

*Deux mandibules d'*Australopithecus boisei *trouvées dans la basse vallée de l'Omo par l'expédition dirigée par Yves Coppens. On remarquera le caractère exceptionnellement massif de ces mandibules et des dents jugales. Photo Yves Coppens.*

(Omo 323) que j'étudie avec Coppens et qui se compose de :

1. un fragment de maxillaire droit, comprenant les deux prémolaires et la première molaire ;
2. une partie médiane de l'os frontal, comprenant la partie interne, médiale des deux arcades orbitaires, la glabelle, la racine des os propres du nez, la partie antérieure du trigone fronto-temporal ;
3. un fragment de la partie médiane de la voûte du crâne, porteur d'une crête sagittale *(crista sagittalis)* ;

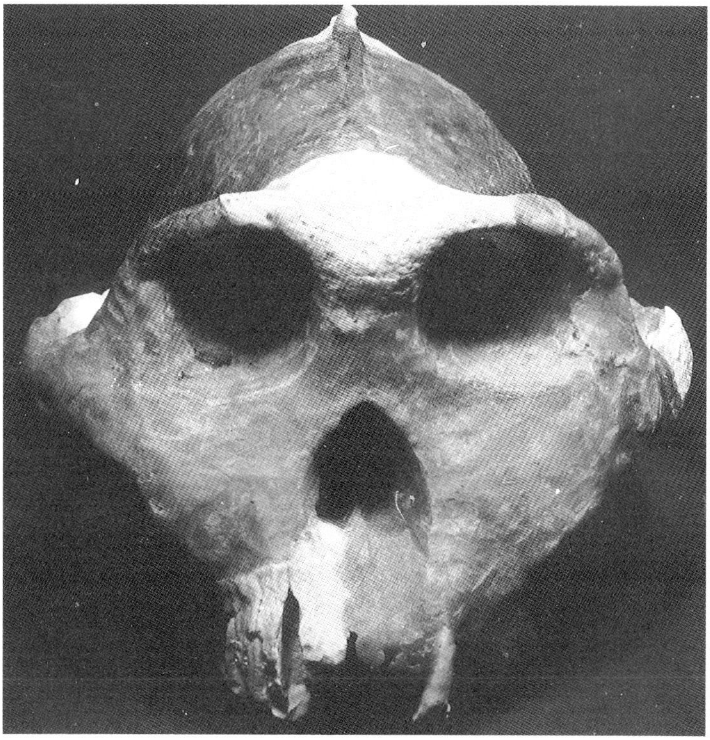

Reconstitution du crâne Omo 323. Les fragments crâniens d'Omo 323 ont été découverts lors de la campagne 1976 de la mission de l'Omo, par Yves Coppens et Claude Guillemot. Ils siégeaient à la base du membre G de la formation de Shungura. Une partie a été publiée par Y. Coppens et Michel Sakka (1980). Table ronde organisée par M. Sakka, D. Chivers et H. Preuschoft. Photo Michel Sakka.

4. un condyle de la mandibule *(processus condylaris)* ;
5. un segment d'arcade zygomatique *(arcus zygomaticus)*) ;
6. un fragment occipito-pariéto-temporal droit présentant une grande partie de l'écaille occipitale *(squama occipitalis)* ;
7. un os temporal gauche.

Ce dernier a fait l'objet d'une description (Coppens et Sakka 1983), publiée à l'occasion d'une Table ronde CNRS que j'ai organisée à Paris en 1980.

En conclusion, sur ce site, d'après les caractères anatomiques, Howell et Coppens ont décrit quatre types d'Hominidés.

A Usno et Shungura *Australopithecus africanus*, et ce, dans les couches les plus anciennes B, C, D, E. Dans les unités E, F, et G de Shungura, les Hominidés seraient représentés par *A. boisei*.

Dans quelques localités des membres supérieurs de G et H, on trouve *Homo habilis*. Et dans le membre K quelques fragments crâniens d'*Homo erectus*.

Culture

Au début, on n'a pas trouvé d'outillage lithique à l'Omo.

Curieusement, en 1970, la mission américaine et la mission française découvrirent une industrie de type oldowayen* dans des sédiments datés de — 2,2 MA à — 1,9 MA. Année faste ! Richard Leakey à l'est Turkana trouve aussi des outils dans des sédiments qu'il estimait plus anciens.

Dans ce site, on trouve des *chopping tools**, tranchoirs sur galets bifaces, en quartz. Certains galets portent des signes de percussion. Et surtout des os fracturés présentent des biseaux... dont certains petits éclats sur le côté coupant, indiqueraient qu'ils avaient été utilisés.

A Omo 57 et Omo 123, on trouve un plus grand nombre d'éléments lithiques et notamment une grande quantité d'éclats de quartz, dont on peut penser qu'ils ont été retouchés. L'aspect de la partie tranchante montre qu'ils ont été utilisés. Ces éléments sont situés dans les unités inférieures des sédiments du membre F de Shungura.

La matière première utilisée, mis à part quelques fragments de quartzite, est le quartz, beaucoup plus rarement les outils sont en jaspe ou en calcédoine. La taille de tout l'équipement lithique est très petite de 5 à 10 mm, avec des pièces variant de 5 à 30 mm. Toutes ces formations datent d'environ — 2 MA.

Vallée de l'Omo. Site du gisement. Photo Yves Coppens.

Evolution technologique

Chavaillon, en 1976, a soulevé une hypothèse sur le processus technique conduisant aux industries les plus élaborées.

Dans une première phase, les galets sont utilisés pour frapper, comme une espèce de marteau de pierre, ou de percuteur. On trouve des éclats associés, détachés lors de la percussion, donc non intentionnellement.

Dans une deuxième phase, les Hominidés continuent d'employer les galets comme percuteurs mais se servent des fragments acérés obtenus (les éclats).

Dans un troisième temps, les Hominidés cassent délibérément les galets pour obtenir des éclats. Dans ce cas le galet devient un *nucleus*, et peut ressembler à un chopper ou à un polyèdre. Les éclats sont un des buts de l'opération.

Quatrième stade, l'éclat est toujours l'un des buts, mais le *nucleus* lui-même s'il a des arêtes tranchantes peut être utilisé comme outil.

Le cinquième stade conduit à l'industrie d'Olduvai et de Melka-Kunturé.

Chavaillon, en 1976, se posait la question de savoir si ce que l'on a trouvé à Omo 57 ou 123 pouvait être considéré comme les restes, sur un sol d'habitat, de la fabrication d'outils utilisés à l'extérieur, ou bien les séquelles de l'utilisation des galets pour une quelconque percussion. Car ces « artefacts » semblaient ne pas montrer beaucoup de traces d'utilisation...

Ses études ultérieures l'ont sans doute fait changer d'avis, à moins que cela ne soit lié à de nouvelles découvertes, peut-être même les deux facteurs ont-ils joué, car en 1985, il dit que les petits éclats de quartz découverts à Shungura dans la basse vallée de l'Omo ont été *fabriqués* par un Australopithèque.

Il faut aussi remarquer qu'au-dessus du membre G de l'Omo on n'a retrouvé aucune industrie préhistorique.

En 1973, la partie américaine de la mission publie les résultats obtenus dans deux sites de la formation de Shungura où elle a pu récolter du matériel lithique.

Leurs constatations indiquent que seul le membre F, daté au K/Ar. à — 2,04 ± 0,10 MA, contient les plus vieux outils lithiques *in situ* associés avec certitude à des sols d'occupation.

Les fouilles entreprises dans les deux sites ont surtout mis à jour des fragments d'éclats, des fragments angulaires, et de petits galets non travaillés qu'ils appellent « manuport ».

Ils sont tous issus de la même matière première où prédomine le quartz. La plupart sont de petits fragments angulaires issus de galets brisés et de petits blocs de pierre.

Les grands outils, tels que des choppers, ou de gros manuports n'ont pas été retrouvés. Les objets taillés ont une longueur maximum moyenne allant de 16 mm (localité Ft Ji 1) à 13,4 mm (localité Ft Ji 2).

Ces outils paraissent bien petits mais il faut tenir compte de la taille des Hominidés qui sont sensés les avoir utilisés. Elle se situe au voisinage d'un mètre, à l'âge adulte. Leurs mains devaient donc être petites en comparaison des nôtres.

Les éclats complets (avec un bulbe de percussion) et les fragments d'éclats sont rares. Il n'y a pas de pièces montrant une retouche secondaire importante.

La comparaison entre cet assemblage lithique et ceux d'Olduvai et du lac Turkana est intéressante, surtout en négatif car à Omo on ne trouve pas de grands outils, tels que les choppers ; on y constate la prépondérance du quartz comme matière première, et la taille généralement plus petite des pierres taillées.

La recherche des causes de ces différences a permis de faire d'intéressantes constatations. Les sédiments du membre F sont presque totalement dépourvus de matière première propre à être utilisée pour fabriquer des outils. Un essai de reconstitution du paysage paléogéographique du bassin inférieur de l'Omo révèle que les affleurements de lave ou de quartz les plus proches des sites d'occupation sont situés à 20 ou 30 km de distance, la source la plus proche de matériau aurait pu être les courants ou les ruisseaux distants de quelques kilomètres. Ces ruisseaux drainent les collines formant les bords orientaux de la vallée. Ils auraient pu approvisionner les Hominidés en blocs et galets de quartz.

Il fallait donc aller chercher le matériel situé à distance de l'habitat, ce qui prouve l'intention, le projet et est un témoignage de la production primitive.

Omo. Ethiopie. Site Omo 71, datant de 2,3 MA. Il s'agit d'un des plus anciens outils, chopper biface ou galet aménagé trouvé par Jean Chavaillon. Photo Jean Chavaillon.

Omo. Ethiopie. Site Omo 84 datant de 2 MA. Eclats de quartz, de petite taille. La main à gauche donne la mesure de ces outils. Photo Jean Chavaillon.

Omo. Ethiopie. Site Omo 57, datant de 2 MA (20 000 siècles). Eclat de quartz retouché. 2 cm de longueur. Photo Jean Chavaillon.

Les sites à Hominidés d'Afrique de l'Est 1968-1974

6 Région orientale du lac Turkana ; Ileret, Koobi Fora, Kubi Algi ; Kenya

1968

La région du lac Turkana restera dans l'histoire de la paléontologie humaine comme l'une des plus riches. Certes, Richard E.F. Leakey n'a pas perdu son temps lorsqu'en 1967 il fit une reconnaissance aérienne en hélicoptère et qu'il découvrit les sites d'Est-Turkana. Moins de dix ans après, plus de vingt sites Plio-pleistocènes avaient été découverts, et des fouilles entreprises dans plus de dix localités !

Le lac Turkana se trouve situé au nord-est du Kenya, allongé dans le sens nord-sud, son extrémité septentrionale reçoit la rivière Omo et est sur la frontière kenyo-éthiopienne. Ceci explique pourquoi on a souvent parlé à propos du bassin inférieur de la vallée de l'Omo de « bassin Omo-Turkana ».

A l'est du lac Turkana, entre le lac et le plateau du Surgai, s'étend un bassin sédimentaire de 6 000 km^2 de superficie. Les dépôts affleurent sur une surface de 800 km^2, et on y a reconnu du nord au sud trois formations appelées Ileret, Koobi Fora et Kubi Algi.

Il existe des tufs* volcaniques dont l'importance stratigraphique et chronologique est grande. Il en est ainsi du tuf KBS. Sa datation a été fortement discutée pendant une bonne dizaine d'années.

Ce tuf KBS partage en deux membres, l'un supérieur, l'autre inférieur qu'il recouvre, les sédiments de Koobi Fora. Il est intéressant de connaître l'âge du tuf. Or, au début il fut daté de — 2,6 MA. Ce qui était localisé dans le membre inférieur, os ou outils, était donc plus ancien que 2,6 MA !

Actuellement on pense que le tuf KBS est agé de — 1,8 MA, « rajeunissant » considérablement le membre inférieur et ce qu'il contient.

Il n'en reste pas moins vrai qu'1,8 MA c'est énorme. Les fossiles d'Hominidés

Kenya, lac Turkana (ex-lac Rodolphe). Photo D. Lainé, Hao-Qui.

découverts autour du lac Turkana sont nombreux et d'un immense intérêt pour l'histoire des origines du genre *Homo*, de même que la riche industrie qui y a été récoltée.

Le problème de la datation du tuf KBS a une énorme importance. Car lorsqu'un *Homo habilis* fut découvert par R. Leakey et qu'on lui attribua un âge voisin de — 3 MA, cela signifiait qu'aucun Australopithèque ne pouvait chronologiquement être ancêtre de l'Homme. Alors que si KNM ER 1470 (c'est le numéro de code de cet *Homo habilis*) date d'1,8 MA, cela place Lucie comme un bon candidat à l'ancestrialité Homme - Australopithèque. Il semble qu'un problème analogue de datation se soit produit pour Lucie et les Hominidés des Afars.

Mais il faut revenir aux missions de l'Est-Turkana.

Avant 1968 aucune expédition n'a jamais exploré la région. En 1968 et en 1969 à Koobi Fora et à Ileret, les travaux furent entrepris durant trois mois chaque année, qui eurent pour résultat des découvertes immédiatement importantes.

Exceptionnellement riches, les gisements livrèrent d'abondants fossiles de Vertébrés, parmi lesquels 127 spécimens de Primates qui, à une première analyse, fournirent *Papio*, *Simopithecus*, *Colobus*, *Cercopithecus* et un *Galago* (voir p. 121, la classification des Primates)

Kenya, Est du lac Turkana. Terrain de fouille. La région orientale du lac Turkana fut découverte par Richard Leakey, lors d'une reconnaissance aérienne. Photo John Reader, Science Photo Library/Cosmos.

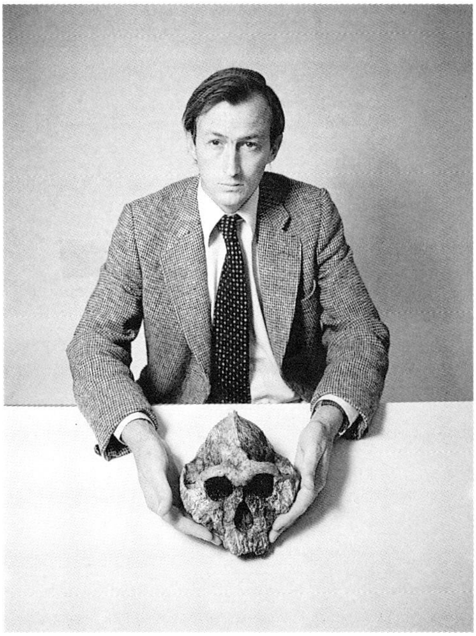

*Richard E.F. Leakey tenant un crâne d'Hominidé qu'il a découvert. Richard Leakey et le docteur Epps découvraient en 1969 à l'Est-Turkana, localité Ileret, l'un des plus beaux crânes d'*Australopithecus boisei*, il s'agit vraisemblablement d'une forme mâle (crête sagittale), catalogué KNM ER 406 (c'est ce crâne que tient Richard Leakey). Photo John Reader, Science Photo Library/Cosmos.*

Cinq spécimens d'Hominidés furent trouvés. Parmi eux se trouvait un crâne d'Australopithèque fameux, alors appelé FS-158, puis *KNM-ER 406*. Découvert en 1969 dans la localité Ileret, au nord de la région, par R.E.F. Leakey et le docteur Epps, c'était un superbe crâne d'*Australopithecus robustus* ou *boisei*. Un second crâne (FS-210), incomplet, fut découvert à près de 1,5 km du précédent et plus au nord.

Une industrie lithique fut trouvée en surface et, à la suite d'un sondage exécuté par R.E.F. Leakey, en association avec des fragments osseux *in situ*, dans des sols d'occupation.

En 1971, les pièces anatomiques furent l'objet d'une étude détaillée. En 1972, d'autres pièces découvertes furent publiées, avec notamment le crâne presque complet KNM-ER-732 diagnostiqué comme la femelle de l'*A. boisei* mâle KNM-ER-406. Et aussi des mandibules et des fragments du squelette post-crânien.

En 1971, Richard Leakey pouvait annoncer la découverte de vingt-trois spécimens d'Hominidés en trois ans, et *dès le début* de la mission à l'Est-Turkana.

Dans la gorge d'Olduvai il avait fallu attendre vingt-trois ans pour retrouver les deux premières dents d'Hominidés, et vingt-sept ans après le début pour retrouver un crâne, celui du Zinjanthrope !

Cependant, sans ces pionniers de la recherche, sans leur acharnement, leur courage et leur patience, on n'aurait pas eu aussi rapidement l'idée d'aller rechercher ailleurs des sites fossilifères. Au fait, Richard Leakey est le fils de ces pionniers de l'Est africain...

Les vingt-trois spécimens étaient constitués essentiellement de fragments crâniens, faciaux, mandibulaires. La progression de la récolte est caractéristique : sept spécimens d'Hominidés en deux ans, 1968 et 1969, seize spécimens la seule année 1970. De ces vingt-trois spécimens, quinze furent trouvés à l'Ileret dont les beaux crânes d'Australopithèque KNM-ER-406 et 732, huit à Koobi-Fora.

En 1971, vingt-six nouveaux spécimens d'Hominidés s'ajoutent à la collection qui est alors riche d'une cinquantaine de pièces. Provenance : Koobi-Fora et Ileret.

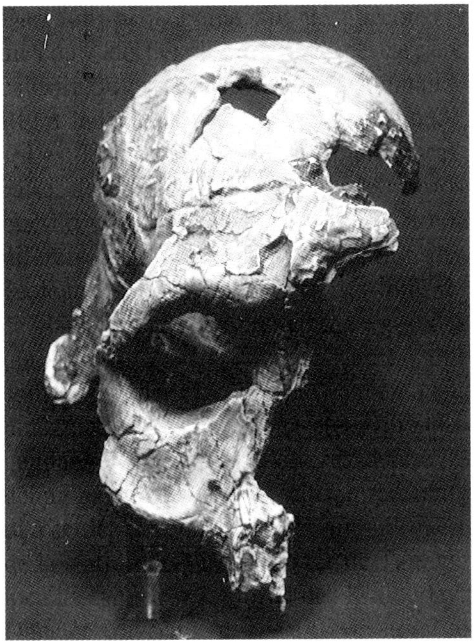

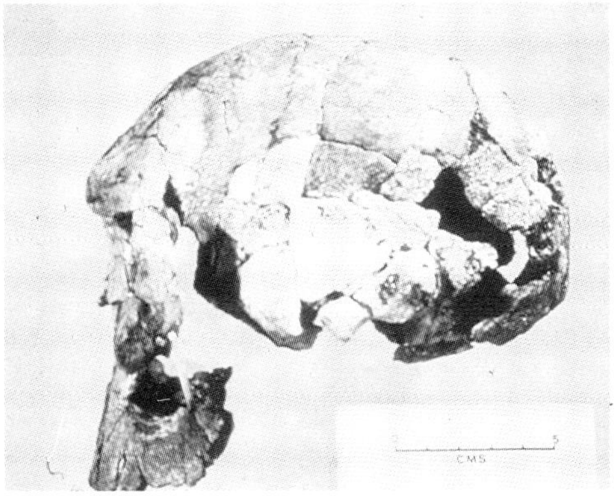

Ci-dessus : Homo habilis *KNM ER 1470. Profil gauche de la pièce originale. Photo Yves Coppens.*

A gauche : Australopithecus boisei *KNM ER 732, moulage. Vue antéro-supérieure du crâne. La voûte du crâne est arrondie, les arcades sourcilières moins saillantes, pas de crête sagittale. Femelle adulte. Photo Michel Sakka.*

Ci-dessous : Est-Turkana, Kenya. Collection des crânes d'Hominidés fossiles découverts de 1970 à 1980 par l'expédition sous la direction de Richard Leakey. Photo John Reader, Science Photo Library/Cosmos.

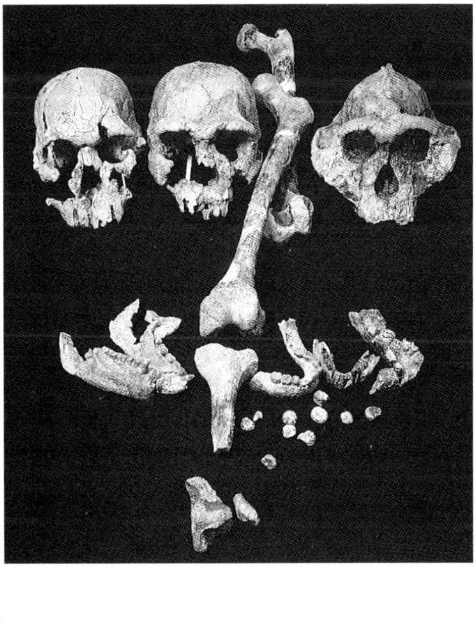

En mars 1973, R. Leakey publie la récolte de 1972 : trente-huit nouveaux fossiles d'Hominidés.

Très vite, dès 1972 et 1973, parmi les fossiles d'Hominidés, et même parmi les plus anciens d'entre eux, parmi ceux qui sont situés au-dessous du tuf KBS, R.E.F. Leakey distinguera deux sortes d'Hominidés, ceux qui appartiennent au genre *Australopithecus* et ceux qui appartiennent au genre *Homo*.

Le mois suivant, le 13 avril 1973, il publie un étonnant fossile : le crâne de KNM ER 1470 qui, avec des fragments de membre pelvien, fait partie des documents recueillis en 1972. Tous situés dans la même aire, l'aire 131, et tous dans des dépôts au-dessous du tuf KBS dont il affirme à nouveau la datation à 2,6 MA (Fitch et Miller).

Un million d'années en arrière pour le genre *Homo* ?

La découverte de KNM ER 1470 constitua un autre coup de tonnerre dans le ciel agité de la paléontologie humaine. Ce crâne, en effet, présente au moins trois particularités. L'une est son état lors de sa découverte, l'autre, sa morphologie une fois qu'il a été reconstruit, et la troisième enfin, sa datation.

Plusieurs fragments de crâne, de fémur, de tibia et de péroné ont été découverts en 1972, dans l'aire 131 de l'Est-Turkana. Cette aire est située entre Ileret au nord et Koobi-Fora au sud, un peu à l'est de ces deux localités. Elle est constituée de 30 km^2 de sédiments fluviatiles et lacustres.

Quelques tufs apparaissent au voisinage de l'aire 131 et sont donc importants pour « caler » la datation de ces découvertes. Le plus inférieur est le tuf Tulu Bor, qui n'est pas exposé au niveau de l'aire 131, elle-même, mais présente des affleurements non loin d'elle. Le supérieur se trouve être le fameux tuf KBS qui coiffe quelque 60 m d'épaisseur de sédiments situés au-dessus du tuf Tulu Bor.

En outre, une stratigraphie de l'aire 132 a été réalisée, et les études géologiques permettent de penser que les fragments découverts proviennent d'une couche située à 35 m au-dessous du tuf KBS.

Tout ceci donne des indications sur l'âge du crâne 1470 : le tuf Tulu-Bor est daté de 3,1 MA. Le tuf KBS a été daté par des prélèvements situés dans l'aire 108 et 105. Le résultat donne 2,61 MA. R.E.F. Leakey en 1973 a estimé la datation de l'époque où aurait vécu ce KNM ER 1470 à 2,9 MA !

C'est extraordinaire parce que la morphologie indique une lignée proprement humaine !

La reconstruction de ce crâne fut un travail long et laborieux exécuté par un anatomiste anglais, le docteur Bernard Wood, professeur d'anatomie en médecine à Londres, et par Meave Leakey, l'épouse de Richard. Cette reconstruction demanda de longues heures de travail car le crâne est constitué de quelque 150 petits fragments osseux, découverts par un Kenyan, Bernard Ngeneo. Ces fragments gisaient au fond d'un ravin, en surface, et furent récupérés sur une aire de près de 20 m sur 20 m.

La forme du crâne reconstruit est tout à fait surprenante, pour l'époque à laquelle on le fait remonter. Il ne présente plus les caractères de l'*A. boisei*, sa forme est plus humaine et sa capacité crânienne a été estimée à près de 800 cc (!), ce qui est bien plus élevé que celle des plus grands crânes d'Australopithèque. *A. boisei*, de la gorge d'Olduvai a été estimé à 530 cc. L'*A. robustus* d'Afrique australe à 530 cc également. 422 cc en moyenne pour six *A. africanus* d'Afrique australe.

Il fut donc diagnostiqué comme *Homo habilis*. Mais même en tant qu'*Homo habilis* la découverte est surprenante car 800 cc c'est beaucoup plus que la capacité

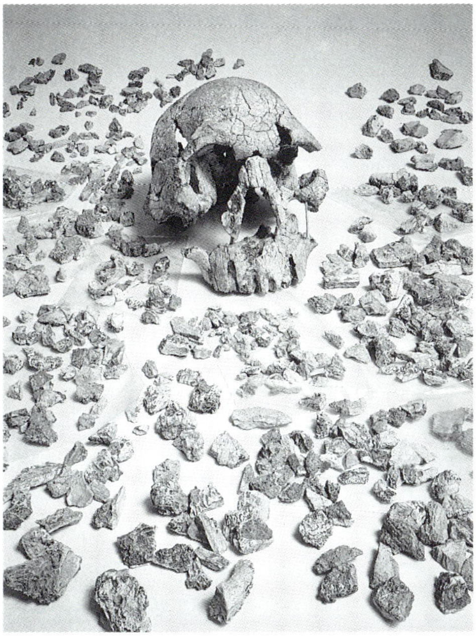

*Crâne d'*Homo habilis. *Est-Turkana, Kenya. Ce crâne fut reconstitué par le docteur Bernard Wood, professeur d'Anatomie en médecine à Londres et par Meave Leakey, épouse de Richard, à partir de cent cinquante fragments découverts par un Kenyan : Bernard Ngeneo. Photo John Reader, Science Photo Library/Cosmos.*

de l'*Homo habilis* d'Olduvai, dont trois spécimens ont donné comme estimation 633, 652 et 684 cc.

Ce qui paraissait le plus étonnant, c'est que le spécimen d'Olduvai est situé au-dessus d'un basalte daté de 1,96 MA, donc plus jeune d'au moins 1 000 000 d'années qu'il n'était supposé pour KNM ER 1470 (2,9 MA).

Datation du tuf KBS

Tous ces caractères faisant reculer de près d'1 000 000 d'années l'origine du genre *Homo*, ont probablement encouragé les discussions sur la datation du tuf KBS.

Voici quelques faits :

1. Fitch, F.J. et Miller, J.A. 1970 estiment à 2,61 MA le tuf KBS ;
2. Par la méthode de fission sur les zircons, Hurford et al. en 1978 trouvent 2,44 MA pour le tuf KBS ;
3. La même année, Fitch et Miller (1976) auraient trouvé 1,6 MA par la méthode K/Ar, datation qui serait confirmée par l'étude de l'évolution des Suidés (R.D. White et J.M. Harris 1977).
4. Pour d'autres auteurs, ce tuf serait daté de 1,8 MA. Quoiqu'il en soit, même si ce crâne est beaucoup plus jeune (ou beaucoup moins ancien) qu'on ne le pensait lors de sa reconstitution, il n'en reste pas moins *surprenant* par sa forme et par sa capacité crânienne...

7 Rivière Awash et son affluent le Kada Hadar ; Hadar, Bodo, Afar central ; Éthiopie

1972

C'est au géologue français Maurice Taïeb que l'on doit une des plus sensationnelles découvertes de l'histoire de la paléontologie humaine, non seulement celle du célèbre squelette de AL 288-1, autrement dit Lucie, mais aussi celle d'un groupe de treize Hominidés retrouvés *in situ*. Ce site a en outre fourni un nombre considérable de fossiles de Vertébrés.

Région de l'Afar central, formation fossilifère d'Hadar. Photo Yves Coppens.

La dépression de l'Afar

La Vallée de la Faille africaine, la grande vallée du Rift, à son extrémité nord en Éthiopie septentrionale s'élargit considérablement, formant une vaste dépression de forme grossièrement triangulaire, le triangle de l'Afar, situé entre les plateaux nubien, arabique et somalien.

La base nord-est du triangle de l'Afar avoisine la mer Rouge, dont elle est séparée par le Danakil Horst qui longe la côte. Son sommet situé au sud-ouest se continue avec la Vallée de la Faille africaine. Ses deux bords sont constitués par les grands escarpements du plateau éthiopien occidental et du plateau éthiopien du sud-est qui s'élèvent à près de 2 000 à 3 000 mètres au-dessus du niveau de la mer.

La dépression de l'Afar est une vaste zone d'effondrements qui s'étend sur près de 200 000 km^2, et se trouve à une altitude variant de 700 m dans le sud-ouest, à moins de 120 m dans la dépression du Danakil au nord.

C'est une sorte de débouché de la Vallée de la Faille vers la mer Rouge, dépression traversée en partie par le fleuve Awash qui y creuse une vallée profonde.

Se dirigeant vers le nord, il n'atteint pas la mer Rouge, mais se jette dans une série de lacs alcalins et saumâtres, dont le plus grand s'appelle le lac Abbe.

En 1967, Maurice Taïeb entreprit le long du fleuve Awash, l'étude systématique des sédiments quaternaires et celle de leurs relations avec les ensembles volcaniques.

La formation d'Hadar

C'est ainsi que l'étude géologique des dépôts lacustres sous-basaltiques et la recherche d'anciens rivages conduisirent Taïeb à découvrir en 1969 le prodigieux gisement Plio-pleistocène fossilifère d'Hadar dont la richesse en fossiles est tout à fait exceptionnelle.

Située en Afar central, dans la région centre-ouest de la dépression de l'Afar, la formation d'Hadar s'étend près de la rivière Kada Hadar affluent de l'Awash dans la basse vallée du fleuve.

Au sud-ouest de l'Afar dans la vallée moyenne de l'Awash se trouve un autre site appelé Bodo.

Ainsi donc dans l'Afar central, l'affleurement situé aux abords de Kada Hadar est décrit sous le nom de *formation d'Hadar*. Il a près de 80 km^2 de surface et les sédiments sont épais de quelque 280 m.

Dans cette formation, l'étude géologique a repéré dix niveaux volcaniques interstratifiés qui ont permis de corréler les sites à Hominidés mais qui n'ont pu être datés dans leur totalité.

On a décrit quatre membres sédimentaires en tout, le membre de base, le membre du Sidi Hakoma, le membre du Denen Dora et le membre du Kada Hadar (les noms des membres sont ceux d'affluents de l'Awash).

L'échelle chronologique de Hadar établie par les datations physiques : potassium/argon et traces de fission s'étend de — 4 MA à — 2,5 MA. L'échelle biostratigraphique établie à l'aide de l'étude de l'évolution des Éléphantidés et des Suidés confirme cette échelle chronologique.

Par leur paléoenvironnement périlacustre les gisements de l'Afar ressemblent davantage à ceux de l'est du lac Turkana qu'aux gisements de l'Omo, prodeltaïques et fluviatiles.

Découverte des Hominidés fossiles

Lorsqu'il se rendit compte de l'époque (Plio-pleistocène, celle des Hominidés) et de la richesse en fossiles de ces sédiments, Taïeb décida avec les encouragements du gouvernement éthiopien de former une expédition faite de paléontologues et de préhistoriens, afin d'explorer la nature et l'étendue de la faune fossile et compte tenu de la période géologique d'examiner les conditions de recherche d'éventuels Hominidés.

1972

A cette fin il invita le Français Coppens et les Américains Johanson et Kalb à passer six semaines exploratoires, en août et en mai 1972.

Les résultats très positifs de cette exploration, notamment le nombre important et la bonne conservation des fossiles, leur ancienneté incitèrent Taïeb à créer une expédition internationale de recherche à Afar, expédition éthiopio-franco-américaine, qui, après avoir reçu des fonds (nerf de la recherche !), commença la première campagne sur le terrain en 1973.

1973

Dès cette première expédition internationale, furent trouvées et localisées topographiquement près de 89 localités à Hadar.

Le 30 octobre 1973, Johanson trouvait le premier Hominidé fossile du site dans la localité 129 : une articulation du genou. Dans la localité 128 un fragment proximal de fémur gauche et, juste avant la fin de l'expédition en décembre 1973, un fragment d'os crânien d'Hominidé.

A noter que dès 1973, les chercheurs estimaient que le fragment crânien serait plutôt une forme robuste, *A. robustus* ou *boisei*, tandis que les parties de squelette post-crânien seraient plutôt de type *A. africanus*. Il y aurait donc deux espèces différentes à Hadar.

1974

En 1974, les membres de l'expédition étaient plus nombreux. Un chercheur éthiopien, Ato Alemayeha Asfaw, découvrit un grand nombre de mâchoires supérieures et inférieures qui constituaient de très précieuses informations scientifiques sur les Hominidés des Afars : c'étaient *les premiers restes dentaires trouvés à Hadar*.

Lucie

Puis ce fut un des plus sensationnels événements paléontologiques de notre époque...

Vers la fin novembre 1974, Donald C. Johanson et Tom Gray firent une prodigieuse découverte. Celle d'un squelette.

Pour la première fois au monde, on avait retrouvé 40 % d'un squelette, soixante-seize fragments osseux appartenant *au même* individu, un Hominidé datant d'au moins 3 000 000 d'années.

A ce trésor scientifique fut donné le nom de Lucie, parce que tout en discutant de leur prodigieuse découverte, les chercheurs, au camp, écoutaient la fameuse chanson des Beatles *Lucy in the sky with diamonds*. Ce nom lui est resté et en quelque sorte lui donne vie et réalité. Bien plus que son numéro « scientifique » : AL 288-1 !

Qui aurait pu penser qu'un de ces petits êtres, vivant il y a quelque 30 000 siècles deviendrait la plus ancienne vedette des médias dans les années soixante-dix de notre ère... On l'appelle parfois la plus vieille jeune fille du monde... Elle est éthiopienne.

Lucie a fait beaucoup pour la diffusion large des connaissances paléontologiques. Elle a fait beaucoup pour la recherche de fonds, car la paléontologie n'est pas gratuite ! Et aussi pour la carrière de ses inventeurs.

Près du fleuve lent et tranquille Lucie rêvait... lorsqu'elle fut surprise par la mort. Rien ne la désignait plus que ses

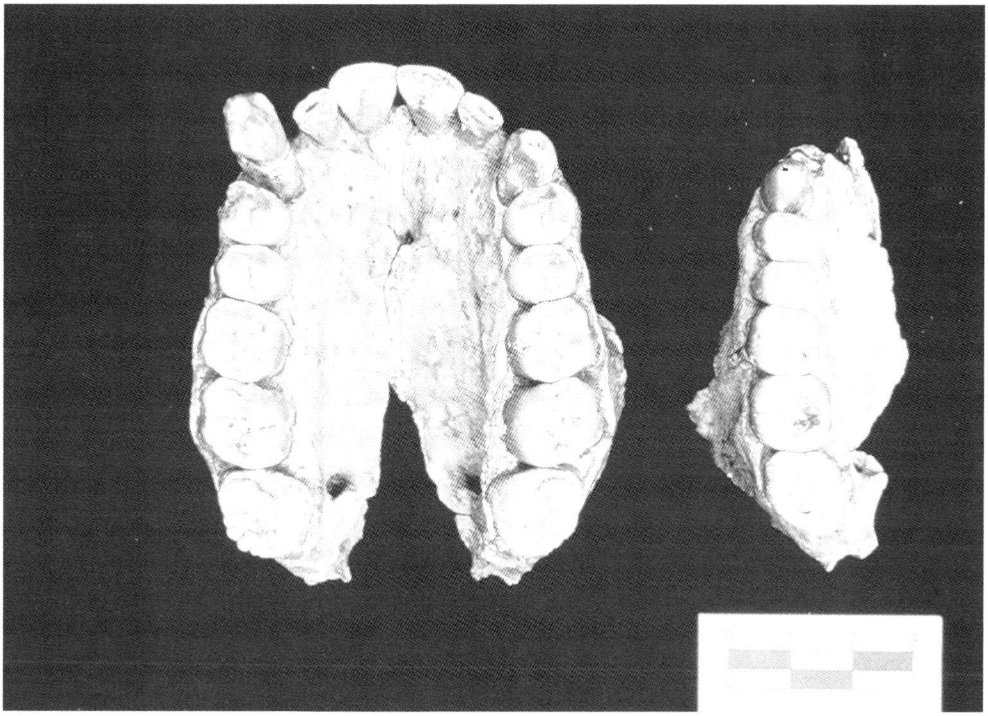

*Mâchoires supérieures (maxillaires) d'*Australopithecus afarensis. *Photo Yves Coppens.*

compagnons et ses compagnes à la célébrité plusieurs millions d'années après...

Le squelette a été trouvé dans le lit sablonneux d'une ancienne rivière. La taille des grains de sable semble indiquer que le courant était très lent, le cadavre a probablement flotté au fil de l'eau peu de temps après le décès.

Il ne semble pas que le squelette ait été la proie d'un Carnivore. C'est dire que l'état fragmentaire des os, pour AL 288-1 comme pour tous les autres fossiles d'ailleurs, est implicitement attribué aux dégâts *post mortem*, liés aux mouvements de terrain et à toutes sortes de causes extérieures.

Cependant, tous ces fossiles sont bien morts de quelque chose. La paléopathologie de ces temps reculés est encore plus difficile qu'elle ne l'est habituellement. Pour ce squelette, le professeur P. Grammont, le docteur P. Trouilloud et moi-même, nous nous sommes demandés si un traumatisme ayant entraîné un syndrome polyfracturaire ne pouvait être à l'origine du décès.

En effet, parmi les os recueillis se trouve un humérus droit, complet, mais en deux pièces séparées : AL 288-1 m.

La pièce supérieure de cet humérus comprend à peu près la moitié proximale de la diaphyse et l'épiphyse supérieure. Or au niveau de celle-ci la tête humérale (partie qui s'articule avec l'omoplate), le col anatomique et les tubérosités, sont littéralement éclatés, mais de plus il semble y avoir un enfoncement de la tête, et l'aspect de cet ensemble de lésions fracturaires rappelle un type de fracture de la tête humérale observée chez l'homme actuel au cours de certains traumatismes de l'épaule.

L'état des os de Lucie comme celui des dents indiquent un individu adulte, jeune. D'une manière générale, le corps de ce spécimen, de petite taille (un mètre environ), est extraordinairement « humain » pour la partie post-crânienne du squelette. Les adaptations au comportement érigé sont, à l'examen général, très proches de celles de l'Homme actuel. Le bassin présente des caractères plus proches du bassin humain actuel que de celui des Grands Singes actuels.

Les ressemblances entre Lucie et les Grands Singes *actuels*, si l'on en trouve, ne sont pas *nécessairement* des preuves de primitivité. On ne peut prendre les Grands Singes actuels comme anatomiquement primitifs par rapport à l'Homme actuel.

L'évolution anatomique des Grands Singes africains et asiatiques actuels est différente de la nôtre parce que le type de locomotion est différent.

Du crâne de AL 288-1, il ne reste que des fragments. La face manque, on a des parties de la voûte crânienne et une très belle mandibule. Il apparaît que le squelette de la tête de Lucie est très éloigné du nôtre alors que l'anatomie post-crânienne ressemble à celle de l'Homme.

Il faut cependant signaler que la proportion des membres de AL 288-1 indique des membres pectoraux ou supérieurs relativement ou proportionnellement plus longs que ceux de l'Homme contemporain.

Groupe de Singes ou société primitive ?

1975

Au cours de l'expédition de 1975, un jeune médecin assistant de paléontologie, Mike Bush, découvrit des dents d'Hominidés dans la localité 333/333 W. Cette localité est traversée par une butte qui la subdivise en deux parties, la partie ouest reçoit la désinence « W ».

Don Johanson raconte comment le hasard fait bien les choses. Durant la campagne 1975, une équipe française de cinéastes était venue réaliser un film à Hadar. Alors qu'ils étaient sur cette fameuse butte 333, la femme du cinéaste grimpant le long d'une pente pour s'abriter près d'un buisson d'acacias crut s'asseoir sur des objets insolites et les tenant à bout de bras demanda de quoi il s'agissait. Johanson faillit défaillir lorsqu'il identifia un calcaneum et un fémur d'Hominidé. La pente se révéla parsemée d'ossements fossiles...

Une fouille fut organisée en 1976 et

1977 et il devint évident que la localité contenait les restes d'au moins treize individus. Johanson estima *cette découverte aussi importante sinon plus* que celle de AL 288-1. Pour la plupart, les spécimens d'Hominidés d'Hadar avaient été trouvés en surface, ceux de 333/333 W résultaient en grande partie *d'un terrain de fouille* qui permit de préciser avec exactitude la stratigraphie et notamment de situer l'horizon où les Hominidés furent recueillis. La qualité exceptionnelle avec AL 288-1, une exceptionnelle quantité *in situ*, avec 333, permettent d'acquérir des informations sur l'état d'un groupe.

Les fouilles montrèrent que tous ces os provenaient du même horizon. Cela indiquait aussi la mort collective et simultanée de ce groupe d'Hominidés, d'autant plus que, fait très inhabituel, aucun fragment de fossiles animaux ne fut découvert mêlé aux fossiles d'Hominidés.

Épidémie, attaque par des Australopithèques ? Beaucoup de mystère entoure cette découverte. L'examen des os ne plaide pas en faveur de ces hypothèses. Par contre, les Bédouins savent qu'il faut éviter les ravins. Des crues subites et soudaines peuvent faire monter le niveau d'eau de certains oueds de plus de trois à six mètres en quelques minutes. Ces crues selon Johanson seraient liées à des précipitations pouvant se produire souvent fort loin et à plusieurs heures de différence de l'accident. Elles balayent tout sur leur passage.

Taïeb, le géologue français inventeur de Hadar, rechercha des traces géologiques de cet accident présumé.

Les os provenaient d'une unique couche presque entièrement constituée par de l'argile. La faible épaisseur de la strate argileuse pouvait, en effet, suggérer une crue accidentelle. On peut penser que les os auraient été entraînés par le courant et se seraient alors déposés. Il se serait agi de noyés. Ce qui est une hypothèse, mais invérifiable par la seule géologie.

Cet ensemble de fossiles est inestimable, car il peut apporter de nombreuses informations sur le développement, les variations dues à l'âge et au sexe, le dimorphisme sexuel, la variation intra spécifique des adultes, etc.

Cet ensemble fut appelé *la première famille*, il ressemblait aux fossiles d'Olduvai vieux de quelque 3,8 MA (!) et il permit à Johanson et à Tim White de décrire la nouvelle espèce : *Australopithecus afarensis*.

Il faut aussi signaler que le site 333 a permis de recueillir le *seul enfant d'Australopithèque* trouvé depuis 1924 (l'enfant de Taung). Il apparaît, d'après Kimbel, différent de celui-ci, ce qui apporte un autre argument pour différencier *A. afarensis* d'*A. africanus*. C'est important parce que les Leakey contestent la réalité de la nouvelle espèce *(A. afarensis)*, considérant que ce n'est qu'une variété d'*A. africanus*.

Hadar était vraiment un site exceptionnel.

Il faut ajouter qu'en 1975 et 1976-1977 furent trouvés d'autres spécimens d'Hominidés. Au total, de 1973 à 1976-1977, 240 pièces d'Hominidés furent recueillies représentant un minimum de 35 individus !

Les plus anciens outils

Un autre événement, moins spectaculaire peut-être mais d'une grande portée, fut la découverte pendant la campagne 1976-1977 des plus anciens outils par une archéologue française collaboratrice de Jacques Tixier, Hélène Roche.

On a vu que l'industrie oldowayenne était vieille de près de 2 MA, ce qui est considérable, et qu'elle avait été attribuée à *Homo habilis* sur la base de l'aspect du squelette de la face et de la capacité crânienne. Au lac Turkana et dans la vallée de l'Omo une telle industrie avait également été trouvée et datée à près de 2 MA.

Ici pas d'*Homo habilis*, tout au moins pour le moment, mais des outils en basalte et beaucoup plus vieux. Un jeune archéologue néo-zélandais et Johanson lui-même, au cours d'une fouille, trouvèrent en place des outils. La datation absolue obtenue par un prélèvement des couches où siégaient les outils fournissait une estimation de près de 2,5 MA !

A qui donc les attribuer du point de vue paléontologique ? Et doit-on faire une distinction, comme l'avait suggéré Bilsborough lors de la Table ronde que j'avais organisée en 1983, entre le genre *Homo* et l'Homme ? *That is the question...*

En janvier 1977, les campagnes furent arrêtées, le gouvernement éthiopien ayant donné l'autorisation de travailler pendant cinq ans sur les pièces, dans les pays intéressés. En 1980 les pièces d'Hominidés furent restituées et sont actuellement au Museum national d'Addis Abeba.

Datations absolues à Hadar

De même qu'à Koobi Fora (Est-Turkana) à propos du tuf KBS, il y a eu des controverses à propos de la datation à Hadar. Il y en a eu aussi en Afrique du Sud.

Or ces questions de datation sont importantes. Bien que dans la recherche des liens de parenté entre les différentes lignées il faille surtout s'attacher aux caractères morphologiques, il est évident que la chronologie des différents types décrits a une certaine importance dans la recherche de « qui est l'ancêtre de qui ? » Il s'y ajoute une certaine compétition intra-nationale et internationale. C'est à qui aura le plus ancien. Le plus ancien Hominidé, le plus ancien Européen, etc.

A Hadar une centaine de profils sur le terrain ayant été soigneusement étudiés, il a été possible de déterminer les différents éléments de la stratigraphie.

Il n'est pas certain que les différentes lignées animales aient évolué à la même vitesse dans les différents sites africains. Il peut donc y avoir des erreurs de datation si une lignée est arrivée plus tôt ou plus tard au même stade évolutif dans deux lieux différents.

La géochronologie tente de donner des datations plus précises.

Datation des Hominidés

En ce qui concerne les Hominidés fossiles :

— ceux qui sont situés du point de vue stratigraphique entre l'horizon BKT-2 et le basalte ont entre 2,9 et 3,7 MA, c'est le cas de AL 288-1 (Lucie) et de AL 333/333 W ;

— ceux qui sont entre la couche de basalte et SHT ont peut-être entre 3,7 et 4 MA. Par exemple :

1. Le genou trouvé par Johanson en 1973 ;
2. Les fragments de mandibule et de maxillaire trouvés en 1974 par Asfaw.

Par contre, selon Brown, un géologue, (1982), les Hominidés d'Hadar auraient entre 2,9 et 3,2 MA et selon Boaz, Howell et Crossin, ils auraient 3,15 MA. Ils seraient alors plus jeunes de ± 400 000 ans que les *A. afarensis* de Laetoli datés de 3,6 à 3,8 MA.

8 Rivière Garusi, lac Eyasi ; Laetoli ; Tanzanie

Il faut revenir à Laetoli, en Tanzanie. On a vu que ce site exploré par le géologue allemant Ludwig Kohl-Larsen avait fourni en 1939 un maxillaire d'Hominidé qui ne fut publié qu'en 1943 pendant la Deuxième Guerre mondiale.

C'était selon son auteur un ancêtre de l'Homme auquel il n'assignait pas de parenté particulière, mais qu'il nomma *Preanthropus*. Il s'agissait d'un fragment de maxillaire supérieur gauche qui portait P^3 P^4 (Garusi I). Une molaire supérieure usée fut retrouvée à quelques kilomètres de distance (Garusi II).

Plus tard, cette « mâchoire de Garusi » fut examinée par Weinert (1950) qui la compara à la forme robuste de Java, *Meganthropus*, et la nomma donc *Meganthropus africanus*. « Le maxillaire de Garusi » est dont l'holotype du *Meganthropus africanus* (Weinert 1950).

Robinson (1953, 1955) a montré la ressemblance entre les prémolaires du Méganthrope et celles d'*A. africanus* d'Afrique australe. Pour Pilbeam (1972) il s'agit d'un Australopithèque. Plus récemment, Tim White et Johanson en font un *A. afarensis*, c'est-à-dire la même espèce qu'AL 288-1 (Lucie).

C'est en 1974 que l'expédition d'Olduvai, dirigée par Mary D. Leakey depuis la disparition de son mari, s'est étendue à la région de Laetoli.

Il faut d'emblée insister sur l'intérêt exceptionnel de ce site :

1. Car il a fourni des spécimens d'Hominidés dont la mandibule LH 4 qui constitue l'holotype de la description d'*Australopithecus afarensis* ;
2. Car c'est là que l'on a fait cette exceptionnelle découverte des empreintes de pied d'Hominidés en 1976 ;
3. Car enfin il est daté de — 3,7 à — 2,3 MA, c'est-à-dire qu'il complète, en la continuant vers le passé, la chronologie fournie par Olduvai, qui varierait de — 2,4 MA à — 0,4 MA.

Laetoli, en Tanzanie est à quelque 50 kilomètres d'Olduvai par la route, vers le sud. Laetoli et Olduvai sont situés tous deux au pied des volcans N'gorongoro, Lemagrut et Omolto. Laetoli est situé près de la rivière Garusi, et au nord-est du lac Eyasi. Le volcan Sadiman à l'est de Laetoli a joué un rôle important dans une surprenante et unique découverte faite par Mary Leakey en 1979.

Tanzanie. Laetoli. Des pas sur la cendre... C'est sur ce sol fossile, ce tuf volcanique, que marchèrent, il y a 36 000 siècles, de petits êtres qui étaient probablement les ancêtres des hommes actuels. Photo Yves Coppens.*

Il semble que ce site, contrairement à l'Omo, à l'Est-Turkana et à l'Afar n'ait subi aucune modification climatique importante depuis le Plio-pleistocène.

La sédimentation y est essentiellement d'origine volcanique, les dépôts ont une épaisseur maximum de 130 mètres. On y distingue deux unités, l'une supérieure, l'autre inférieure. La séquence à sa base est faite de téphra*, et de laves provenant des volcans situés à l'est, le Sakiman et le Lemagrut. Des deux unités, l'inférieure est faite de couches de cendres volcaniques apportées par les vents. La supérieure comprend des tufs*, surmontés d'une coulée de lave alcaline. Elles ont fourni Mammifères, Hominidés, surtout des mandibules, dont la pièce LH-4 qui constitue l'holotype d'*Australopithecus afarensis*.

La méthode K/Ar* a permis de dater Laetoli, qui s'étend de — 3,7 à — 2,3 MA. Les dépôts sont donc très anciens et remontent au Pliocène. Le K/Ar a permis de dater deux tufs, l'un à 3,5 MA l'autre à 3,77 MA !

On a vu que le site était connu depuis de nombreuses années. Mary D. Leakey raconte même qu'elle avait exploré le site pour la première fois avec son mari en

1935. A cette époque ils fouillaient la gorge d'Olduvai, lorsque des membres de la tribu des Masai leur racontèrent qu'il y avait de nombreux fossiles à Laetoli.

Ils trouvèrent des fossiles mais beaucoup plus fragmentaires qu'à Olduvai. De plus à cette époque on ne datait pas aussi précisément qu'aujourd'hui. Et de toute manière en 1935, on ne se serait pas même imaginé trouver des Hominidés à — 3 MA ! Ils laissèrent le site.

En 1974, Mary D. Leakey explique que deux faits se produisirent : elle fut attirée vers ces anciens dépôts volcaniques à nouveau, et l'un de ses collaborateurs africains, Mwongela Mwoka, trouva sur place une dent d'Hominidé.

Or l'analyse des laves qui recouvraient le gisement fixa une date d'au moins 2,4 MA à la dent ! Étant donné que c'était beaucoup plus que tout ce que l'on avait trouvé à Olduvai, Mary Leakey décida de concentrer ses efforts sur Laetoli. Elle eut le soutien du gouvernement tanzanien, celui du directeur des Antiquités A.A Mturi, celui de la National Geographic Society et elle prépara une grande expédition.

Ce que Mary Leakey ne dit pas c'est qu'en 1935, Louis Leakey avait recueilli des fossiles de Mammifères du Pliocène. Mais parmi eux, il existait une dent qu'il avait étiquetée Babouin en l'envoyant au British Museum et qui en fait était une dent d'Hominidé ! Elle ne fut reconnue qu'en 1979 par Peter Andrews et Tim White. Louis Leakey avait eu dans ses mains la plus ancienne dent d'Australopithèque jamais trouvée depuis l'enfant de Taung. Disons, bien plus, le seul témoignage d'Australopithèque depuis 1925...

Nous, les anatomistes, nous disons souvent que l'on ne voit bien que ce que l'on s'attend à voir. Le problème des préjugés est important dans la recherche. En 1935, trouver une canine hominienne datant du Pliocène était impensable. En 1959, la découverte du Zinjanthrope fit l'effet d'une bombe lorsque l'on annonça qu'il datait d'1 750 000 ans.

En 1974, Mary Leakey était au contraire faite à cette idée. Pendant deux saisons son équipe recueillit de nombreux fossiles parmi lesquels des Hominidés, jusqu'au jour où fut réalisée une des plus prodigieuses découvertes de toute la paléontologie.

Ici encore la chance intervint...

Des pas dans la cendre...

Un soir, à Laetoli, Andrew Hill du Museum National du Kenya était en train de plaisanter avec quelques collègues. Ils se bombardaient à coup de crottes d'éléphant séchées. Quel porte-bonheur !

C'est en se baissant pour éviter un de ces boulets et pour chercher des munitions sur le sol qu'Andrew aperçut, dans le lit d'une rivière à sec, une série de trous à la surface d'un tuf volcanique. Leur étude révéla qu'il s'agissait d'empreintes de pas laissées par des animaux.

En 1976, Peter Jones, l'assistant de Mary et son plus jeune fils, Philipp Leakey, pensèrent avoir trouvé des empreintes de pas d'Hominidés ! Mary rendit publique cette découverte en 1977.

Voici encore une fantastique nouvelle, et combien émouvante... Sur le sol sont inscrits à jamais les moments de quelques êtres bipèdes ayant vécu il y a 3 600 000 ans, 36 000 siècles.

J'ai toujours été impressionné par les traces nées d'activités humaines et qui donnent vie à l'inanimé. C'est ainsi qu'en visitant cette ville romaine de Dougga, en Tunisie, les traces laissées sur les rues pavées par les roues des chars, et surtout, sur le seuil des petites maisons, l'usure de la pierre produite par le frottement du battant de porte ouvert et fermé des milliers de fois, rendent vivants les murs ruinés.

Il en est de même à Laetoli.

Ils ont marché, debout, au début d'une saison pluvieuse, dans une savane parsemée d'acacias...

Au loin, un volcan, un cratère en activité, laissant s'exhaler des profondeurs de la terre une vapeur de cendres. Celles-ci bientôt retomberaient sur la plaine qui s'étendait à ses pieds. Ils le connaissaient bien, il faisait partie du paysage, ils ne le craignaient pas.

Ils ne couraient pas, leurs pieds nus s'enfonçaient mollement dans la terre humide, mouillée par la pluie. Peu après leur passage, les cendres du volcan répandues sur le sol allaient fixer leurs empreintes et celles de la faune environnante. 13 140 000 000 de journées allaient encore s'écouler avant qu'Andrew Hill, Peter Jones et Philipp Leakey ne vinssent à leur rencontre...

Bien visibles sur un fond gris de cendres volcaniques pétrifiées, les empreintes de pieds sont très semblables à celles des hommes actuels. Elles ont très probablement été laissées par des ancêtres de l'Homme, qui déjà avaient adopté un comportement érigé.

L'empreinte montre une arcade plantaire, un talon arrondi, un gros orteil dirigé en avant. Elle présente un élargissement important du pied au niveau de son extrémité antérieure.

Deux séries d'empreintes sur 23 mètres de long ont été découvertes, elles se dirigent du sud vers le nord, en ligne droite. Elles appartiennent à deux individus de taille différente. Il ne semble pas que les deux individus aient marché côte à côte. Peut-être même diffèrent-elles dans le temps (selon Mary Leakey, lors de la première étude, 1979).

Les deux promeneurs se dirigeaient vers le nord, et laissaient le volcan à leur droite. Le plus petit, à un moment, s'arrête, tourne à gauche puis reprend son chemin vers le nord. Est-ce un jeune dont le regard fut attiré par quelque chose ? Ou est-ce une femelle qui, peut-être, ralentit pour attendre quelqu'un ?

Les empreintes du plus grand sont moins nettes que celles du plus petit. Elles apparaissent un peu confuses, comme si l'individu avait traîné les pieds. Sans doute est-ce lié à la nature du terrain lorsqu'il est passé, terrain à la fois meuble et un peu poudreux, alors que celui du plus petit devait être humide et plus apte à conserver la finesse de contour des empreintes.

Cependant, un peu plus loin, le plus grand des individus a laissé une empreinte très nette aussi, probablement en passant sur une zone humidifiée.

La différence de taille des deux individus fut attribuée au dimorphisme sexuel, ou à une différence d'âge. Il apparaît difficile de trancher.

Les mensurations montrent une longueur de 18,50 cm pour la plus petite empreinte, et de 21,50 cm pour la plus grande. La longueur moyenne des pas était de 38,70 cm pour le plus petit Hominidé, et de 47,20 cm pour le plus grand.

M.D. Leakey, tout en reconnaissant la grande variabilité du rapport entre le pied et la taille des hommes actuels, prend 15 % comme repère. Ce qui donnerait 1,43 m pour le plus grand et 1,23 m pour le plus petit. Ce qui me semble un peu grand par rapport aux éléments squelettiques. Mais on ignore les proportions réelles des parties du corps à cette époque.

Outre ces empreintes d'Hominidés, de nombreuses autres furent retrouvées comme, par exemple, des Babouins, des Girafes, des Gazelles, des Éléphants, des Hipparions, des Oiseaux... Certaines espèces existent encore à Laetoli aujourd'hui, d'autres sont très différentes, des espèces éteintes ont aussi laissé leurs traces. Une anomalie est signalée en 1979 par M. Leakey, elle réside dans le fait qu'aucun outil n'avait été trouvé sur le site à cette époque.

En haut : Tanzanie, Laetoli. Mary Leakey, au bout de ce chemin de cendres volcaniques fossilisées, examine les traces de pas. Photo Library/Cosmos.

Tanzanie, Laetoli. Un exemplaire des traces de pas d'Hominidé, probablement Australopithecus afarensis. *Photo Yves Coppens.*

Comment ces empreintes ont-elles pu être faites et conservées ?

On suppose que le Sandiman en activité a émis un nuage de cendres volcaniques, ressemblant à du sable fin qui recouvrit d'une couche légère la plaine avoisinante. Cette émission de cendres fut suivie d'une pluie qui humidifia la cendre et la transforma en une sorte de ciment humide capable de se laisser déformer par des empreintes de pas. Cette couche se solidifia en séchant, peut-être au soleil, alors qu'une nouvelle émission de cendres les recouvrait. En un mois, a-t-on estimé, ce processus aboutit à un tuf de quelque 20 cm de hauteur, fait de plusieurs couches relativement fines dont certaines purent disparaître par l'érosion, en certains endroits. C'est cette érosion qui permit la première découverte.

Cependant, combien de hasards a-t-il fallu pour que ces empreintes soient et réalisées, et conservées, et découvertes ! Certaines d'entre elles sont, d'ailleurs, très fragiles et mon ami Tim White, qui séjourna à Laetoli, fut sans doute l'artisan de la découverte et de la conservation des deux séries de pas dont il vient d'être question. Avec une minutie et une patience énormes, il dégagea des racines situées sous le gazon, une à une, les empreintes fragiles, en repérant la bonne couche de cendres et en solidifiant dès qu'elle est nettoyée l'empreinte découverte. Cinquante empreintes furent ainsi laborieusement dégagées sur une longueur de 23 m.

Le rôle de Tim White est important, car il était venu à Laetoli pour étudier les restes d'Hominidés fossiles et il les connaissait bien. Il a participé *concrètement* à la découverte des deux ensembles de pas, dont les deux premières empreintes furent signalées par Ndibo, le responsable de l'entretien que l'on avait envoyé creuser, là où Paul Abell, l'un des chercheurs, avait trouvé une empreinte brisée très nettement hominienne.

Les discussions sur place, au camp, à propos des empreintes de pas, leur diagnostic et leur interprétation aboutirent à des tensions. Tim White, qui a le mérite d'une bonne connaissance anatomique, d'une objectivité sans détours, et d'une franchise abrupte, ce qui nous a rapprochés l'un de l'autre, perdit dans cette affaire l'amitié de certains. Il gagna celle de Johanson. Il ne put poursuivre ce travail à Laetoli. Pour la petite histoire...

Au total, ces empreintes apportaient la preuve irréfutable qu'il y a 3 600 000 ans, des ancêtres probables de l'Homme avaient acquis une locomotion bipède et érigée, et que la forme de leur pied était déjà peu différente de celle de l'Homme actuel. On sait le rôle que ce comportement a probablement joué dans l'anthropogenèse, ce qui souligne l'importance de la découverte de Laetoli.

Non loin de Laetoli furent trouvés les os fossiles d'Hominidés de vingt-deux individus. Des dents, des mâchoires et des fragments de crânes d'adultes ; des côtes, des os des mains, du membre supérieur et du membre inférieur d'un individu âgé de cinq ans furent aussi recueillis.

Les os et les empreintes sont situés dans un horizon qui est intercalé entre deux couches datées au K/Ar respectivement de 3,6 et 3,8 MA, ce qui donne une estimation de l'époque des os et des empreintes.

L'étude des restes osseux permet d'en savoir davantage sur les « promeneurs » de Laetoli. Ils feraient partie de la même espèce que ceux retrouvés par les équipes dirigées par Coppens et Johanson en Éthiopie, et que ceux considérés par Leakey comme les plus anciens Hominidés. L'ensemble par Johanson *et alii* a été attribué à *Australopithecus afarensis.*

Quelques récentes découvertes... et quelques nouvelles questions

Les chapitres précédents ont montré la prodigieuse accélération dans le temps qui sépare les nouvelles découvertes d'Hominidés, la progression dans le nombre des sites fossilifères et dans la quantité des spécimens recueillis. Cela va de pair avec l'extension géographique de sens sud-nord, de l'Afrique australe au nord de l'Éthiopie, des terrains explorés. Tout se passant, pour le moment, dans la Vallée de la Faille.

Dans la plupart des sites, les recherches se poursuivent, le matériel d'étude augmente, les hypothèses nouvelles se succèdent. Quelques découvertes plus ou moins récentes pourront montrer à quel point les problèmes de paléontologie humaine évoluent et combien la multiplicité des documents complique les questions anatomiques et biologiques des origines du genre *Homo*.

1981. Lac Baringo ; Chesowanja ; Kenya

En 1981 au Kenya, près du lac Baringo, dans le site de Chesowanja, Gowlett, Harris, Walton et Wood publient une extraordinaire découverte. Ils ont trouvé des outils de pierre comparables à l'industrie oldowayenne et *in situ*, ce qui est rare.

Mais, de plus, ils ont recueilli les fragments d'un crâne d'Australopithèque robuste (trouvés par Bernard Ngeneo et Wambua Mangao en 1978), répertoriés sous le numéro KNM-CH 304.

Le feu il y a 1,5 MA ?

Ce qui est extraordinaire, c'est la présence de morceaux d'argile brûlée qui, selon les auteurs, indiqueraient *la plus ancienne preuve de feu* associée à un site d'occupation par des Hominidés...

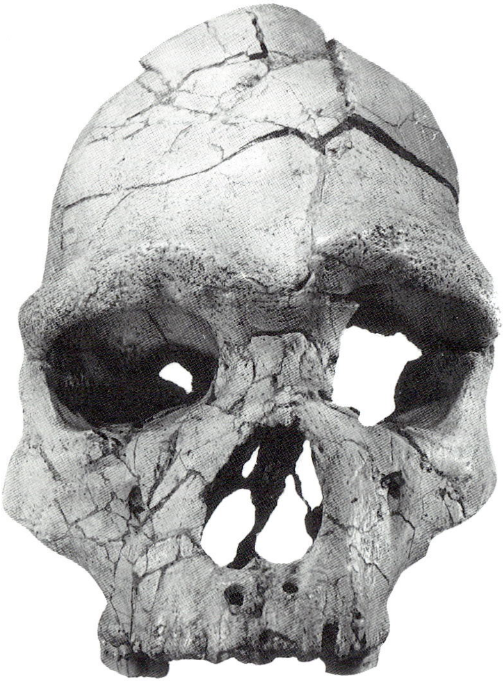

L'homme de Tautavel. Catalogué Arago XXI. Crâne humain anténéandertalien découvert dans une grotte appelée Causse de l'Arago à Tautavel, Pyrénées orientales, le 22 juillet 1971 par Marie-Antoinette et Henry de Lumley. Photo Musée de l'Homme.

Le site en effet est daté de 1,42 ± 0,07 MA ! Or l'on sait que les *foyers* prouvant l'incontestable utilisation du feu par les Hommes, en Chine à Choukoutien, en Hongrie à Vertesszöllös (M. Kretzoï et Vertes 1965), et en France, Arago (H. de Lumley 1976) n'excèdent pas l'âge de — 500 000 ans.

Cette interprétation des auteurs concernant Chesowanja a été très discutée (normal !). Si leur thèse était confirmée, cela ferait remonter la domestication du feu à plus d'1,4 MA, ce qui est tout à fait surprenant.

Cependant, si les premiers outils remontent à — 2,8 MA, alors pourquoi pas le feu ? Catherine Perlès pense que la domestication du feu serait contemporaine de la découverte de la production du feu par l'Homme. Dans ce cas, il s'agirait plutôt de *foyers* que de particules d'argile brûlée disséminées...

Le matériel grandit

En 1985, à Koobi-Fora, Est du lac Turkana, au Kenya, Richard Leakey et Alan Walker fournissent la description des spécimens d'Hominidés acquis depuis la dernière publication concernant le site par Michel Day en 1976.

Cinquante-huit nouveaux fossiles d'Hominidés issus des sédiments Plio-pleistocènes du lac Turkana sont étudiés. Ils concernent des crânes, des dents, des mandibules et des éléments du squelette post-crânien.

1985. Ouest du lac Turkana ; Lomekwi ; Kenya

Un des plus beaux fossiles d'Australopithèque « robuste » a été retrouvé en 1985, dans les sédiments déposés à l'ouest du lac Turkana.

Il s'agit d'un crâne presque complet ayant appartenu à un adulte. Il manque de nombreux fragments de la voûte du crâne mais il y reste une partie de la crête sagittale, de la partie postérieure du maxillaire droit et de la partie droite du palais, de la partie inférieure de l'aire nuchale de l'occipital, la partie moyenne des arcades zygomatiques.

L'ensemble représente une très belle pièce soulevant d'intéressantes questions qui remettent en cause les hypothèses phylogéniques concernant les Australopithèques et les origines du genre *Homo*.

Le crâne a été découvert dans des sédiments déposés sur la berge d'un ancien lit fluviatile, peut-être l'ancêtre de la rivière Omo. Le site s'appelle Lomekwi, le crâne est classé KNM-WT 17 000. L'intérêt prodigieux de cette découverte réside d'une part dans la morphologie crânienne qui évoque le diagnostic d'une forme « hyper robuste » d'Australopithèque : un *Australopithecus boisei*, d'allure très primitive, et d'autre part dans son ancienneté.

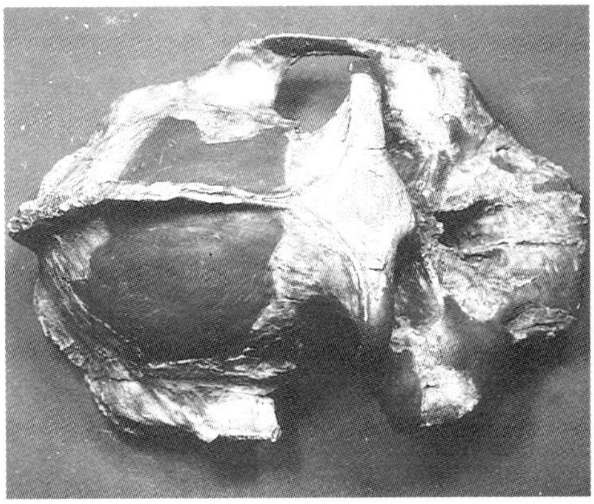

*Crâne d'*Australopithecus boisei *KNM WT 17000. Moulage. Vue supérieure de ce crâne, mettant en évidence la crête sagittale et la projection en avant de la face, notamment du maxillaire. Il a été découvert à Lomekwi, Ouest-Turkana, Kenya. Décrit par Allan Walker. Photo M. Sakka, grâce à la courtoisie d'Yves Coppens.*

Morphologie crânienne

1. *La crête sagittale.* D'après les auteurs de la publication : Alan Walker, Richard Leakey, M.M. Harris et F. H. Brown (1986), ce crâne ressemble beaucoup aux autres crânes d'*A. boisei*, mais il possède une crête sagittale qui serait la plus importante jamais observée chez les Hominidés.

La capacité crânienne, à l'inverse, est la plus petite des capacités d'Hominidés. Elle est estimée à 410 ml, seule celle de l'un des crânes de la formation d'Hadar (AL 162-28) serait moins importante.

Les auteurs pensent que l'association d'une face avec un palais très massif et une petite capacité crânienne explique la grandeur de la crête sagittale. Sans doute ont-ils en tête la classique théorie que j'appelle « musculaire » de la morphogenèse de la crête sagittale, théorie qui avait été invoquée dans le Gorille : muscles très puissants + petite boîte crânienne = crête sagittale. Selon cette théorie mécaniciste et finaliste, la crête sagittale « permet » d'agrandir la surface d'insertion du m. temporal. Autrement dit, le muscle ayant une surface d'insertion trop grande, pour une surface de la boîte crânienne trop petite, compenserait cette contradiction par l'apparition d'une crête sagittale.

J'ai montré (Sakka 1973, 1974) le *mécanicisme* de cette théorie qui date du début du siècle mais qui a encore cours actuellement. La morphogenèse de la crête sagittale dans le Gorille est en fait polyfactorielle. L'un des facteurs est hor-

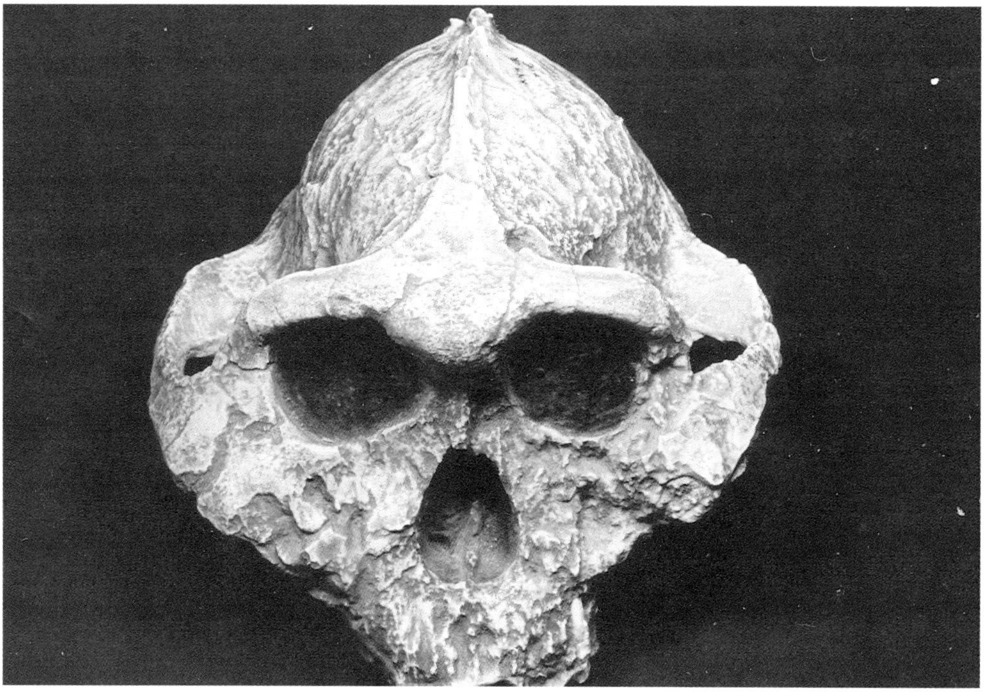

Crâne de mâle d'Australopithèque robuste, KNM ER. 406. Moulage. Photo M. Sakka.

monal, car la crête n'apparaît qu'après la puberté, à l'âge adulte et chez les mâles. Il s'agit d'un caractère sexuel secondaire.

Peut-on appliquer à l'Australopithèque ce qui précède ? Il est permis de penser que les porteurs d'une crête sagittale dans la forme *robustus* et dans la forme *boisei* des Australopithèques soient en effet des mâles.

2. *Prognathisme**. Un autre caractère anatomique important dans cette forme est la saillie antérieure de la face, notamment de sa partie inférieure. Ce trait que l'on appelle *prognathisme* différencie KNM WT 17 000 des autres Australopithèques dont la face inférieure est moins en avant. Ce caractère est considéré comme primitif par les auteurs (Walker *et alii*). Ceci rend d'autant plus intéressant ce crâne que sa datation aussi est surprenante.

Datation

Les sédiments du site dans lequel le crâne a été découvert sont recouverts d'une couche de cendres volcaniques qui sont tout à fait semblables au tuf D de la formation de Shungura. Le tuf D a été daté de 2,52 ± 0,05 MA, date qui est une moyenne entre les calculs effectués sur des échantillons de la formation Shungura (Omo, Éthiopie) et ceux des échantillons de la couche mise en corrélation à Kangatukuseo. Le crâne a été recueilli dans un niveau situé à 3,8 m *au-dessous* du tuf D, il est donc plus ancien que lui.

Une autre corrélation entre Shungara et trois couches volcaniques exposées en une bonne séquence à 4 km au nord-ouest du site a été réalisée. Elle indique que la couche la plus basse est semblable à un tuf situé dans la partie C 9 du membre C de Shungura. La datation est alors de 2,55 MA ! Le paléomagnétisme fournit une estimation « plus jeune » de 100 000 ans, aux environs de 2,45 MA. Mais on sait qu'il existe des discordances entre le K/Ar et cette méthode. Les auteurs estiment que 2,50 ± 0,07 MA est un âge tout a fait valable.

La biostratigraphie, l'étude de la faune fossile contemporaine des pièces confirment ces datations.

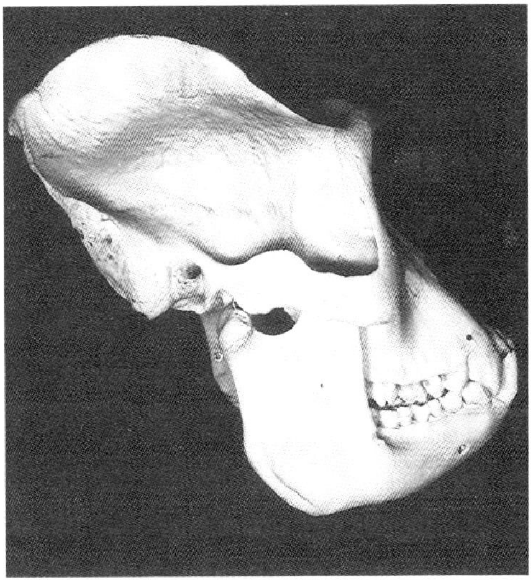

Crâne d'un mâle adulte de Gorille. Cette vue du profil droit du crâne met bien en évidence l'importance des crêtes nuchales et surtout de la crête sagittale, médiane, en cimier de casque. Photo M. Sakka.

Morphologie évolutive et externation crânienne

Au total, ce crâne est extrêmement curieux et il m'intéresse particulièrement parce que j'ai étudié au cours de mes recherches scientifiques l'anatomie comparée des os du crâne et des muscles de la tête et du cou chez l'Homme et les Grands Singes, puis j'ai appliqué le résultat de ces recherches à l'étude de l'ostéologie et de la myologie cervico-céphalique chez l'Australopithèque (Sakka, 1972, 1974, 1976, 1977, 1983, 1985). (Voir aussi ci-dessus, p. 61-70.)

D'après les descriptions qui en sont données (Walker *et alii*, 1986), la morphologie de ce crâne valorise ce que j'avais

Crâne d'une femelle d'Australopithèque robuste, KNM ER 732. Moulage. Photo M. Sakka.

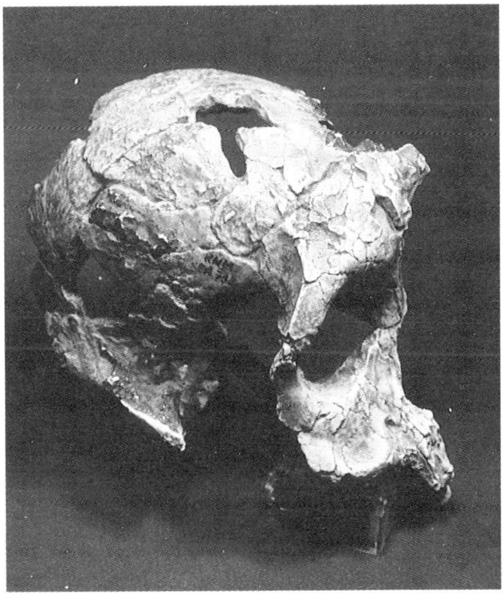

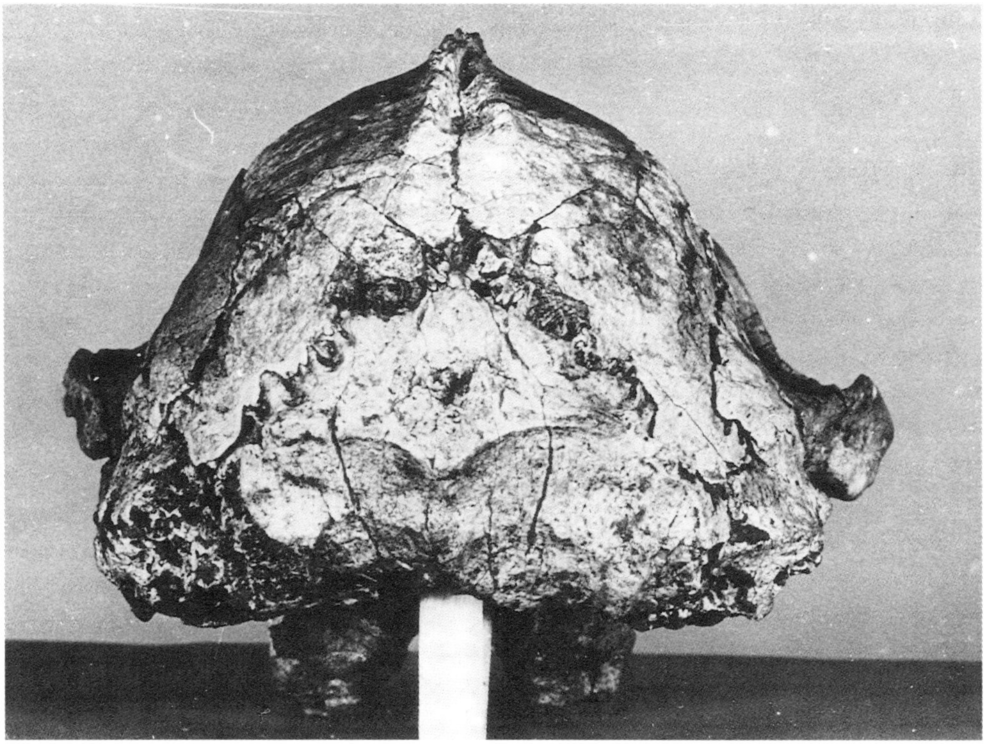

Crâne de KNM ER 406. Est du lac Turkana, Kenya. Pièce originale. Sur cette vue postérieure, on observe, à l'extrémité postérieure de la crête sagittale, la zone où elle se dédouble (point temporal postérieur), puis le trigone postérieur, zone triangulaire à base inférieure. Photo Richard E.F. Leakey.

découvert en étudiant KNM ER 406, un superbe crâne d'A. robuste mâle (voir ci-dessus, p. 202).

Le crâne KNM ER 406 au pôle postérieur présente une surface grossièrement triangulaire à base inférieure et dont le sommet correspond à un point que j'ai appelé *point temporal postérieur*. Cette surface osseuse est libre d'insertions musculaires et est liée à l'écartement postérieur des muscles temporaux (muscles qui jouent un rôle d'élévateurs de la mandibule au cours de la mastication et s'étendent de la voûte du crâne à la mandibule).

Dès que j'ai commencé à étudier l'anatomie comparée au laboratoire du Muséum d'histoire naturelle, j'ai interprété les différences en termes de *mouvements* ce qui m'a amené à décrire des *Ensembles anatomiques, morpho-fonctionnels* (Sakka Mém. Ac. des Sc. 1973), puis à définir une *morphologie évolutive* (Sakka *Mammalia* 1977), avec des généralisations ou « lois » d'évolution des structures résumées en 1983 (Table ronde internationale de 1980, Éditions du CNRS, Paris 1983).

Si l'on compare l'Homme contemporain et les Grands Singes actuels, et que l'on prend comme référence l'état des Grands Singes, on constate chez l'Homme un mouvement d'émergence cervico-céphalique avec abaissement de l'ensemble de la ceinture scapulaire (squelette et éléments fibro-musculaires qui rattachent le membre supérieur au corps) et externation crânienne.

En ce qui concerne le mouvement cervico-céphalique (de la tête et du cou) chez l'Homme par rapport aux Grands Singes, on peut le comparer à la croissance d'une fleur. Chez l'Homme, au niveau de la tête, on ne saurait mieux comparer le mouvement qu'à l'éclosion d'une fleur dont les pétales seraient les os du crâne et les sépales, les muscles. Les os du crâne en effet s'écartent et la capacité crânienne grandit. Les muscles, par rapport aux muscles homologues des Chimpanzés, Gorilles et Orangs-outans, chez l'Homme se latéralisent, quittent le crâne laissant l'os à découvert, comme la mer se retire...

Le cou grandit et la tête ascensionne, « l'éclosion de la tête » s'accompagne d'un allongement de la tige (Sakka 1972 ; *Mammalia* 1973).

Une partie du mouvement céphalique est l'*externation crânienne*. Il s'agit d'une tendance évolutive qui s'observe dans toute la série des Vertébrés avec une particulière poussée ou accélération dans les Primates, et qui atteint une telle acuité chez l'Homme qu'elle en constitue une des principales caractéristiques.

Ce mouvement ostéo-fibro-musculaire est dû principalement au développement du système nerveux central, en particulier à celui du télencéphale chez les Primates et l'Homme (voir ci-dessus, p. 61-70).

Caractères nouveaux chez l'Australopithèque

Ayant comparé ainsi Homme et Grands Singes actuels, j'ai cherché si l'on pouvait interpréter en termes d'évolution ces mouvements qui n'étaient que descriptifs. C'est alors que j'ai découvert sur le crâne de KNM ER 406 une série de caractères qui montrait une phase intermédiaire dans le sens descriptif du terme, entre Hommes et Grands Singes actuels. Un ensemble de traits siégeait au pôle postérieur du crâne.

KNM ER 406 possédait une surface triangulaire postérieure décrite par Dart sous le nom de *Bare area of the skull* (1948) et par Tobias (1967).

Si l'on regarde par en haut le crâne de KNM 406 ou de Zinj (OH5), on observe ce que j'ai appelé le système des trigones. Il y a un trigone antérieur et un trigone postérieur qui sont dessinés sur la voûte osseuse du crâne par les insertions du muscle temporal de chaque côté.

Là où les deux muscles se rapprochent en avant, j'ai décrit un *point temporal antérieur* et là où les muscles s'écartent en arrière j'ai décrit un *point temporal postérieur*.

Or, pour que le point temporal postérieur existe il faut que les muscles s'écartent et qu'ils laissent libre d'insertions musculaires une partie de l'os formant un trigone que j'ai appelé *trigone pariéto-occipital*. Chez l'Homme actuel, il n'existe pas puisque les muscles temporaux n'arrivent jamais au contact. Ils se sont « retirés » sur les faces latérales du crâne.

Dans le Gorille, mâle adulte, le trigone antérieur, que j'ai appelé *trigone fronto-*

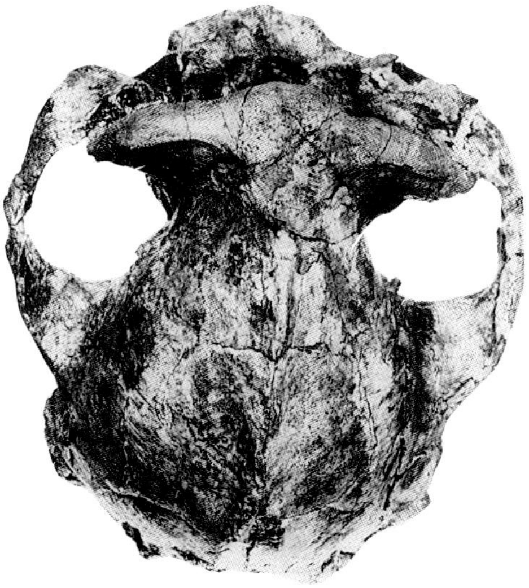

Crâne de KNM ER 406. Est du lac Turkana, Kenya. Pièce originale. Vue supérieure. Photo Richard E.F. Leakey.

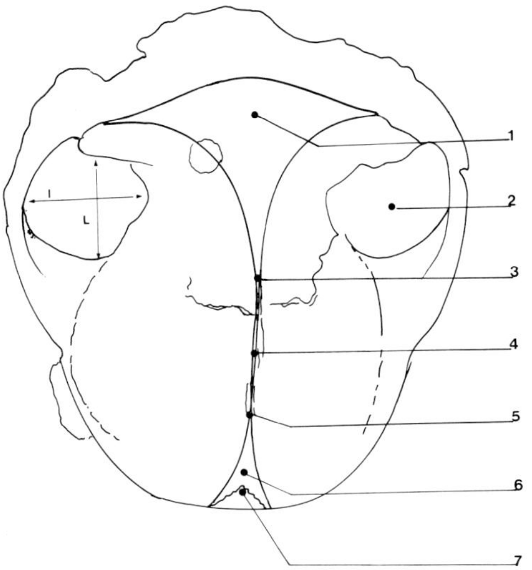

Schéma correspondant à la figure précédente. On voit sur ce schéma le système des deux trigones. 1, le trigone antérieur ; 3, le point temporal antérieur : zone où les lignes temporales s'écartent pour former le trigone : elles répondent à l'insertion du muscle temporal ; 4, la crête sagittale, zone où les muscles temporaux sont contigus ; 5, point temporal postérieur ; 6, trigone postérieur ; 7, Lambda, *point anthropologique (au sommet de la suture crânienne parieto-occipitale). Dessin M. Sakka.*

temporal, existe, mais le trigone postérieur n'est jamais observé parce que les muscles temporaux sont au contact des muscles de la nuque et recouvrent en arrière *toute la paroi crânienne.*

J'avais donc saisi sur l'Australopithèque robuste un mouvement, une phase de l'évolution du mouvement d'externation crânienne tel que je l'avais décrit.

De plus, j'ai comparé les points anthropologiques suivants :

1. le point temporal postérieur,
2. le *lambda*, union de la partie postérieure de la suture sagittale et de la suture pariéto-occipitale (la suture sagittale est la suture qui unit les deux os pariétaux au sommet de la voûte du crâne, la suture pariéto-occipitale unit l'écaille de l'os occipital et les deux os pariétaux),
3. l'*inion* (point arbitraire situé au milieu de la ligne ou crête nuchale supérieure de l'écaille de l'occipital).

Ces points sont dissociés chez l'Australopithèque robuste, tel que KNM ER 406, ils sont toujours réunis dans le Gorille adulte mâle et dans KNM WT 17 000 !

Différences anatomiques et évolution

Comment interpréter ces différences ? S'agissait-il chez l'Australopithèque d'une phase de la tendance évolutive humaine, donc d'un début de la migration musculaire liée au développement de la boîte crânienne et au retrait du museau ? Ou au contraire d'une phase tendant vers la forme Gorille, avec *enfouissement* de la boîte crânienne ?

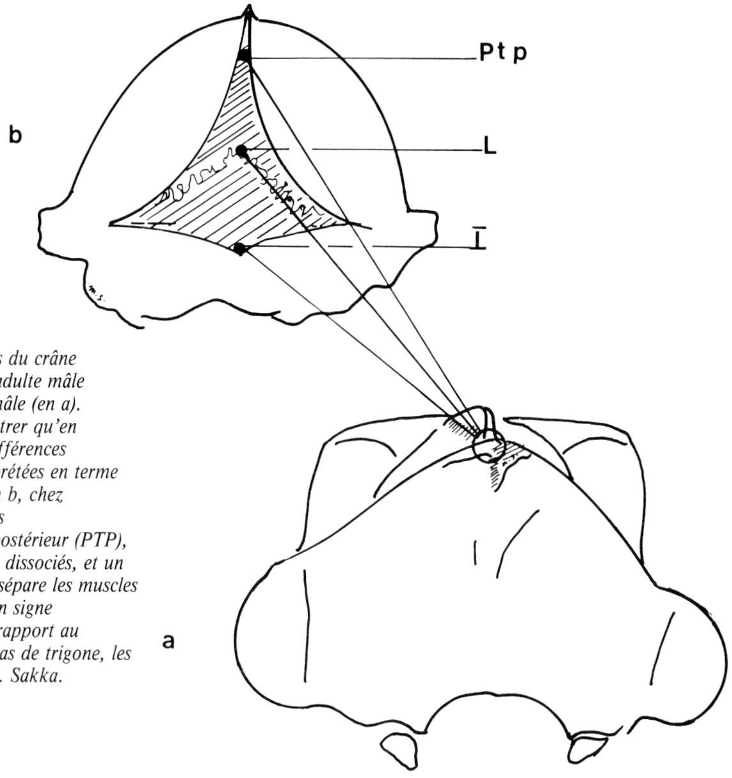

Schéma des vues postérieures du crâne d'Australopithèque robuste adulte mâle (en b), et de Gorille adulte mâle (en a). Ce schéma est destiné à montrer qu'en Morphologie évolutive les différences observées peuvent être interprétées en terme de mouvements évolutifs. En b, chez l'Australopithèque, les points anthropologiques temporal postérieur (PTP), Lambda *(L) et* Inion *(I) sont dissociés, et un trigone postérieur (hachuré) sépare les muscles temporaux. Ces traits sont un signe d'externation crânienne par rapport au Gorille où ils sont absents, pas de trigone, les points sont réunis. Dessin M. Sakka.*

Dans le premier cas, on pouvait considérer des mouvements inverses chez l'A. robuste et le Gorille actuel. C'est ce que je pensais. En 1983, j'ai schématisé ces mouvements inverses en les attribuant chez l'*A. robustus* à la télencéphalisation.

Or la découverte de KNM WT 17 000 semble indiquer qu'effectivement c'est le retrait du museau et la télencéphalisation au cours de l'évolution de l'Australopithèque qui créent les caractères que j'ai décrits, en y ajoutant la présence d'un *sillon mastoïdien externe*. Ces caractères, le trigone pariéto-occipital, la dissociation des points anthropologiques et la présence d'un sillon mastoïdien externe, témoignent donc d'une phase de l'externation crânienne, liée au développement du pôle postérieur du cerveau, à celui du cervelet et au retrait du museau (modification de l'ensemble masticateur).

A mon sens KNM WT 17 000 dont Kimbel, White et Johanson veulent faire une espèce particulière, un *Australopithecus aethiopicus*, a une grande valeur évolutive. Il pourrait constituer une forme clé de l'évolution des Australopithèques, et peut-être donne-t-il quelques lumières sur l'origine du Gorille.

Ce qui compte, ce sont les faits. Or

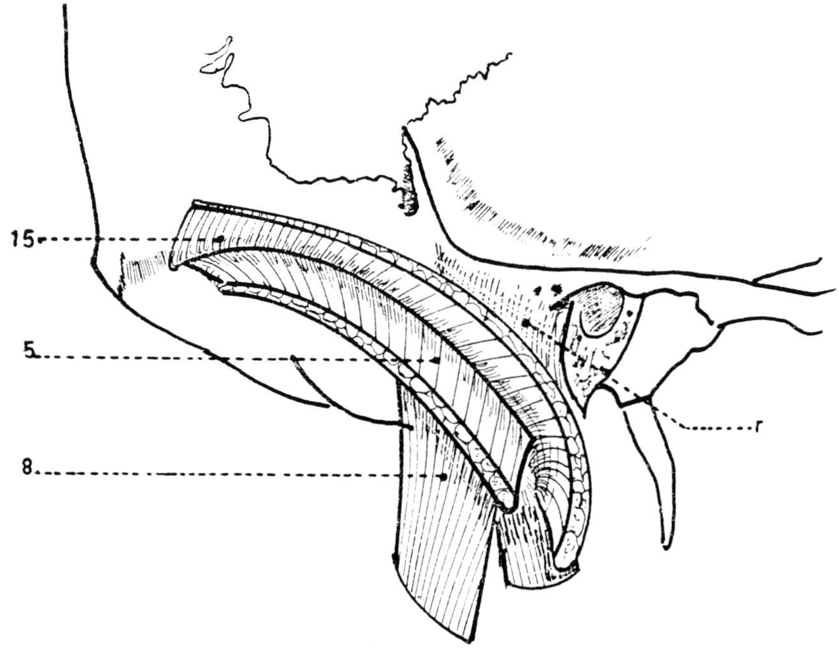
15
5
8
r

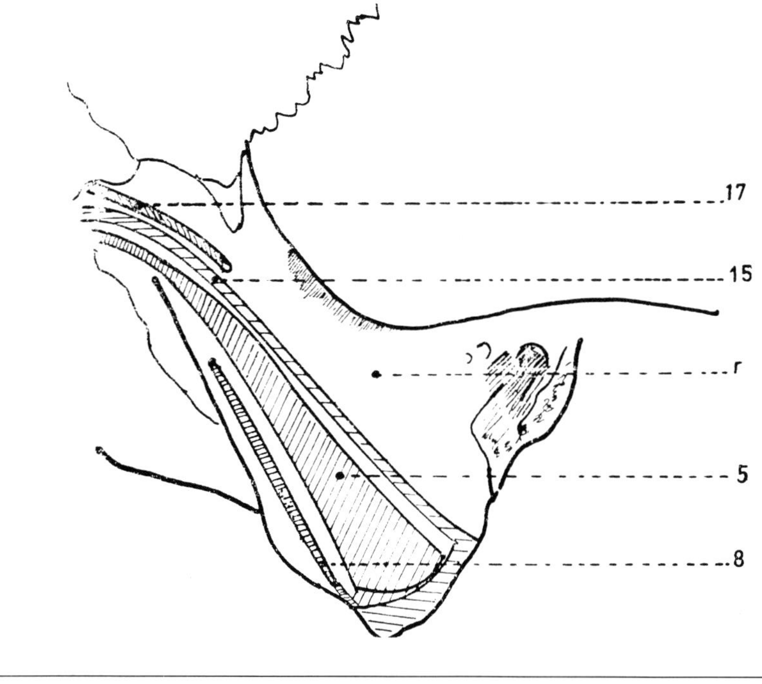
17
15
r
5
8

c'est aussi une petite révolution que de trouver un A. robuste (qu'il soit *robustus*, *boisei* ou *aethiopicus*) à une époque aussi ancienne.

2,6 MA est un recul considérable dans l'idée que l'on se faisait des formes dites robustes d'Australopithèques. Si les formes qualifiées d'Australopithèques et d'*Homo habilis* existent réellement en tant que genres et espèces différentes, cela signifie qu'elles ont été contemporaines. Cela veut dire que l'A. robuste aurait été contemporain de l'*Homo habilis* et de l'*Homo erectus* pendant presque deux millions d'années.

Il faut en revenir aux critères socioculturels, aux caractères indirects, Australopithèque a-t-il fabriqué des outils ? Mais ceci est une autre histoire...

Donc de la découverte à Chesowanja (lac Baringo, Kenya), de KNM-CH-1 (voir ci-dessus, p. 187) à la découverte de l'Ouest-Turkana KNM-WT-17 000, on couvre une période de temps de 2 300 000 ans. C'est dire que l'A. robuste/*boisei* aurait été contemporain du genre *Homo* pendant presque toute cette période.

En haut, Sillon mastoïdien externe (r), les muscles sur la région occipito-mastoïdienne. En bas, le Sillon mastoïdien externe (r) après ablation des muscles.

En effet, il aurait était contemporain du début du genre *Homo* si l'on fait remonter l'apparition de ce genre à — 2,33 MA *(Homo habilis)*, il aurait été contemporain de *Homo erectus* puisqu'on fait remonter l'existence de cette paléo-espèce à — 1,5 MA en Afrique.

Beaucoup de questions quelques réponses

Un certain nombre de questions se posent : quels sont les liens de parenté entre ces Australopithèques et les fossiles qui appartiennent au genre *Homo* ? Que sont devenus ces Australopithèques robustes qui, finalement, apparus plus tardivement que les *A. africanus* mais ayant cohabité avec eux pendant tout un temps leur ont survécu ? Ont-ils complètement disparu ? Quels sont les ancêtres de nos cousins du genre *Gorilla* et *Pan*, c'est-à-dire les Gorilles et les Chimpanzés ?

Un de mes amis, Eric Delson, paléontologue et professeur d'anthropologie à New York, assure la rubrique paléontologique de *Nature*. La découverte de KNM WT 17 000 et WT 16 000 le conduisait à quelques réflexions dans le numéro d'août 1986 sous la rubrique : « La phylogénie humaine encore révisée ».

Curieusement, à mon avis, il dit : « Un crâne nouvellement découvert de l'une des anciennes espèces humaines appelées australopithécinés robustes... » Et plus loin il ajoute, je traduis : « Le recueil d'anciens humains (bipèdes érigés avec petites canines et apparemment des cer-

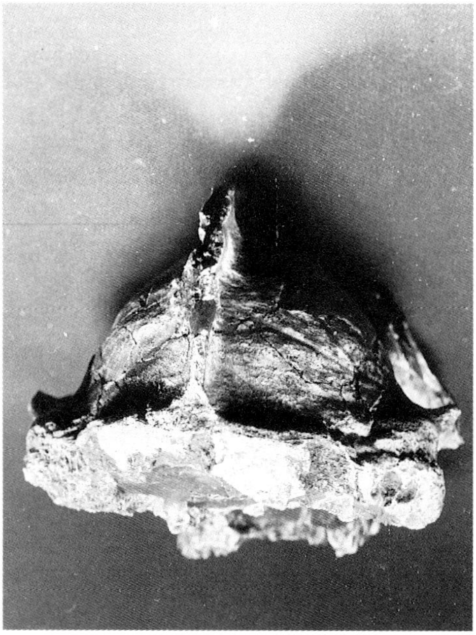

*Crâne d'*Australopithecus boisei *KNM WT 17000. Vue postérieure du moulage. Dans cette forme, probablement la plus ancienne d'*Australopithecus boisei *adulte mâle, il n'y a pas de trigone postérieur, les muscles temporaux sont au contact. Cette forme, publiée en 1985, justifierait mon interprétation des caractères d'A. robuste, datant de 1974, indices d'externation crânienne. Photo M. Sakka grâce à la courtoisie d'Yves Coppens.*

veaux déjà partiellement développés par comparaison avec la taille) commence aux environs de 4,5 MA en Afrique orientale. Les premiers restes bien conservés sont ceux issus de Laetoli (aux environs de 3,7 MA) et de Hadar 3,3-3,0 MA) généralement appelés *A. afarensis.* »

J'ai dit « curieusement » parce que cela signifierait que pour être *un humain*, il suffit d'avoir quelques caractéristiques anatomiques et on en revient *au problème de la définition de l'homme* qui est au centre des travaux sur l'anthropogenèse.

J'ai traité d'abord des sites, et des restes paléontologiques et évité d'utiliser les termes d'anthropologie ou de paléoanthropologie ou d'Homme qui ont pour moi une tout autre signification. Le paléoanthropologue ne peut se passer d'une synthèse associant la recherche des caractères socio-culturels d'une part, la recherche paléoanatomique, la recherche paléontologique et la recherche préhistorique d'autre part. Sinon on se demande quelle est la différence entre la paléontologie humaine de la paléoanthropologie.

Phylogenèse des Australopithèques

Du point de vue paléontologique, les remarques d'Eric Delson, qui est un très sérieux et très brillant chercheur, sont remarquablement intéressantes.

Les problèmes de datation, on l'a vu dans la description des sites à Hominidés, sont quelquefois discutés, de même que les diagnostics taxinomiques.

Cependant, on peut considérer que l'*A. afarensis*, espèce décrite par C.D. Johanson, T.D. White et Y. Coppens 1978 (à laquelle d'ailleurs ce dernier auteur ne croit plus, puisqu'il en fait une espèce qu'il appelle pré-australopithèque), est à l'origine de toutes les autres espèces d'*Australopithecus* et d'*Homo*. Elle remonte à — 3,7 MA au moins à Laetoli, et peut-être un peu moins à Hadar. Et jusqu'à — 2,9 MA à l'Omo.

En général, beaucoup de chercheurs admettent que *A. afarensis* est l'ancêtre commun de deux sous-ensembles :

— l'un qui comprend *A. africanus* et *A. robustus/boisei*. Ceux qui estiment qu'il y a plusieurs espèces d'A. robustes font descendre ces espèces d'un ancêtre commun, la forme sud-africaine serait cet ancêtre.

— l'autre la lignée du genre *Homo*, inconnue entre — 2,9 et — 2,33 MA. C'est l'opinion de Y. Rak 1983, et celle de Kimbel, Johanson et White 1985.

Pour Olson, 1985, *A. afarensis* serait un mélange de deux espèces, l'une, d'après le matériel crânien et dentaire appartiendrait à une forme robuste primitive, l'autre avec Lucie et d'autres restes osseux ressemblerait aux formes dites graciles et à *Homo*.

Skelton, Mac Henry et Drawhorn 1986 considèrent qu'*Homo* et les formes robustes dérivent d'*A. africanus*. *A. afarensis* serait une phase très primitive (c'est aussi l'opinion de Tobias).

La découverte de KNM WT 17 000 et 16 000 relance le débat. En effet A. Walker *et alii* insistent sur deux points :

1. l'Hominidé de l'Ouest Turkana est un *A. boisei* ;
2. son ancienneté implique qu'il ne peut avoir pour ancêtre l'*A. robustus* d'Afrique du Sud. Ce qui soulève encore deux questions : morphologique et chronologique.

Du point de vue morphologique, E. Delson n'est pas convaincu par la démonstration de Walker *et alii*. Bien mieux, le prognathisme de la partie inférieure de la face, et l'absence de « surface nue », la réunion des crêtes musculaires et d'autres caractères l'inciteraient à décrire une nouvelle espèce avec ce fossile. Pour moi, c'est une *phase* évolutive d'une même lignée.

Du point de vue chronologique, l'âge de ce fossile interdit à *A. robustus* d'être l'ancêtre de *boisei*. A moins que l'on ne découvre un fossile encore plus ancien ressemblant à *robustus* et vieux de — 3 à — 2,5 MA !

E. Delson fait remarquer que c'est la morphologie et non le temps qui diagnostique les parentés entre taxons. De ce point de vue, il pense que WT 17 000 est proche de la divergence entre les deux expèces *robustus* et *boisei*. Et il propose un schéma de phylogenèse où *A. africanus* n'est pas ancêtre de *A. robustus*, mais ancêtre du genre *Homo*.

Au total actuellement restent décrits : *A. afarensis* (par ex. Lucie et la « première famille »), *A. africanus* (par ex. l'enfant de Taungs de Dart et Misziss Ples), *A. aethiopicus* (par ex. KNM WT 17 000, le Doyen, le dernier en date et le plus ancien en âge), *A. robustus* (d'Afrique du Sud) et *A. boisei* (« plus robuste » tel que Zinj (0H5) et KNM ER 406 (du lac Turkana).

Ce dernier m'a servi de type de description dans ma thèse de sciences grâce à la gentillesse de Richard Leakey. Je l'en remercie bien vivement.

Kimbel, Tim White et Don Johanson pensent qu'il existe un taxon de plus parmi les Australopithèques, *A. aethiopicus* celui que j'appelle le Doyen, qui vient compliquer singulièrement les hypothèses sur les arbres généalogiques. Ces trois auteurs ont proposé, il y a deux ans, quatre types d'arbres généalogiques, la seule hypothèse constante est la place d'*A. afarensis* comme *ancêtre commun aux autres,* y compris le genre *Homo*.

1987

Toujours concernant les plus anciens Hominidés, il faut encore citer la publication par Ward et Hill (1987) d'un fragment de mandibule provenant de Tabarin, bassin du lac Baringo au Kenya. Attribuée à *A. afarensis* et datant de — 4 MA.

1988

Kimbel en 1988 sur un fragment de voûte crânienne pariéto-occipitale : KNM ER 2602 en provenance de Koobi Fora, à l'est du lac Turkana, diagnostique le premier *A. afarensis* du Kenya daté de — 3,3 MA. Il jette ainsi un pont anatomique entre l'Éthiopie et la Tanzanie, entre Hadar et Laetoli.

Le docteur Berhame Asfaw, directeur du laboratoire de paléoanthropologie à Addis Abeba en Éthiopie, a étudié tout particulièrement les questions de la crête sagittale de *A. afarensis* sur les documents de la collection d'Hadar 1988.

1989

Un autre sujet intéressant est la localité des Afars AL 333 qui a été découverte en 1975.

Par le nombre et la variété des fragments d'Hominidés, cette découverte est d'un intérêt capital. En 1989 Tim White et Don Johanson publient des préliminaires car l'ensemble est encore en cours d'étude à Berkeley.

A l'examen des dents, on estime qu'il y a un minimum de neuf adultes et quatre jeunes individus. Cet ensemble d'Hominidés ne représente pas treize squelettes d'individus, mais des fragments, l'un d'entre eux n'est représenté que par une seule dent.

L'intérêt de cet ensemble d'Hominidés, quelle que soit la raison de leur réunion, catastrophe ou non, est qu'ils sont tous contemporains et que cela va permettre d'en étudier la variabilité et donc d'asseoir l'unicité et la réalité du taxon* constitué par *Australopithecus afarensis*.

L'importance de cet ensemble d'Hominidés du site AL 333 justifie l'impatience que l'on a de voir publier son étude par Tim White.

1986. Le premier squelette partiel d'*Homo habilis*

C'est à Olduvai que fut découvert et décrit pour la première fois un fossile très ancien auquel on attribue le genre *Homo* (OH 7), dont l'holotype est une mandibule, avec une molaire supérieure, des os pariétaux (voûte du crâne) et des os de la main appartenant au même individu, jeune, du site FLKNN I du Bed I d'Olduvai (voir ci-dessus, p. 176).

Homo habilis

Découvert en 1960, publié en 1961, il sert de type à la plus ancienne espèce du genre *Homo* : l'*Homo habilis*, créée et décrite en 1964.

On se rappellera que cette espèce du genre *Homo* a été qualifiée d'*habilis* par Louis Leakey, Philipp Tobias et J. Napier sur les conseils de R. Dart, l'inventeur de l'Australopithèque. *Habilis*, adjectif latin, signifie selon eux, je cite : « *able, handy, mentally skilful, vigorous* » (1964). Ce qualificatif indique déjà des qualités humaines.

Les auteurs expliquent l'importance de l'association culturelle dans le site. Seule l'absence d'un autre Hominidé dans le sol d'habitat FLK I les conduisit à attribuer à Zinj l'industrie oldowayenne. Le recueil ultérieur de restes d'*Homo habilis* associés à la culture oldowayenne dans trois autres sites a donc changé leur point de vue.

Plus remarquable encore fut la découverte d'un abri grossier, sorte de coupe-vent sur un sol d'habitat au niveau DK I, partie inférieure du Bed I. C'est l'association d'outils, d'un habitat et d'*un aspect moins simiesque* de la tête, qui les décidèrent à qualifier d'*Homo* les restes recueillis.

A la suite de ces observations qui faisaient remonter les origines du genre *Homo* à une époque contemporaine de celle de Zinj, d'autres restes d'*Homo* furent trouvés tant en Afrique du Sud qu'en Afrique orientale. Un des plus fameux fut le crâne catalogué KNM ER 1470 et trouvé au Kenya en 1972 à l'est du lac Turkana (aire 131) près de Koobi Fora et au-dessous du fameux tuf KBS (voir ci-dessus, p. 204).

Un *Homo* au bras long ?...

L'éclairage fut de nouveau projeté sur le site d'Oldoway par la découverte en 1986 du premier squelette partiel d'*Homo habilis* catalogué Olduvai Hominid n° 62 (OH 62) et datant de — 1,8 MA.

Tim White, au troisième jour d'un examen de surface de la campagne de 1986 à Olduvai, le 21 juillet, aperçut un fragment de cubitus d'Hominidé, à la surface des sédiments du Bed I. Dès lors la recherche d'autres fragments aboutit à la récolte de 302 pièces osseuses qui, recollées, formèrent un squelette partiel comprenant des fragments de maxillaire, de rachis, d'humérus (membre supérieur droit), de fémur et de tibia (appartenant aux deux membres inférieurs) et des dents. La certitude que ces fragments appartiennent au même individu souligne l'intérêt de cette découverte car on va pouvoir obtenir des proportions des membres d'*Homo habilis* pour la première fois.

Le diagnostic taxinomique de cette pièce a pu être réalisé grâce aux fragments de crâne récupérés. Des portions de palais, de la face, de la boîte crânienne, de la mandibule, et les dents permirent de faire le diagnostic d'*Homo habilis* et le diagnostic différentiel d'avec l'*A. africanus*. Le squelette post-crânien révéla un être de petite taille, ressemblant par le format et la forme au corps du squelette de Lucie.

Ce qui est capital, c'est que la description originale d'*Homo habilis* n'avait été faite que sur des fragments crâniens, si bien que le squelette partiel d'OH 62 est à même d'apporter des informations inédites sur le corps de l'*Homo habilis*.

Quelques surprises attendaient les paléoanatomistes.

Tout d'abord la taille de cet *Homo* de

1,8 MA, aussi petite sinon davantage que Lucie (moins d'un mètre). Ensuite les proportions des membres car le membre supérieur d'OH 62 est beaucoup plus long que celui de Lucie à en juger par son humérus.

Curieusement, le fémur de OH 62 est moins robuste que celui d'AL 288-1. Un sillon sur la face postérieure au col du fémur, creusé par le muscle obturateur externe, indiquerait, selon Johanson et White, une fonction locomotrice bipède et érigée.

Homo habilis serait un ancêtre direct de l'*Homo erectus*. KNM WT 15 000 *H. erectus* du Kenya présente un gros cerveau relativement à sa taille et une morphologie post-crânienne de « type humain ». Or il est daté de 1,6 MA. Étant donné que OH 62 est daté de 1,8 M, Johanson et White considèrent que l'évolution du squelette post-crânien du genre *Homo*, entre *Homo habilis* et *Homo erectus* est relativement « abrupte ».

L'étude anatomique de l'évolution du genre *Homo* est en pleine élaboration et soulève à chaque découverte de nouvelles questions. Les auteurs de la première publication en 1987 affirment qu'on n'a pas trouvé d'outils lithiques dont on puisse dire avec certitude qu'ils sont contemporains d'OH 62.

Donc selon ma conception il n'existe aucune certitude qu'il s'agisse d'un être humain.

Conclusions
Un autre regard...

En conclusion, dans l'histoire des origines de l'Homme ou anthropogenèse, on peut distinguer deux phases, l'une pré-humaine, principalement biologique, suivie d'une phase marquée par l'acquisition d'un comportement spécial : pour la première fois, la production par une espèce animale de ses propres moyens d'existence, et l'apparition concomitante de la conscience réfléchie.

Il s'ensuit deux conceptions et deux méthodes d'approche.

La première, anatomique, est réductrice si elle est seule en cause. Elle ne tient pas compte de la seconde et se borne à la recherche de l'origine du genre *Homo*. C'est la quête morphologique d'un squelette. L'autre, sans négliger la recherche anatomique, s'intéresse à l'origine d'une semeiologie sociale et culturelle propre à l'Homme. Les processus sociaux dès qu'ils sont apparus dominent rapidement l'évolution de l'humanité dont ils déterminent l'avenir.

La connaissance de la première phase a accompli de grands progrès ces dernières années, tant du point de vue des découvertes fossiles, que du point de vue de l'environnement.

La famille de l'Homme, celle des Hominidés, est issue de certains groupes de la super-famille des Hominoides ancestraux, remontant à une vingtaine de millions d'années (deux cent mille siècles !) et au-delà. L'origine de ces Hominoides, de même que celle des Hominidés est classiquement située en Afrique et serait liée à des phénomènes géologiques et climatiques.

Mais une hypothèse euro-asiatique peut être opposée à cet « africanisme ».

Il faut répondre à trois questions, Où ? Quand ? Comment ?

Hypothèse africaine

Il y a 17 000 000 d'années, au début du Miocène moyen, un épisode géologique tectonique important fit sentir ses effets sur la faune et sur la flore. Il s'agit de l'apparente rencontre de deux continents. La plaque arabo-africaine de l'écorce terrestre et la plaque euro-asiatique vinrent au contact l'une de l'autre.

Cette phase de l'histoire de la Terre est considérée comme décisive pour l'évolution des Primates. Avant elle, un bras de mer réunissait au sein de l'océan ancestral, appelé Téthys, ce qui sera nommé la Méditerranée d'une part, et l'océan Indien d'autre part. Ce bras de mer allait progressivement disparaître et laisser la place à un corridor terrestre établi à travers la péninsule arabique permettant des échanges de faune et de flore entre l'Afrique et l'Eurasie. C'est ainsi qu'on explique la présence en Europe, d'un grand Singe fossile, le Dryopithèque* (le Singe des chênes). *Dryopithecus fontani* (E. Lartet 1856) serait descendant d'un émigré, *Proconsul**, Grand Singe africain fossile découvert au Kenya.

Celui-ci aurait vécu en Afrique de — 22 (?) à — 14 MA. Il serait passé par le corridor afro-asiatique il y a 15 MA et serait devenu Dryopithèque, parmi les chênes européens. L'étude anatomique des deux protagonistes a révélé qu'ils étaient adaptés au même environnement fait de forêts subtropicales et de régions boisées fermées.

Hypothèse eurasiatique

L'hypothèse alternative, euro-asiatique est la suivante.

Le premier Singe supérieur a été découvert en France et décrit par Édouard Lartet en 1837. Très primitif, cet « anthropomorphe » fut appelé Pliopithèque. Il était, pensait-on, voisin du Gibbon, dont il avait probablement la taille. L'holotype est daté, par la faune fossile, du Miocène moyen mais les formes les plus anciennes remonteraient au Miocène inférieur (E. Genet-Varcin 1963) et seraient donc antérieures à l'apparition des corridors terrestre. Ce Primate aurait parcouru l'Europe au Miocène et serait donc un Européen autochtone... La thèse de l'origine européenne ou asiatique est plausible, d'autant plus qu'un vide fossile d'Hominoides est observé en Afrique de l'Est de — 12 à — 7 MA (Bernor 1983), alors que les corridors terrestres permettaient la communication entre ces continents. A cette époque on trouve en Europe des Pliopithèques, des Dryopithèques et des Ramapithèques.

Ensuite de — 9,5 MA à — 7 MA, l'ensemble Sivapithèque - Ramapithèque (et le Gigantopithèque) laisse des traces en Asie aux Siwaliks*.

On voit donc que le vide Est africain est comblé par les Grands Singes fossiles hominoides d'Europe et d'Asie.

Les Australopithèques apparaissent *ensuite* en Afrique orientale, tout au moins selon les connaissances actuelles.

Si bien qu'en interprétant simplement ces événements qui ont duré des centaines de milliers, voire des millions d'années, on pourrait naïvement penser que le berceau des premiers Hominidés n'est pas africain mais eurasiatique et que l'émigration s'est faite en sens inverse, d'Europe et d'Asie vers l'Afrique orientale.

Bernor (1983) a divisé, ou a reconnu sur la base des modifications géographiques, climatiques et sur les changements associés de la flore et de la faune, durant le Miocène, plusieurs régions d'Eurasie et d'Afrique + Arabie, qu'il nomme Provinces zoogéographiques.

Ancêtres des Australopithèques ?

Le groupe le plus intéressant, concernant l'évolution des Hominoides, selon Bernor, est constitué de l'Ensemble sivapithécien. Les Sivapithèques étaient des Grands Singes *non forestiers* dotés d'un potentiel évolutif capable, selon lui, de les conduire aux Australopithèques dont ils pourraient être les ancêtres.

Cet Ensemble sivapithécien est très répandu à partir de — 15 MA dans la « Province » sub-Parathétys et s'étend vers la Province orientale et centrale de l'Europe, dans la Province est-africaine et probablement à l'est dans les Provinces du Siwalik et d'Asie du Sud.

L'apparition de ces habitants non forestiers coïncide étroitement avec celle de l'adaptation des forêts à un climat saisonnier. En Afrique de l'Est on n'en trouve guère après — 12 MA. Leur extinction se situe entre — 10, — 9 MA en Europe, alors qu'ils auraient survécu dans la Province du Siwalik jusqu'à — 8, — 7 MA.

Le problème posé est donc celui de l'ancêtre des Australopithèques. D'après Bernor l'origine de ceux-ci au Siwalik serait impossible du point de vue zoogéographique. Cet auteur pense que les Australopithèques ou leurs ancêtres directs ne peuvent venir des Siwaliks, parce qu'entre cette Province eurasiatique et celle de l'Afrique de l'Est, une barrière écologique efficace se serait opposée à la diffusion des Grands Singes (Siva ou Ramapithèques). Les changements évolutifs se seraient passés au sein de la Province du Siwalik, leurs produits n'auraient pu en sortir...

A mon avis, en plusieurs centaines de milliers d'années, voire en deux ou trois millions d'années ces Grands Singes eurasiatiques auront eu le temps de s'adapter aux conditions rencontrées sur leur voie d'émigration et de s'étendre ainsi jusqu'en Afrique...

La découverte d'Australopithèques (ou d'ancêtres immédiats) en Eurasie n'est pas impossible et serait de nature à accréditer la thèse d'un passage d'Eurasie vers l'Afrique. Dans ce cas, une partie du stock eurasiatique aurait émigré en Afrique, et c'est à partir du groupe émigré que les Gorilles et les Chimpanzés se seraient différenciés sur place dans la forêt, à l'Ouest de la Vallée de la Faille africaine. Une différence écologique (?) devrait expliquer la divergence entre Gorilles et Chimpanzés. L'autre partie du groupe aurait continué sa propre évolution biologique d'Australopithèque en Eurasie et en Afrique, à l'Est de la Vallée de la Faille.

La divergence du Gibbon (— 16 MA, Boaz 1983) puis celle de la lignée conduisant à l'Orang-outan (de — 15 à — 12 MA, Pilbeam 1985) auraient pu s'effectuer *sur place*, en Eurasie.

La découverte éventuelle d'outils vieux

de plus de 2,5 MA au Massif central, ou d'ossements Hominidés fossiles, voire celle d'Australopithèques en Europe ou en Chine fourniraient une preuve concrète à mon hypothèse.

La bipédie et la divergence Panidés - Hominidés

La période de divergence entre Panidés et Hominidés aurait eu lieu selon les données biochimiques, entre — 6 et — 5 MA (Zihlman et Lowenstein, 1983), entre — 8 et — 4 MA (Cronin, 1983). Pour le paléontologue Pilbeam, elle se situerait entre — 10 et — 5 MA.

La cause classique, on l'a vu, serait le retrait forestier et le climat saisonnier qui auraient favorisé la bipédie. Or, ce changement climatique s'est aussi observé en Eurasie. En outre, il n'est pas certain que la modification de l'environnement ait été le seul facteur à installer la bipédie. Le comportement social débutant, l'activité croissante de la main, la production, la taille des outils propre aux seuls Hommes, ont provoqué l'adoption permanente de ce mode locomoteur qu'eux seuls pratiquaient.

On a souvent invoqué la vulnérabilité qu'aurait entraînée la marche bipède. Il est vraisemblable que pendant la période d'adoption et d'adaptation de ce comportement, les deux locomotions arboricole et érigée aient coexisté chez nos ancêtres.

La bipédie en outre a de multiples avantages biologiques, l'économie métabolique (moins de dépenses énergétiques), l'endurance et la stabilité qu'elle confère lors de certaines actions tel que le lancer d'un projectile (chasse). Tout ceci favorise « l'émigration » et élargit les possibilités de vie à une étendue plus grande et plus variée d'habitats. Les « barrières écologiques » ne seront plus opposables, ou le seront de moins en moins, à l'extension humaine. Ne peut-on imaginer que ce soient les premiers hommes qui aient confiné les Grands Singes asiatiques et les Grands Singes africains dans leurs habitats (refuges) respectifs ?

Le facteur climatique aura eu beaucoup moins d'importance que la maîtrise de la nature par l'humanité débutante.

Une autre question non résolue est celle des ancêtres des Panidés. On peut se demander si, parmi les nombreux fossiles africains, l'ancêtre commun ou celui des Chimpanzés et/ou des Gorilles n'attend pas qu'on vienne le diagnostiquer.

Le point de vue anatomique

La loi d'irréversibilité de l'évolution de Dollo décrite sur des coquillages n'est-elle pas interprétée d'une manière trop dogmatique ? N'entrave-t-elle pas la recherche de l'anthropogenèse ?

L'Oreopithecus, découvert dans une mine de lignite, a le bras trop long pour prétendre figurer parmi les ancêtres de l'Homme... Photothèque du Musée de l'Homme.

La découverte récente d'OH 62 (le squelette partiel d'*Homo habilis*, l'*Homo* aux bras longs, incite à se poser quelques questions.

On dit qu'avoir de longs membres supérieurs par rapport aux membres inférieurs interdit à un fossile d'appartenir au groupe ancestral des Hominidés, car il serait trop spécialisé ce qui serait *irréversible*. C'est pourquoi le Singe du Miocène inférieur européen trouvé en Toscane, dans les mines de lignites, l'*Oreopithecus* de Gervais, malgré de nombreux caractères qui l'en rapprochaient, n'a pas été reconnu comme un bon candidat à l'ancestrialité des Hominidés.

Cependant on admet que le pied a été préhensile avant de s'adapter à la marche, il y a donc eu des modifications anatomiques très importantes. Plus importantes que des différences de proportions.

Quant à la longueur du membre supérieur, ce que l'on peut dire c'est que le comportement bipède a modifié *toutes les proportions* du corps humain et notamment la longueur des membres inférieurs. Certes les membres supérieurs relativement sont plus courts. Mais aussi les membres inférieurs sont devenus plus longs et plus robustes. Ils se sont adaptés, de même que le bassin et la colonne vertébrale à la bipédie.

Dans les hypothèses formulées par les uns et les autres, les contradictions sont nombreuses.

L'abondance de fossiles, les progrès des disciplines étudiant l'environnement et les datations, les avancées dans les méthodes de recherche des généalogies (phylogenèses) sont tellement riches, qu'il faudra prendre du recul et essayer de faire le point pour y voir plus clair.

Je pense que la multiplicité des paléoespèces décrites est artificielle. Un effort de synthèse et de simplification anatomique devra être fait.

Le rôle du travail productif

L'important est l'utilisation par les préhumains d'objets naturels, puis la fabrication d'outils. Ce que les Chimpanzés n'ont pas réalisé. Certains auteurs disent que malgré leur utilisation d'objets naturels, on n'a jamais vu dans la nature un Chimpanzé faire le geste de *couper*.

Lorsque la fabrication est commencée chez les ancêtres de l'Homme, le dialogue main-cerveau est établi. Il existe une interaction évolutive entre les progrès du cerveau et ceux de la main. L'apprentissage est devenu conscient et nécessaire, de même que l'organisation sociale nécessitée par la production des moyens d'existence, un processus *irréversible* est amorcé au cours duquel le social et le culturel dominent nettement l'évolution humaine et le « biologique » de moins en moins. L'animalité s'éloigne...

Il faut bien voir qu'il ne s'agit pas seulement de perfectionnement de l'outil car on serait encore en train de tailler du silex, mais d'innovations successives avec une évolution progressivement accélérée... mais très récente.

Les plus anciens outils ont été trouvés par une Française, Hélène Roche, dans le site de Hadar, à Kada Gona (2, 3, 4) et sont datés de 2,7 MA ! Dans l'Omo, Jean Chavaillon et Harry Merrick ont recueilli des outils datant de 2,3 à 2 MA. Enfin, à l'ouest du lac Turkana, Hélène Roche a estimé à 2,4/2,3 MA les outils les plus anciens qu'elle a découverts (Lokalelei).

Pendant plusieurs centaines de milliers d'années, il ne semble pas y avoir eu de progrès techniques, tout au moins dans la production d'objets non périssables, ceux qui nous sont parvenus. Hélène Roche (1988) pense que c'est vers — 2 MA que la technologie lentement s'améliore.

Ces petits hommes sortent de l'animalité et en ont conscience. *Avec l'Homme la nature pour la première fois devient consciente d'elle-même*, l'anthropogenèse est terminée, l'Hominisation, c'est-à-dire l'évolution des sociétés humaines se poursuit... qui ne peut s'arrêter.

Souvent on pose alors la question de l'avenir de l'Homme et de son évolution biologique. L'avenir de l'Homme n'est pas d'ordre biologique. L'Homme s'est rendu maître de la nature, qu'il transforme. Il envahit les espaces extra-terrestres. Il peut recréer son environnement et l'emmener à travers l'univers.

Les progrès scientifiques en biologie n'en sont qu'à leur début, les problèmes de la santé et de la prolongation de la vie seront résolus. Les rêves deviendront réalité...

A moins que... Les moyens de destruction massive sont tels que tout peut être arrêté, et tous les efforts des sociétés humaines depuis les origines de l'Homme, le fruit de dizaines de milliers de siècles de travail, de sacrifices de toutes sortes, anéantis !

C'est pourquoi la question de l'avenir de l'Homme n'est pas biologique mais économique et politique...

Je me souviens des paroles de F. Joliot-Curie, un homme seul ne peut se prémunir contre la guerre...

GLOSSAIRE

A

Acheuléen : industrie préhistorique, trouvée dans un faubourg d'Amiens, Saint-Acheul (voir **Paléolithique**).

Adaptation : caractérise les liens entre la forme des structures vivantes et leurs fonctions au cours de l'évolution. Les changements de fonction suscitent des modifications de forme dans les structures qui s'adaptent à leurs nouvelles fonctions.
Classiquement ces liens sont stricts : pas de fonction sans forme et pas de forme sans fonction. En fait j'ai montré qu'il y avait une loi de *dissociation relative dans le temps entre les processus de la fonction et ceux de la forme au cours de l'évolution.* Cette dissociation temporelle correspond à la phase d'*adaptation.* (Sakka, Mammalia 1977). Cette « loi » s'applique aussi à l'anthropogenèse et à l'hominisation, au cours desquelles les facteurs biologiques prennent de moins en moins d'importance par rapport aux facteurs sociaux. Il y a au cours de l'hominisation un processus grandissant de dissociation relative entre l'évolution biologique d'une part, l'évolution culturelle et sociale d'autre part.
Une des conséquences sur laquelle j'insistais (notamment en 1980) est la « dissociation relative des processus morphologiques et des processus culturels qui amène à ne pas rechercher une correspondance stricte entre les espèces ou les types anatomiques d'une part, et les cultures ou les industries d'autre part, et ceci d'autant plus qu'on s'éloigne davantage des origines au cours de l'hominisation » (M. Sakka, Table ronde internationale, 14-27 juin 1980, Éditions CNRS, Paris, 207 pages).

ADN : abréviation du nom d'une substance chimique, l'acide désoxyribonucléique, qui est le principal constituant du chromosome et joue un rôle important dans les mécanismes de l'hérédité.

Allométrie : expression quantitative (biomathématique) de la croissance relative des différentes parties du corps. Lorsqu'un individu est en période de croissance, les différentes parties du corps ne croissent pas à la même vitesse. Dans une espèce donnée les grands sujets ne sont pas du même format que les plus petits. Cette croissance différentielle s'exprime par une formule :
$y = bx^{\alpha}$ ou en log. : $\log y = \log b + \alpha \log x$.
y et x sont deux variables, par exemple la longueur et le poids d'un organe ou d'un individu. b et α sont des constantes qui dépendent du stade de la croissance, de l'organe ou de l'espèce considérée. Le scientifique français Teissier est le créateur des lois d'allométrie de croissance, avec Huxley et d'Arcy Thompson.

Anthropogenèse : (du grec *anthropos* : homme ; *genesis* : production), l'anthropogenèse est le nom que l'on peut donner à la phase de l'évolution correspondant aux origines de l'Homme, aux processus qui conduisent de l'animal préhumain à l'homme (voir **Hominisation**).

Anthropoïdes : désignait les Singes réunis actuellement avec l'Homme dans la superfamille des *Hominoidea* (voir **Apes**).

Anthropomorphes : Grands Singes ressemblant à l'Homme (voir **Apes**).

Apes : (anglais), Grands Singes africains (Gorille et Chimpanzé) et asiatiques (Gibbon et Orang-outang). On n'a pas d'équivalent en français. Le terme anthropoïde est équivoque car en anglais il est synonyme de Simiiformes ou Singes. On pourrait utiliser celui de Primates supérieurs, mais il contiendrait *aussi* l'Homme, les

Anthropomorphes est un terme peu utilisé et sujet à confusion. C'est pourquoi j'ai traduit Apes par Grands Singes et Monkeys par Petits Singes (voir Monkey).

Apomorphe : syn. avancé, spécialisé, dérivé.
1) État évolutif, marque de l'adaptation d'un ensemble anatomique ou biologique à une fonction nouvelle. Ex. le pied du Cheval, l'aile de l'Oiseau par rapport au membre à cinq doigts du Mammifère primitif. S'oppose à primitif, généralisé, ancestral, archaïque.
2) On peut aussi considérer qu'un caractère est apomorphe s'il a changé par comparaison avec son homologue chez un ancêtre.

Arboricolisme : la vie dans le milieu arboricole, constitué par les arbres, entraîne une série d'adaptations, notamment locomotrices et sensorielles.

Archencéphale : (du grec *archos* : chef), mot utilisé par le naturaliste anglais Owen pour désigner le cerveau (encéphale) de l'Homme, considéré comme ayant un cerveau supérieur. Owen voulait créer pour l'Homme seul l'ordre des archencéphales.

Autapomorphie : un caractère apomorphe possédé par un seul taxon.

Avancé : voir **Apomorphe**.

B

Basaltes : roches volcaniques basiques, les basaltes forment de vastes coulées de roches éruptives noires et denses.

Biface : outil travaillé sur les deux faces. Ce qu'on appelait « coup de poing » pour désigner les bifaces du Paléolithique ancien et moyen (F. Bordes).

Brachiation : sorte de locomotion arboricole chez les Primates, au cours de laquelle il existe des phases de balancement de branche en branche, par suspension à l'aide des membres antérieurs ou pectoraux. Le Gibbon est parfois considéré comme un hyperbrachiateur.

Brèche : roche composite formée de fragments cimentés entre eux. Brèches calcaires, brèches volcaniques, par exemple.

C

Caryologie : (du grec *karuon* : noyau ; *logos :* discours, traité) étude des chromosomes, c'est-à-dire des organites porteurs de l'ADN et apparaissant dans le noyau de la cellule au moment de la division cellulaire.
Il y a $2 \times n$ chromosomes par espèce (n chromosomes d'origine mâle et n chromosomes d'origine femelle). Parmi ces chromosomes 2 sont liés au sexe, les chromosomes X et Y (XX : chez la femelle, XY : chez le mâle).
Le nombre des chromosomes est constant dans une espèce donnée, à l'état normal. Chez l'Homme il y a $2 \times n = 46$ chromosomes dont 2 chromosomes sexuels.
Il y en a 48 chez le Chimpanzé, le Gorille et l'Orang-outan.

Catarrhiniens : groupe de Singes dits de l'Ancien Monde, dont les narines sont dirigées vers le bas. La paroi internarinaire est mince.

Causes finales : elles expliquent les phénomènes par les buts qu'ils sont censés atteindre (voir **Finalisme**).

Choppers : outils relativement gros, dont une seule face est partiellement travaillée. Réalise une arête tranchante. Souvent taillés dans un galet, dont les éclats n'ont été retirés à l'un des pôles que sur une seule face. Tranchoirs ou couperets unifaces.

Chopping-tool : ici l'outil est *partiellement* travaillé sur ses deux faces. Éclats retirés à l'un des pôles d'un galet sur les deux faces, tranchoirs sur galet ou couperets bifaces.

Chromosomes : contenus dans le noyau de la cellule, ils apparaissent lors de la division cellulaire. Ils contiennent de l'ADN et jouent un rôle décisif dans les mécanismes de l'hérédité. En nombre fixe pour une espèce donnée, chaque noyau possède un double équipement de chromosomes : $2 \times n$ (n d'origine maternelle + n d'origine paternelle). L'ADN est classiquement le « support » biochimique des gènes.

$2n$= nombre diploïde de chromosomes chez l'Homme.

Clade : (J.S. Huxley 1958) groupes animaux dont l'origine génétique est commune.

Cladisme ou Cladistique : méthode dite de Systématique phylogénétique (Hennig 1950). Seul le partage de caractères spécialisés et non pas de caractères primitifs, par deux lignées (ou plus), permet de distinguer les groupes monophylétiques (lignées sœurs) des groupes paraphylétiques (non directement apparentés). Habituellement le *cladogramme* qui en résulte est fait de dichotomies successives. Le cladogramme est un schéma, un graphe de liens de parenté, ce n'est pas un arbre généalogique.

Convergence : phénomène évolutif au cours duquel deux lignées séparées acquièrent indépendamment un caractère ou un ensemble de caractères ou un *ensemble morphologique* semblables, qui ne sont pas liés à un ancêtre commun (voir **Homoplasie**).

Cordés : c'est un phylum (du grec *phulum* : tribu), caractérisé par un tube nerveux dorsal et une *corde dorsale*, ventrale par rapport au tube nerveux. Tige élastique formant le squelette axial, la *corde* ne se trouve qu'à l'état embryonnaire chez les Vertébrés dont elle constitue les disques intervertébraux (entre chaque vertèbre).

Couronne (de la dent) : partie visible de la dent.

Crête sagittale (ou *Crista sagittalis*) : (*Sagitta, sagittae* en latin la flèche), sagittal qualifie la direction antéro-postérieure d'une structure anatomique située dans le plan médian. La crête sagittale, ou en cimier de casque, a la forme d'une lame osseuse, falciforme située au sommet de la voûte crânienne des Gorilles mâles et adultes. C'est dans les Grands Singes un caractère sexuel secondaire. D'autres animaux ont des crêtes sagittales crâniennes, le chien, par exemple.

D

Dérivé : voir **Apomorphe**.

Diastème : espace de l'arcade dentaire situé entre les canines et les prémolaires (ou les molaires).

Dichotomie : (du grec *dikha* : en deux ; *tomê* : section), division en deux, bifurcation.

Dimorphisme sexuel : ensemble des différences morphologiques liées au sexe, qu'il s'agisse de la forme ou du format. Dans les Grands Singes, la taille des spécimens de mâles est beaucoup plus grande que celle des femelles.

Dryopithèque : Grand Singe du Miocène découvert en France en 1856 par M. Fontan à Saint-Gaudens et décrit pour la première fois par le paléontologue français Édouard Lartet, amateur éclairé, qui devait être nommé professeur au Museum à l'âge de soixante-huit ans. Le Driopithèque fut trouvé dans un gisement près de chênes fossiles, ce qui lui a donné son nom de Singe aux chênes.
Genre Dryopithèque, espèce *Dryopithecus fontani* en l'honneur de son inventeur.

E

Encéphale : (du grec *en* : dans ; *kephalê* : tête), partie du système nerveux central contenue dans la boîte crânienne. L'autre partie du système nerveux central est constituée de la moelle épinière contenue dans le rachis ou colonne vertébrale.

Ensemble morphogénique fondamental : fondamentalement, il existe une interaction entre trois éléments dont le résultat évolutif est une forme donnée. Ces trois éléments sont le milieu d'une part, la forme et la fonction d'autre part. Ces deux dernières constituent les *ensembles morpho-fonctionnels*. La forme et la fonction sont, dans leur évolution, relativement dissociées, donc on peut les représenter par deux cercles, ou deux sphères qui ont une intersection. Cependant les ensembles morpho-fonctionnels ont des liens avec le milieu. Le milieu, c'est l'environnement dans lequel interagissent les ensembles morpho-fonctionnels (les organismes, les individus ou les populations), mais ce milieu contient et l'environnement et les êtres qui y vivent.
Les liens entre la forme et la fonction sont dépendants de l'environnement. La genèse de la forme et celle des organismes sont liées à la fonction et au milieu qui constituent l'*ensemble morphogénique fondamental* car c'est de lui que la morphologie d'une population dépend.

Éthologie : science qui étudie le comportement animal dans le milieu naturel.

Étiologie : partie de la médecine qui étudie les causes des maladies.

Euthériens : Mammifères supérieurs. Les Protothériens sont des Mammifères primitifs, Ornithorinques et Echidnés. Les Métathériens sont les Marsupiaux. Les Euthériens sont les Mammifères placentaires.

F

Finalisme : le finalisme est une conception du monde où tout s'expliquerait par les causes finales ; tout existe en fonction d'un but, d'une fin à atteindre, tout phénomène a une utilité. Cette conception implique une création. Si le melon présente des sillons, c'est pour être découpé en tranches (Bernardin de Saint-Pierre). Les structures anatomiques serviraient toutes à quelque chose et existeraient dans ce but (voir causes finales).

Fixisme : plus qu'une théorie, c'est un mode de pensée qui est dominé par l'absence de changement. Les espèces n'évoluent pas, elles demeurent telles qu'elles sont apparues ou qu'elles ont été créées. Le fixisme a été défendu notamment par G. Cuvier et P. Flourens. Il s'oppose, bien entendu, à l'évolutionnisme fondé par Lamarck et défendu par E. Geoffroy Saint-Hilaire, Goethe, etc.

G

Généralisé : voir **Plésiomorphe**.

Génome : ensemble des chromosomes d'une cellule germinale ou gamète (œuf non fécondé ou spermatozoïde). Il est donc constitué de *n* chromosomes, nombre dit haploïde.

Glottogenèse : processus qui conduisent à l'acquisition du langage articulé. Syn. glossogenèse (du grec *glôssa* ou *glôtta* = langue).

Grade : (J.S. Huxley 1958), groupes animaux réunis par un niveau d'organisation semblable. Par exemple par adaptation.

Groupe naturel : voir **Monophylétique, Monophylie**.

H

Hachereau : biface à arête transversale ou éclat à arête transversale.

Haplorhinii : (*haplo* = simple), forme du nez caractérisée par l'absence de vibrices (poils sensoriels) et par l'absence d'une muqueuse humide extranarinaire. La peau couverte de poils vient au contact des orifices narinaires. Cette disposition permet de différencier les Primates strepsirhiniens (primitifs) des Primates haplorhiniens (plus évolués).

Holotype (ou type) : si le nom d'une espèce est basé sur un simple spécimen, ce spécimen est l'holotype.

Hominidés : expression francisée de la désignation latine *Hominidae*. En systématique, il s'agit d'une famille (ce qu'indique la désinence *idae*) du groupe des Singes catarrhiniens. *Hominidae* désigne les Australopithèques, les ancêtres du genre *Homo* et le genre *Homo*. Habituellement ces Primates sont caractérisés par la bipédie. Les Hominidés font partie de la superfamille des *Hominoidea*.

Hominisation : évolution de l'Homme depuis son origine. A ne pas confondre avec l'anthropogenèse qui est la phase de l'hominisation correspondant aux origines.

Hominoides : expression francisée de la désignation latine *Hominoidea*. En systématique, il s'agit d'une superfamille (ce qu'indique la désinence *oidea*) du groupe des Singes catarrhiniens. *Hominoidea (stricto sensu)* désigne les Grands Singes vivants, donc actuels, et l'Homme, c'est-à-dire les Gibbons, les Orangs-outans, les Gorilles, les Chimpanzés et l'Homme. Quand on parle d'Hominoides fossiles, il s'agit de fossiles dont on cstime qu'ils peuvent être des ancêtres de l'ensemble ou de l'une des espèces vivantes actuelles constituant les *Hominoidea*.

Homologie : ressemblance de caractères liés à un ancêtre commun. Identité d'origine, mais pas de fonction, de certaines structures anatomiques. Deux osselets de l'oreille moyenne humaine, l'*incus* et le *malleus* sont homologues de deux os formant l'articulation entre le crâne et la mandibule dans les Reptiles.

Homoplasie : ressemblance de caractères non due à l'héritage d'un ancêtre commun, donc non homologues. Il peut s'agir, par exemple, de parallélisme ou de convergence (voir **Parallélisme** et **Convergence**).

Hypodigme : (Simpson 1940), l'hypodigme d'un taxinomiste donné à un moment donné et pour un taxon donné est constitué de tous les spécimens connus de lui à ce moment et considérés par lui comme étant sans aucun doute membres de ce taxon, et collectivement utilisés comme l'échantillon de référence sur lequel ses conclusions sur la population sont basées.

I

Irréversibilité : l'irréversibilité de l'évolution est une généralisation biologique énoncée pour la première fois, en 1890, par le naturaliste Louis Dollo, conservateur au Musée royal naturel de Belgique.
Selon lui « l'évolution se fit par sauts assez brusques ; un organisme ne peut retourner, même partiellement, à un état antérieur, déjà réalisé dans la série de ses ancêtres ; tout organisme doit nécessairement s'éteindre... » « *L'évolution est discontinue,-irréversible,-limitée.* ».

J

Jugales (dents) : les dents jugales sont les molaires et les prémolaires, ce sont les dents qui sont au contact des joues.

K

K/Ar : méthode de datation absolue (voir **Potassium/Argon**).

L

Langage articulé : caractérise la différence entre un langage fait de sons différenciés comme le langage humain et les cris des animaux. Mais il peut aussi s'agir de la double articulation du langage, faite de monèmes et de phonèmes permettant d'exprimer une infinité de choses avec relativement peu de sons articulés.

L'aire de Broca n'est pas une circonvolution cérébrale. C'est une région, une zone des hémisphères cérébraux, située au niveau de la troisième circonvolution frontale à sa partie postérieure. Fait particulier, elle est latéralisée, elle siège à gauche chez les droitiers et *vice versa.* Elle n'a *aucunes limites anatomiques précises.* Il est donc illusoire de la rechercher sur les moulages endocrâniens fossiles. De surcroît, elle n'est pas la seule zone corticale à participer au processus du langage. Il y en a au moins quatre autres, sans compter les structures sous-corticales et les voies d'association. A ceci une conclusion, *il est impossible* à l'examen d'un endocrâne de diagnostiquer la présence ou l'absence de langage. Il est donc faux de prétendre que l'aire de Broca différencierait l'Australopithèque de l'*Homo habilis.* Concernant les Grands Singes, notamment le Chimpanzé, leur cerveau serait moins différent de celui de l'Homme par la quantité de neurones que par la morphologie, certains ont un Cap de Broca.
La zone de Broca est un sous-ensemble morpho-fonctionnel du cerveau où la forme et la fonction sont relativement dissociées. Si l'enfant n'apprend pas à parler, les aires du langage resteront muettes. Un enfant droitier dont les aires du langage gauches seraient supprimées (observations d'hémisphérectomies gauches pour raisons médicales impérieuses) récupérera le langage grâce à l'autre hémisphère, s'il a moins de 5 à 6 ans. Après l'âge de 9 à 11 ans, la rééducation est beaucoup plus difficile. Il s'ensuit que l'âge de l'enfant et l'apprentissage, l'environnement socio-culturel sont des facteurs nécessaires à l'acquisition du langage. Le problème des langues naturelles de l'Homme n'est pas un problème essentiellement anatomique.

M

MA : abréviation pour millions d'années.

Mitochondries : ce sont des organites siégeant dans la cellule au niveau du cytoplasme. Elles contiennent diverses enzymes. Elles jouent un rôle énergétique important, on les a appelées parfois les usines cellulaires. Elles contiennent de l'ADN qui se transmet par voie maternelle.

Monkeys : terme anglais qui englobe tous les Simiens, les Singes, du Nouveau ou de l'Ancien Monde, mais qui les distingue de Apes = Grands Singes d'Afrique et d'Asie. Je l'ai traduit par Petits Singes par opposition avec Apes = Grands Singes sans queue (voir **Apes**).

Monodelphes : sortes de Mammifères qui possèdent une seule cavité utérine (Euthériens).

Monophylétique, monophylie : la monophylie est la dérivation d'un taxon à travers une ou plusieurs lignées (successions de populations ancestres - descendants) à partir d'un seul taxon qui est son ancêtre immédiat de même rang ou de rang inférieur. On dit souvent *groupe naturel* ou groupe monophylétique.

Morphogenèse : étude des processus qui ont conduit une structure à être devenue ce qu'elle est à un moment donné de son évolution.

Morphologie : science des formes, étudie la forme des structures vivantes, à tous les niveaux, macroscopique, microscopique, ultra-structurel. S'intéresse aussi au développement des formes, à leur histoire, voire à leur devenir, à l'étiologie de la morphogenèse et aux relations morpho-fonctionnelles.

O

Odontologie : (du grec *odous*, *odontos* : dent ; *logos* : étude), discipline anatomique qui traite des dents.

Oldowayen (ou **olduvaien**) : industrie primitive de choppers et d'éclats historiquement la plus ancienne. Bed I d'Olduvai. Encore appelée Pebble culture (voir **Pebble culture**). Elle tire son nom du site où elle a été décrite pour la première fois.

Ontogenèse (ou **ontogénie**) : (du grec *ontos* : être ; *genos* : formation, développement), Haeckel donnait le nom d'*ontogénie* à l'histoire de l'évolution embryonnaire de l'être individuel. L'ontogénie comprend le développement embryonnaire et fœtal. Actuellement, certains étendent la signification de l'ontogénie à tout le développement de l'individu, de la fécondation jusqu'à la fin de sa vie.

P

Paléolithique : (du grec *lithos* : pierre ; *palaios* : ancien), époque de la pierre ancienne.
Le Paléolithique est l'époque de la pierre taillée ; les préhistoriens y distinguent trois périodes chronologiques : le Paléolithique inférieur, moyen et supérieur. Le Paléolithique inférieur, le plus ancien, s'étend de — 3 MA à — 200 000 ans. Il comprend la Pebble culture, l'Abbevillien, l'Acheuléen.

Paléontologie : (du grec *palaios* : ancien ; *ôn, ontos* : être ; *logos* : discours, étude), discipline scientifique qui étudie les êtres anciens, c'est-à-dire les fossiles.

Palynologie : recueil et étude des grains de pollens fossiles. Permet d'identifier et de reconstituer la flore des temps passés. Donne des indications sur le climat.

Parallélisme : phénomène évolutif au cours duquel deux espèces apparentées acquièrent séparément un caractère de condition identique. Si les deux espèces nc sont pas apparentées ou le sont de loin, c'est une convergence (voir **Homoplasie**).

Paratype : lorsque l'holotype a été diagnostiqué et nommé, chaque spécimen restant de la série typique (s'il y en a) devrait être dénommé *paratype* ce qui définit clairement les composants de la série typique.

Pebble culture : voir **Oldowayen**.

Phylogenèse : Haeckel a donné le nom de phylogenèse (du grec *phulum* : tribu ; *genesis* : production) au développement évolutif des espèces, c'est-à-dire à l'histoire de leurs liens de parenté (voir **Taxon**).

Platyrhiniens : groupe de Singes dits du Nouveau

Monde, tire son nom de l'orientation des narines ouvertes en dehors, avec une paroi internarinaire large (voir **Catarrhiniens**).

Plesiomorphe : syn. primitif, généralisé, ancestral. Primitif, c'est ce qui donne naissance à et qui est antérieur dans le temps, proche de l'origine. Ancestral indique une parenté. Généralisé, un état qui s'oppose à la spécialisation.

Polyèdre : outil lithique présentant des facettes sur toute sa surface.

Potassium-Argon : (K/Ar), méthode de datation absolue basée sur la désintégration du potassium des roches en argon. Cette méthode permet de dater, lorsque les conditions de non-contamination par l'argon atmosphérique sont réalisées, de — 300 MA à — 100 000 ans. Ces limites peuvent être plus ou moins grandes selon l'installation du laboratoire qui effectue la datation.

Primitif : voir **Plesiomorphe.**

Proconsul : Grand Singe fossile du Miocène, découvert au Kenya. Décrit par Hopwood en 1933. Consul était le nom d'un Chimpanzé très connu des Londoniens et hébergé au zoo de Londres. Pensant que le fossile découvert était un ancêtre des Chimpanzés actuels, Hopwood l'appela *Proconsul* (du grec *pro* : avant).

Prognathisme : caractérisé par la projection en avant de la partie inférieure de la face, il peut intéresser la mandibule seule, ou les deux mâchoires.

R

Récapitulation : la loi de la récapitulation de Haeckel est liée aux théories de l'évolution. Elle signifie qu'au cours de son développement embryonnaire et fœtal (ontogenèse), l'individu passe par des phases qui ressemblent à celles par lesquelles les ancêtres de son espèce sont passés au cours de la phylogenèse.
Un exemple classique est celui des arcs et des fentes situés dans la région pharyngienne de l'embryon et du fœtus qui sont un souvenir des arcs et des fentes branchiales des Poissons. On les appelle d'ailleurs fentes branchiales et arcs branchiaux.
Cette loi est résumée par : *l'ontogenèse est une récapitulation brève et abrégée de la phylogenèse,* Haeckel lui-même la considérait comme la loi biogénétique fondamentale (Morphologie générale des organismes. 1866).

S

Scissure calcarine : sillon situé sur la face interne (médiale) du lobe occipital du cerveau. Partant du paléoccipital, il se dirige horizontalement en avant et limite en bas un lobule appelé *cuneus*. Dans le fond et les lèvres (supérieure et inférieure) de la scissure calcarine se terminent les fibres optiques venues de la rétine. Cette zone du cortex cérébral joue un grand rôle dans la vision.

Sédiments : ce sont des dépôts meubles, laissés par les eaux, le vent ou tout agent d'érosion. D'après leur origine, on parle de dépôts fluviatiles, lacustres, marins, glaciaires, etc.

Semeiologie (ou **Semiologie**) : étude ou science des signes.

Singes : voir **Apes** et **Monkeys**.

Siwalik : les monts Siwalik en Inde, sont des avant-monts de l'Himalaya. On y trouve des couches sédimentaires fossilifères. C'est là que fut trouvé le premier des Singes fossiles, *Semnopithecus subhimalayanus*, en 1838. Elles contiennent de nombreux restes de Mammifères et de Grands Singes, notamment *Sivapithecus*.

Spécialisé : voir **Apomorphe**. S'oppose à généralisé.

Spéciation : ce sont les processus ou le processus qui conduisent à l'apparition d'une ou de plusieurs espèces. Ce peut être la transformation d'une espèce ou d'une partie d'une espèce en une ou plusieurs espèces distinctes.
La méthode dite *cladistique* de Hennig (1950) procède par dichotomies successives. La théorie dite de l'équilibre ponctué, de Gould et Eldredge, en vertu de laquelle une portion géographiquement périphérique d'une espèce s'adaptant à un

changement de l'environnement se sépare irréversiblement de l'espèce mère, implique que la dichotomie n'est pas une nécessité, car plusieurs spéciations de ce type peuvent être plus ou moins contemporaines.

Strepsirhinii : Primates caractérisés par un *rhinarium*, aire muqueuse humide située autour des narines, et possédant des poils sensoriels ou vibrices. Apanage des Mammifères inférieurs et de certains Primates. S'oppose aux Haplorhiniens (voir **Haplorhinii**).

Symplesiomorphie : c'est le partage par deux lignées (ou plus) de caractères primitifs, ancestraux. Pour la cladistique, le partage de caractères primitifs n'implique pas nécessairement de liens phylétiques directs.

Synapomorphie : c'est le partage par deux lignées (ou plus) de caractères dérivés ou spécialisés. Seule la synapomorphie a une valeur taxinomique pour la cladistique. Elle implique que deux lignées (ou plus) sont sœurs.

T

Taxinomie (syn. **Taxonomie**) : (du grec *taxos* ou *taxis* : arrangement ; *nomos* : loi), nom créé en 1813 par le botaniste français de Candolle pour exprimer la théorie de la classification des plantes. Actuellement, on peut considérer que la taxinomie est liée à la phylogenèse, car elle doit en connaître les principes pour être à même de diagnostiquer des liens de parenté afin d'établir une classification naturelle.

Taxon : c'est un groupe d'organismes réels, un *ensemble biologique* concret, un groupe d'êtres vivants, observés en tant que tels, indépendamment de leur rang (espèce, genre, famille, etc.) dans la classification naturelle. L'espèce, le genre, la famille sont des expressions d'autant plus abstraites que l'on s'éloigne de l'individu. Le taxon est l'ensemble qui occupe telle ou telle catégorie dans la classification.

Tectonique : la tectonique est une partie de la géologie qui étudie les cassures et glissements de l'écorce terrestre sous l'influence des contraintes qu'elle subit.

Télencéphale : (du grec *têle* : loin ; et encéphale), partie du système nerveux central constituée chez l'individu mature par les deux hémisphères cérébraux. Du point de vue de l'embryologie et de l'organogenèse, il est développé à partir du développement de la vésicule cérébrale la plus antérieure, la dernière à apparaître par transformation de la vésicule cérébrale primitive antérieure ou prosencéphale.

Téphra : (du grec *téphra* : cendres), retombées volcaniques.

Tétrapode : (du grec *tetra* : quatre ; *pous*, *podos* : pied), les Tétrapodes, animaux vertébrés à quatre membres porteurs. Les plus anciens Amphibiens connus *Ichthyostega* sont les premiers Tétrapodes.

Travertin : roche calcaire, souvent très pure, d'origine chimique et organo-chimique. Compact ou vacuolaire, le travertin contient souvent des débris animaux et végétaux fossilisés (déposé par l'eau douce).

Tuf : onomatopée du son rendu par une pierre tendre sous l'effet du choc. Les tufs peuvent être calcaires ou volcaniques, etc. Les tufs volcaniques ou *cinérites* sont produits par des projections volcaniques secondairement cimentées, formant des roches cohérentes et permettant des datations absolues.

INDEX DES MATIÈRES

A

B

C

D

E

INDEX DES AUTEURS

I

J

K

L

M

N-O

P

R

S

T

V-W

Y-Z